基因论

生物学史上的里程碑
诺奖得主为你讲解遗传规律

THE THEORY OF THE GENE

[美] 摩尔根 / 著　　郑澜 / 译

北方文艺出版社

图书在版编目（CIP）数据

基因论 /（美）摩尔根著； 郑澜译 . －－ 哈尔滨：
北方文艺出版社, 2023.10
ISBN 978-7-5317-6021-4

Ⅰ.①基… Ⅱ.①摩… ②郑… Ⅲ.①基因－理论
Ⅳ.①Q343.1

中国国家版本馆CIP数据核字(2023)第171894号

基因论
JIYIN LUN

作　　者：［美］摩尔根
译　　者：郑　澜
责任编辑：邢　也
策划编辑：王钰博

出版发行：北方文艺出版社
邮　　编：150008
发行电话：（0451）86825533
经　　销：新华书店
地　　址：哈尔滨市南岗区宣庆小区1号楼
网　　址：www.bfwy.com

印　　刷：保定市铭泰达印刷有限公司
开　　本：880×1230mm　1/32
字　　数：220千字
印　　张：14
版　　次：2023年10月第1版
印　　次：2023年10月第1次印刷
书　　号：ISBN 978-7-5317-6021-4
定　　价：79.00元

目录 | contents | 基因论

在修订《基因论》的呼声下，我借机对原书稿的几处地方做了修正，并将原书稿中的参考文献与参考书目中的文献索引修整得更加一致。在本增订版中，我对参考书目进行了细致的修改，纠正了许多此前被忽略的地方，并增添了许多新的参考文献。

第一版《基因论》面世那年，我在《生物学季评》（*Quarterly Review of Biology*）杂志上发表了一篇短文，探讨性和受精方面的某些问题。这个话题尽管与本书主题密切相关，却未在第一版《基因论》中触及。某些真菌和藻类中正负品种的有性结合，外加与高等植物卵细胞受精之间的关系，向生物学家提出了许多根本问题。经威廉姆斯与威尔金斯出版社（Williams & Wilkins Co.）同意，我在这版书中的"涉及性染色体的其他性别决定方法"一章中，重新纳入了前述短文原稿中的相关部分作为补充。

　　近两年内，关于染色体数量及数量变化的学术文章不断涌现。我既不可能、也没必要将这些新文章一概囊括进来，因为它们大多只是对《基因论》探讨的话题进行了延伸，而未改变其中任何方面的本质内容。但的确有少数文章的新发现尤其值得注意，它们有的证实或完善了第一版《基因论》中的观点，有的则是肯定了原稿中一些不那么确定的叙述。对于这些早期以来的发现，我在这版书中添加了简单的说明。

托马斯·亨特·摩尔根

写于马萨诸塞州伍兹霍尔
1928 年 8 月

CHAPTER

01

第 1 章　遗传学基本原理

现代遗传学理论是从数据中推演出来的，而数据又是从含有一个或多个不同性状的两个个体杂交而来。现代遗传学理论主要关注的是遗传单元在个体后面几代之间的分布情况。正如化学家和物理学家分别假设存在"看不见"的原子与电子，遗传学专业的学生也假设存在"基因"（Gene）这种看不见的要素。这种类比的关键点在于，无论化学家还是遗传学专业的学生（即"遗传学家"），都是从定量数据中得出结论。对于一种理论，只有当它能够支持我们用定量数据做出某种特定的预测时，这样的理论才能站得住脚。这正是基因论与早期生物学理论在本质上的不同。早期的生物学理论虽然也假设了看不见的单元，却对这些单元随意指定了各种理想的性状。相较之下，基因论扭转了这种顺序，将数据作为指定基因性状的唯一依据。

孟德尔的两条定律

现代遗传学的奠基性理论，当属格雷戈尔·孟德尔（Gregor Mendel）发现的两条基本遗传定律。本世纪（二十世纪）其他学者的后续努力，使我们朝同样的方向深入探索，并使现代遗传学理论日趋完善。关于孟德尔的发现，或许可以用几个耳熟能详的例子加以说明。

孟德尔对食用豌豆的高株与矮株品种进行杂交。杂交产生的第一代子代（F1）全是高株（图1）。F1代自花受精，其下一代中的高株与矮株比例为3:1。如果高株的生殖细胞中含有某种促成高株的东西，矮株的生殖细胞中也含有某种促成矮株的东西，那么两者产生的杂种理应同时包含上述两种东西。但由于杂种表现为高株，因此显然证明当上述两种东西合并时，高株为显性性状，矮株为隐性性状。

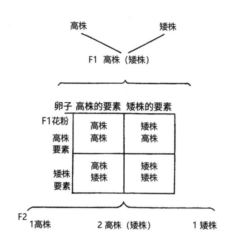

图 1 高株与矮株豌豆杂交产生的第一代（F1）杂种全部表现为高株。方块表示配子（即卵子和花粉粒）组合的结果。第二代（F2）杂种的高株与矮株比例为 3:1

孟德尔指出，第二代杂种中高株与矮株的 3:1 比例可以用非常简单的假说加以解释。当卵子与花粉粒[1]发育成熟时，如果分别促成高株或矮株的要素（两者同时存在于杂种中）在杂种中发生分离，那么一半的卵子将包含促成高株的要素，另一半的卵子将

1. 即植物的精子——译者注

包含促成矮株的要素（图1）。花粉粒的情况也是如此。任何一个卵子偶然与任何一个花粉粒结合受精，平均将产生3个高株和1个矮株的比例。高株的要素遇上高株的要素将产生高株；高株的要素遇上矮株的要素将产生高株；矮株的要素遇上高株的要素将产生高株；矮株的要素遇上矮株的要素将产生矮株。

孟德尔用一个简单的方法验证了上述假说。他让杂种与隐性型进行回交（Back-cross）。如果杂种的生殖细胞同时包含促成高株和矮株的两种要素，那么前述回交产生的子代将出现同等数量的高株与矮株（图2）。实验结果也的确证实了上述猜想。

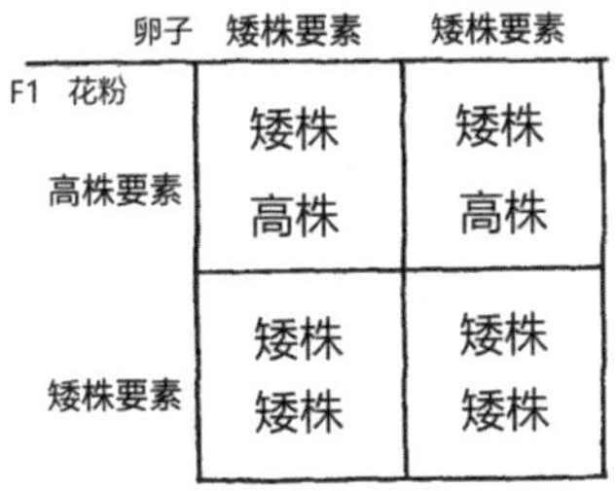

图2 F1代杂种中的高株（矮株）与隐性型（矮株）
进行"回交"，产生同等数量的高株与矮株后代

高株与矮株豌豆的关系，同样存在于人类瞳孔颜色的遗传过程中。蓝眼睛的人与蓝眼睛的人结合，孩子只可能是蓝眼睛；棕眼睛的人与棕眼睛的人结合，如果两人都只有一位棕眼睛的祖先，他们的孩子也只可能是棕眼睛的。如果一个蓝眼睛的人与一个纯棕眼睛的人结合，子女都将拥有棕色的眼睛（图3）。这一类棕眼睛的人如果彼此结合，其子女的棕眼睛与蓝眼睛比例将为3:1。

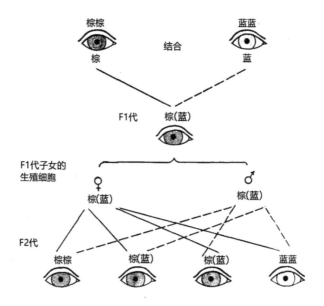

图 3 人类棕眼睛（棕棕）与蓝眼睛（蓝蓝）的遗传情况

　　如果一个棕眼睛的杂种（即 F1 代棕蓝）与一个蓝眼睛的人婚配结合，那么他们的子女将有一半为棕眼睛，另一半为蓝眼睛（图 4）。

卵子	蓝眼要素	蓝眼要素
精子 棕眼要素	蓝 棕	蓝 棕
蓝眼要素	蓝 蓝	蓝 蓝

图 4 F1 代的棕眼人（棕蓝杂合子）与隐性型（蓝眼人）进行"回交"，产生同等数量的棕眼与蓝眼后代

其他一些杂交实验或许更能说明孟德尔第一定律。例如，红花紫茉莉与白花紫茉莉杂交，产生的杂种都开粉花（图5）。如果让这些粉花杂种自花受精，其子代（F2 代）中的一部分将像祖代中的一方那样开红花，另一些像亲代一样开粉花，还有一些则像祖代中的另一方那样开白花，红花、粉花与白花三者比例为 1:2:1。在紫茉莉的例子中，两个红花的生殖细胞相结合，子代将重现亲代的一种初始花色；两个白花的生殖细胞相结合，子代将重现亲代的另一种初始花色；红花与白花的生殖细胞相结合，子代将出现杂种的组合。从第二代的整体来看，有色花（包括红花与粉花）与白花的比例为 3:1。

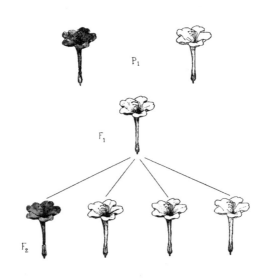

图 5 红花紫茉莉与白花紫茉莉杂交，子代（F1 代）
都开粉花，孙代（F2 代）中有 1 朵红花、2 朵粉花
和 1 朵白花

这里有两点事实值得注意。由于 F2 代中的红花与白花个体分别含有促成红花或白花的双倍要素，因此我们预期这些个体可以真实遗传[1]。然而，F2 代中的粉花个体应该不能真实遗传，因为它们同第一代杂种一样，同时含有促成红花和白花的一半要素（图 6）。实验结果显示，上述所有预测都是正确的。

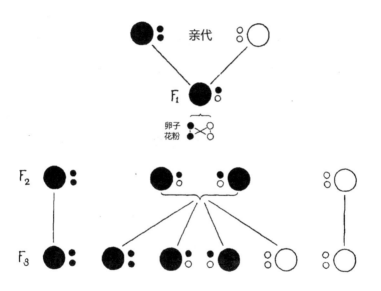

图 6　基于红花紫茉莉与白花紫茉莉的杂交实验（图 5），本示意图展示了该交叉实验中生殖细胞的历史情况。小黑圈表示控制开红花的基因，小白圈表示控制开白花的基因

到目前为止，以上实验结果仅仅告诉我们，在杂种的生殖

1.　True Breeding，即子代性状永远与亲代性状相同的遗传方式——译者注

细胞中，来自父方的某种东西与来自母方的某种东西彼此发生了分离。单从这一项证据来看，我们或可将前述实验结果解读成：植物的红花与白花性状以整体的方式进行遗传。

但是另一项实验进一步阐释了这个问题。孟德尔在实验中用黄色圆粒的豌豆种子与绿色皱粒的豌豆种子杂交。此前，其他交叉实验的结果已经证实，豌豆种子的黄色和绿色是一对相对性状（Contrasting Characters），两者在第二代中的呈现比例为3:1。同理，圆粒和皱粒也是一对相对性状。

豌豆杂交产生的子代都是黄色圆粒（图7）。自交后，这些子代产生了四种个体，分别为：黄色圆粒、黄色皱粒、绿色圆粒与绿色皱粒，四者比例为9:3:3:1。

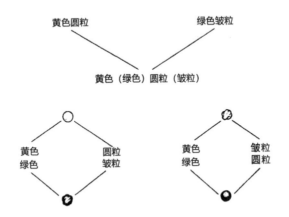

图7 两对孟德尔性状（黄色圆粒、绿色皱粒）的遗传示意图。图的下半部是四类 F2 代豌豆，包括 2 个原始型（黄色圆粒、绿色皱粒）及 2 个重组型（黄色皱粒、绿色圆粒）

　　孟德尔指出，该实验得出的数据只能有一种解释，那就是黄色与绿色要素之间的分离、圆粒与皱粒要素之间的分离彼此独立进行，互不干涉。由此，杂种必然有着四种组合的生殖细胞：黄色圆粒、黄色皱粒、绿色圆粒与绿色皱粒（图8）。

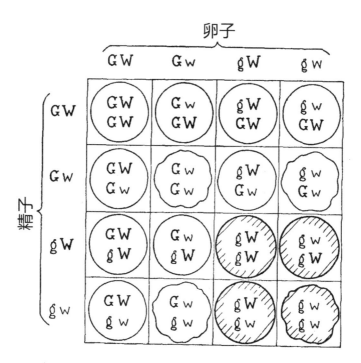

图 8　F1 代四种卵子与四种花粉粒结合后，F2 代
16 种组合示意图（图中 G 表示黄色，g 表示绿色，
W 表示圆粒，w 表示皱粒）

　　如果上述四种胚珠（卵子）与四种花粉粒（精子）随机受精，将产生 16 种可能的组合。黄色是显性性状，绿色是相对的隐性

性状；圆粒是显性性状，皱粒是相对的隐性性状。由此，这16种组合将可归成四类，以 9:3:3:1 的比例分布。

这项实验的结果表明，我们不能再继续假设父方与母方生殖细胞中的全部种质在杂种体内分离。因为在某些情况下，联合参与杂交实验的黄色圆粒性状，在下一代中会分开出现。绿色皱粒性状也是如此。

孟德尔还证明，三对（甚至四对）性状参与杂交实验，其分别对应的要素在杂种的生殖细胞里可以进行自由组合。

有鉴于此，我们似乎有理由认为，这个结论适用于任何杂交实验，也不限定多少种性状参与杂交实验。也就是说，有多少种可能的性状，种质中就对应有多少对独立要素。但后续研究证实，孟德尔第二定律（又称自由组合定律）存在一定的适用范围限制，因为许多成对要素彼此之间不能自由组合，还有一些参与杂交实验的联合要素有在后代中继续保持联合的趋势。这就是连锁（Linkage）。

连锁

1900 年，孟德尔的研究论文重见天日。四年后，贝特森（Bateson）与庞内特（Punnett）[1] 发表了他们就两对独立性状的

---

1. 这里具体指的是 19 世纪英国生物学家、遗传学家威廉·贝特森（William Bateson）与雷金纳德·庞内特（Reginald Punnett），两人都支持孟德尔学说，并于 1910 年共同创立了历史上最悠久的遗传学英文专业期刊。——译者注

观察结果，表示没有从实验中得出预期数据。例如，开紫花、结长形花粉粒的香豌豆与开红花、结圆形花粉粒的香豌豆杂交，联合参与杂交实验的两种性状，在后代中竟然以更高的频率联合重现，这种重现频率要高于"紫""红""长""圆"自由组合预期将出现的频率（图 9）。贝特森与庞内特认为，之所以会出现上述结果，是因为分别来自父方和母方的"紫 - 长"组合与"红 - 圆"组合互相排斥。今天，我们把这种关系称为"连锁"，指的是参与杂交实验的某些联合性状倾向于稳定联合遗传给后代的现象。用否定的语气来说就是，某些成对性状并不在对与对之间发生随机的自由组合。

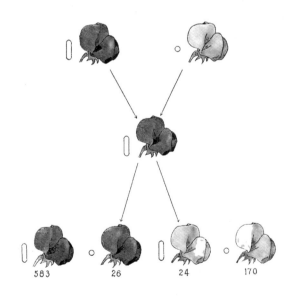

图 9 开紫花、结长形花粉粒的香豌豆与开红花、结圆形花粉粒的香豌豆杂交。图底部展示的是 F2 代呈现的四类个体及其比例

　　仅就连锁而言，种质的划分似乎有其限度。例如，黑腹果蝇（学名：Drosophila melanogaster）约有 400 种新的突变型，但这些突变型只能划分为四个连锁群。

　　在黑腹果蝇的四个连锁群中，其中一个连锁群据说是性连锁的（Sex-linked），因为这群性状的遗传与果蝇的性别呈现出一定的相关性。这类性连锁的突变性状约有 150 种，其中一些影响果蝇眼的颜色，一些影响眼的形状或大小，还有一些影响复眼[1]分布的规则程度。其他性连锁的突变性状与果蝇身体的颜色有关，另一些与翅膀的形态或翅脉的分布情况有关，还有的与覆盖全身的刚毛有关。

　　黑腹果蝇的第二个连锁群包括 120 种突变性状，涉及全身各个部位，但都与第一个连锁群的作用不同。

　　第三个连锁群约有 130 种性状，同样涉及全身各个部位，与第一、第二个连锁群的作用均不同。

　　第四个连锁群较小，仅包含三种性状：一种影响眼的大小，极端情况下可致眼部完全消失；另一种影响翅膀的承重方式；还有一种与体毛的长短有关。

　　下面这个例子可以说明连锁性状（Linked Characters）是如何遗传的。一只雄蝇带有四种连锁性状（同属于第二个连锁群），包括黑体、紫眼、残翅与翅基斑点（图 10）。让它与一只带有相应正常性状（灰体、红眼、长翅、翅基无斑）的野生型雌蝇交配，

---

1. Facet，即果蝇头部由一定数量小眼组成的视觉器官——译者注

产生的子代都是野生型。接着，让其中一只子代雄蝇[1]与一只带有四种隐性性状（黑体、紫眼、残翅、翅基斑点）的雌蝇交配，产生的孙代只有两种表现型：一种像祖代的一方，带有四种隐性性状，另一种像祖代的另一方，带有四种野生型性状。

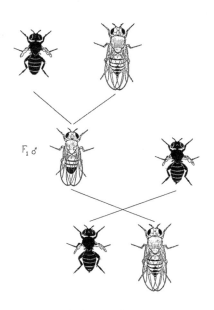

图 10　四种连锁隐性性状（黑体、紫眼、残翅、翅基斑点）与正常等位野生型交配后的遗传情况。F1代雄蝇回交带有四种隐性性状的雌蝇，产生的 F2代（图底部所示）只有祖代的两种性状组合

　　这里有两组相对（或等位）的连锁基因参与了杂交。雄性

1.　这里及以下实验结果都仅限于子代中的雄果蝇参与杂交，因为在子代中的雌果蝇中，同样这些性状并非完全是连锁的。——作者注

杂种的生殖细胞成熟后，其中一组连锁基因进入一半的精子细胞，另一组等位的连锁基因进入另外一半的野生型精子细胞。如前所述，通过杂交 F1 代杂种雄蝇与一只带有四种隐性基因的纯种雌蝇，即可印证上述机制的存在。雌蝇所有的成熟卵子都包含一组四种隐性基因。任何一个卵子，如果与带有一组野生型显性基因的精子结合，都应该会产生一只野生型果蝇。而任何一个卵子如果与带有四种隐性基因（与这里采用的雌蝇基因相同）的精子结合，都应该会产生一只黑体、紫眼、残翅、翅基斑点的果蝇。这两种类型就是孙代果蝇能有的全部类型。

交换

一个连锁群内的基因并不总像上文示例中的那样完全连锁。事实上，在同一次杂交产生的 F1 代雌蝇中，某一组隐性性状可在一定程度上与另一组的野生型性状发生交换。但即便如此，由于结合的时候往往多于交换的时候，因此它们仍可以说是连锁的。这种交换现象被称为"交换"（Crossing-over），即在两个相对应的连锁组之间，可能会发生大量基因的有序交换。理解这个过程对于理解这本书后面要谈的内容十分重要，因此以下举几个例子来更好地说明"交换"。

一只带有两种隐性突变性状（黄翅、白眼）的雄蝇与一只带有野生型性状（灰翅、红眼）的雌蝇交配，产生的 F1 子代不论雌雄均为灰翅、红眼（图 11）。如果让 F1 代中的一只雌蝇与一只带有两种隐性性状（黄翅、白眼）的雄蝇交配，则 F2 代将包括四种类型。其中两种与祖代一样，都是黄翅、白眼或灰翅、红眼，两者约占 F2 代数量的 99%。这些联合进入杂交实验的性状，以高于孟德尔第二定律预测的概率在后代身上联合重现。除了上述两种类型外，F2 代中还有另外两种类型（图 11）。其中一种为黄翅、红眼，另一种为灰翅、白眼，两者约占 F2 代数量的 1%。它们就是所谓的"交换型"，代表两个连锁群之间发生了基因交换。

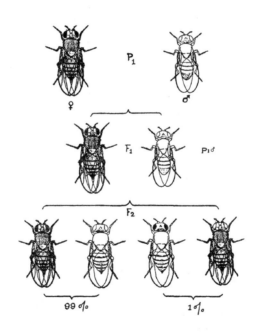

图 11　两种性连锁隐性性状（黄翅、白眼）及其"正常"等位野生型（灰翅、红眼）交配后的遗传情况

另一项类似实验研究的也是上述性状，只是将这些性状进行了不同的重组。如果一只黄翅、红眼的雄蝇与一只灰翅、白眼的雌蝇交配，其 F1 代中的雌蝇将全部为灰翅、红眼（图12）。让 F1 代中的一只雌蝇与带有两种隐性性状（黄翅、白眼）的雄蝇交配，则 F2 代也将包括四种类型。其中两种与祖代一样，约占 F2 代数量的 99%。另外两种为重新组合而成的交换型，一种为黄翅、白眼，另一种为灰翅、红眼，两者约占 F2 代数量的 1%。

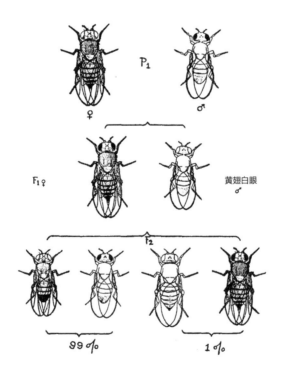

图 12 与图 11 相同但组合方式相反（黄翅红眼与
灰翅白眼）的两种性连锁性状遗传

　　以上结果表明，同样的性状无论在杂交时采用怎样的组合方式，都将发生等量的交换率。两种隐性性状联合参与杂交，它们在后代身上有联合重现的倾向。这种关系被贝特森与庞内特称为"偶联"（Coupling）。如果两种隐性性状分别来自父方和母方，则它们有在后代身上分别重现的倾向（各自与其联合参与杂交的显性性状进行组合）。这种关系被称为"互斥"（Repulsion）。但前述两项交叉实验的结果显然表明，偶联与互斥关系并非两种孤立存在的现象，而是同一现象的不同表现方式。换言之，两种连锁性状参与杂交时，无论它们是显性还是隐性性状，总是呈现出联合重现的趋势。

　　其他性状的交换率各有不同。例如，一只带有两种突变性状（小翅、白眼）的雄蝇与一只野生型（长翅、红眼）雌蝇交配（图13），产生的后代均为长翅、红眼。让F1代中的一只雌蝇与小翅、白眼的雄蝇交配，将产生四种类型的F2代。其中两种与祖代一样，约占F2代数量的67%。另外两种交换型约占F2代数量的33%。

　　以下实验中的性状交换率还要更高一些。一只白眼、叉刚毛的雄蝇与一只野生（红眼，直毛）型雌蝇交配（图14），产生的后代均为直毛、红眼。让F1代中的一只雌蝇与叉刚毛、白眼的雄蝇交配，将产生四种类型的F2代。其中两种与祖代一样，约占F2代数量的60%。另外两种交换型约占F2代数量的40%。

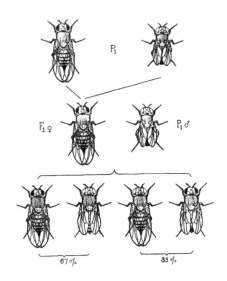

图 13 两种性连锁性状（小翅白眼与长翅红眼）的遗传

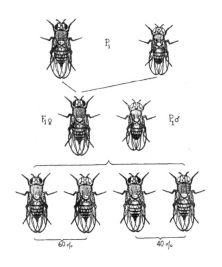

图 14 两种性连锁性状（叉刚毛白眼与直毛红眼）的遗传

关于基因交换的研究已经显示了所有可能发生的交换率，最高者可达近 50%。如果交换率正好为 50%，则其数据结果将与自由组合时的情况一样。也就是说，尽管两种性状属于同一个连锁群，我们也不会观察到它们之间的连锁现象。不过，它们属于同一连锁群的关系，仍可从它们与该连锁群中第三种性状的共同连锁看出。如果发现交换率高于 50%，就会出现所谓的"反向连锁"（Inverted Linkage）现象。此时，交换型的发生率将高于祖代型的发生率。

雌蝇体内基因的交换率总是低于 50%，源于另一种名为"双交换"（Double Crossing-over）的现象。双交换指的是杂交实验中的两对基因之间发生了两次交换。结果是我们观察到的交换情形变少，因为第二次交换抵消了第一次交换的效果。关于这一点，我们将在下面的内容中加以解释。

许多基因在交换过程中同时交换

上面的交换案例只研究了两对性状。相应证据仅与参与杂交的两对基因有关，且两对基因之间仅发生了一次交换。为了解别处（即连锁群内剩余部分）发生了何种频次的交换，我们有必要把连锁群覆盖的性状全部包括进来。例如，一只雌蝇同时带有第一连锁群包含的 9 种性状，即鳞甲、棘眼、横脉缺失、截翅、棕褐色刚毛、朱红眼色、暗红眼色、叉刚毛与截刚毛。先让这只雌蝇与一只野生型雄蝇交配，再让 F1 代雌蝇（图 15）

与带有同样多个隐性性状的雄蝇回交，产生的 F2 代将出现各式
各样的交换型。倘若交换发生在连锁群的中部位置（介于朱红
色眼与暗红色眼之间）附近，则 F2 代的情况将如图 16 所示。
从图上可以看出，这个连锁群的两个完整半边之间发生了交换。

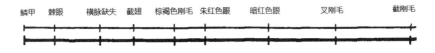

图 15　两个等位连锁基因序列示意图。上方横线标出了 9 个性连锁
隐性基因的大致位点，下方横线表示正常的等位基因

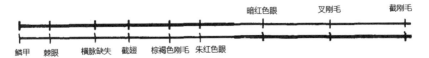

图 16　暗红色眼与朱红色眼基因交换示意图，大约发生在图 15 等位
基因序列的中部

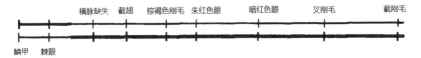

图 17　棘眼与横脉缺失基因交换示意图，大约发生在图 15 等位基因
序列的左端

图 18　两个基因序列（见图 15）之间的双交换，其中一次交换发生在
截翅与棕褐色刚毛之间，另一次交换发生在暗红色眼与叉刚毛之间

从其他案例来看，交换也可以发生在端点附近（如棘眼与横脉缺失之间）。相应结果如图 17 所示。发生交换的只有两个基因序列的短端。每当交换发生时，都会经过同样的过程。尽管一般只有交换点两侧基因的交换能够被观察到，但其实整个基因序列都发生了交换。

当双交换同时发生在两个水平面上时（图 18），涉及的基因也很多。例如，仍是在上述两个基因序列中，一次交换应当发生于截翅与棕褐色刚毛之间，另一次交换应当发生于暗红色眼与叉刚毛之间。此时，两个基因序列中部的所有基因都发生了交换。若该区域没有突变基因可供标记，那么由于两个基因序列的两端与起始状态一样，这个双交换现象将无法被观察到，从而使我们无从知晓双交换已然发生。

基因的直线排列

不言而喻，两对基因互相靠近时，距离越近，两者之间发生交换的概率越低；距离越远，则两者之间发生交换的概率也越高。基于这种关系，我们可以求出任意两对基因间的相对"距离"。有了这种信息，我们便可以画出连锁群内基因序列的相对位置图。已经有人画出了果蝇所有连锁群的这类图表（如图 19 所示），但它们仅代表目前所能得到的测算结果。

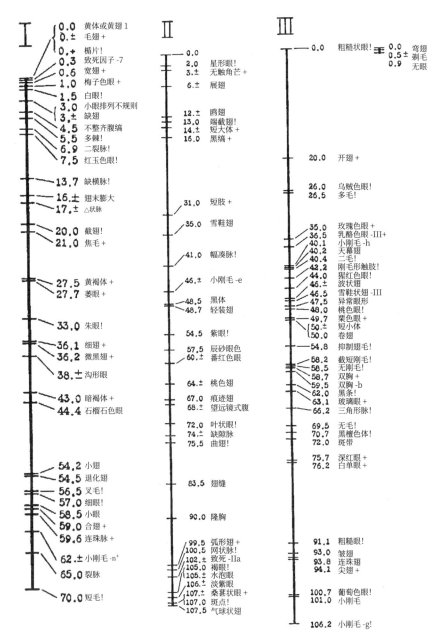

图 19 黑腹果蝇四个连锁群（I,II,III,IV）基因序列的相对位置图。各种性
状左侧标注的数字表示"图距"，即根据交换率推算出来的基因间距

在以上关于连锁与交换的示例中，基因看起来像是直线排列的，如同串在一条线上的珠子。事实上，交换研究的数据显示，基因的直线排列方式是唯一能与研究结果吻合的排列方式。下面就以一个例子来说明。

假设在所有情形下，黄翅与白眼的交换率为 1.2%，然后用同一连锁群的第三个基因（如二裂翅）来测试白眼，发现黄翅与白眼的交换率为 3.5%（图 20）。如果二裂翅与白眼在同一条直线上，且二裂翅在白眼的一侧，则我们预期二裂翅与黄翅的交换率将为 4.7%。但如果二裂翅在白眼的另一侧，则二裂翅与黄翅的交换率应该为 2.3%。现实结果显示，二裂翅与黄翅的交换率正是 4.7% 这个数值。因此，我们才把二裂翅放在图中白眼的下方。每当一种新性状与同一连锁群其他两种性状进行比较时，都会出现这种结果。研究发现，新性状与其他两个已知因子的交换率，要么是其他两个交换率之和，要么是其他两个交换率之差。这便是我们所熟知的直线上各点之间的关系，由此证明基因呈直线排列。到目前为止，我们还没有发现基因存在其他类型的空间关系能满足所有这些条件。

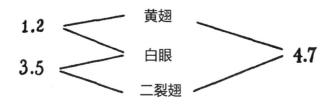

图 20　三个性连锁基因（黄翅、白眼、二裂翅）的直线排列示意图

基因论

现在，我们有理由构建起基因论。该理论认为，个体的种种性状都可归结于种质中的成对要素（即基因），有限数量的基因又共同构成一个个连锁群。根据孟德尔第一定律，生殖细胞成熟时，其中的每对基因都会彼此发生分离，由此造成每个生殖细胞只含半数基因。根据孟德尔第二定律，属于不同连锁群的基因可以进行自由组合。有时，相应两个连锁群间的基因会发生有序的交换。交换率证明每个连锁群中的基因呈直线排列，并揭示每个基因所处的相对位置。

我贸然将以上原理统称为基因论，认为它能帮助我们从严格的数理基础上解决遗传学问题，并使我们得以相当准确地预测任何既定情况下会发生什么。有鉴于此，基因论可以说是完全符合了科学理论的要求。

第 2 章　　颗粒遗传学说

我们可以从上一章给出的证据中得出结论：种质中存在着一些遗传单位，它们或多或少能够在后代个体中独立地进行分配与组合。用更精确的话来表述就是：两个个体在杂交试验中发生结合，其性状可以在后面几代中独立重现。这种现象可以用种质的独立遗传单位理论加以解释。

各种性状为上述理论提供了必要的数据支持，同时，这些性状又分别对应着不同的假定基因。而在性状及其对应的基因之间，就是胚胎发育的全部范畴。本书将基因论定义为专门讨论基因如何与最终产物或性状相关联的学说。虽说性状与基因间的连接环节目前还缺少信息，但这并不意味着遗传学不关注胚胎发育的过程。如果能知道基因如何影响发育中的个体，无疑将极大拓宽我们在遗传领域的思路，还可能使许多暂显隐晦的现象变得更加清晰。但这并不会改变这样一则事实：即使我们目前还不了解基因影响发育过程的方式，也能解释性状在后代中的分配与组合机制。

尽管如此，上述说法仍暗示着一个根本假设，即发育过程严格遵照因果法则进行。基因改变会对发育过程造成一定的影响，使个体在发育后期的某个阶段表现出一个或多个性状。因此，即使不去解释基因与性状之间有着怎样本质性的因果关系，基因论仍然成立。一些批评基因论的观点正是抓住了基因与性状间关系暂且不明的把柄，但这样的批评观点实属多余。

例如，有批评者称，假设种质中的确存在看不见的遗传单位，也无法解决任何问题，因为这些遗传单位被赋予的特性恰好是该理论试图解释的那些特性。但事实上，基因被赋予的唯一特性就是个体本身提供的那些数据。正如其他同类批评观点一样，这样的批评观点也混淆了遗传学与发育学关注的问题。

就因为有机体是一种生理化学机制，而基因论又无法解释其中涉及的具体机制，因此它再一次受到了不公正的批评。但基因论做出的假设仅仅涵盖基因的相对稳定性、自我复制性及基因在种质细胞成熟后的组合与分离，且这些假设无不符合物理法则。同时，尽管这些事件中涉及的物理与化学过程的确无法明确界定，但它们至少与我们在生物体上经常见到的现象有关。

一部分人之所以批评孟德尔学说，一方面源于他们不懂得尊重该学说基于的证据，另一方面是因为他们没有意识到，孟德尔学说的形成过程有别于过去其他遗传和发育领域颗粒学说的形成过程。这样的颗粒学说实在太多，以至于人们在既往经验的影响下，已不大相信生物学家们提出的任何一种以看不见的遗传单位为假设的学说。只需简单回顾一下少数早期的推测性学说，我们就能从中更好地分辨新旧学说在形成过程上的差异[1]。

赫伯特·斯宾塞（Herbert Spencer）于 1863 年提出"生理单位"学说，认为每种动植物都由一模一样的基本单位构成。这种基本单位应该比蛋白质分子的体积更大、结构更复杂。斯宾塞提

1.　欲系统地了解早期理论，可参考德拉格（Delage）在《遗传学》（*Heredite*）及魏斯曼在《种质》（*Germ Plasm*）一书中探讨的有关内容。——作者注

出该学说的原因之一在于，有机体的任何部分都可能在某些情况下复制出整体。例如，卵子与精子就是这样属于整体的一部分。个体结构上的多样性可以笼统地归结为"极性"（Polarity），即机体像晶体一样，不同区域的要素可以呈现出不同的排列方式。

斯宾塞的学说纯属猜测。它基于的证据是机体的一部分可以复制出一个与其本身一样的整体，并由此推断出有机体的所有组成部分都含有某种物质，而这种物质又可以发育成一个新的整体。这种说法有其可取之处，但它假设整体必须仅由一种单位构成，否则这种说法将不再成立。时至今日，当我们判断一个部分能否发育成一个新的整体时，也必须假设每个这样的部分都含有用于构建一个新整体所需的要素。但这些要素可以彼此不同，且正是因为这种不同，机体才能分化出各种不同的部位。只要存在一系列完整的单位，它们就有潜力产生一个新的整体。

1868年，达尔文提出"泛生论"（Theory of Pangenesis），认为看不见的颗粒有许多种。该理论表示，机体的每个部分都在持续分泌出一种名为"泛子"（Gemmules）的代表性微小要素。一些泛子可以到达生殖细胞，并在这里与已经存在的某种遗传单位发生融合。

泛生论的提出主要是为了解释获得性状的传递机制。如果父母代的某些特定变异能够传给后代，那么就有必要提出像泛生论这样的理论。但是如果父母代的变异不能传给后代，这样的理论自然也成了多余。

1883 年，魏斯曼向整个性状传递理论发起挑战，其观点说服了许多（但非全部）生物学家，使他们相信目前关于获得性状可以传递的证据是不充分的。在此基础上，魏斯曼提出了种质独立论：卵子不仅会产生一个新的个体，还会产生与自身一模一样的其他卵子，这些卵子又存在于新个体的体内。卵子产生了个体，但个体不会对卵子的种质产生后续影响，而仅对卵子起到保护和滋养的作用。

此后，魏斯曼又提出了代表性要素的颗粒遗传学说。他援引了遗传变异方面的证据，使自身学说进一步拓展，并对胚胎发育做出了纯粹形式上的解释。

首先，我们注意到的是魏斯曼对遗传要素（或他所称"遗子"，Ids）本质的看法。在他后期的学术著作中，当许多小的染色体存在时，魏斯曼认为染色体就是最小的遗子。但当仅有少量染色体存在时，魏斯曼则认为每个染色体都由若干或许多遗子组成。每个遗子都包含了个体发育所必需的全部要素，因此每个遗子都堪称一种生命的缩影。遗子各不一样，因为它们代表着互不相同的祖代个体或种质。

遗子的不同组合方式，是动物体出现个体变异的原因。遗子的组合通过卵子和精子的结合发生。随着生殖细胞的成熟，遗子数量将减少一半，否则遗子数量将变得无限大。

魏斯曼还提出了一项翔实的胚胎发育理论。他所基于的观点是：卵子分裂时，遗子也会分解成更小的要素，直到体内的每种细胞都含有遗子的最终分解产物——决定子（Determinant）。

但在未来要分化成生殖细胞的细胞中，遗子并不会分解。由此，种质或遗子的集合体具有连续性。魏斯曼这项理论在胚胎发育领域的应用超出了现代遗传学的范畴。现代遗传学既忽视了胚胎发育过程，又在观点上与魏斯曼恰好相反，即认为每个体细胞内都有整套遗传物质。

不言而喻，为了解释变异，魏斯曼在自身提出的精妙理论中援引了类似于今天我们所采用的推理过程。他认为，变异是父母双方遗传单位重组的结果。随着卵子与精子的成熟，其中的遗传单位也会减少一半数量。每个单位都是一个整体，分别代表着某个祖代阶段。

我们在很大程度上要感谢魏斯曼提出了种质的独立与连续性理论。他向拉马克学说发起的挑战，对于我们保持清醒的头脑起着重要作用。在过去的很长一段时间内，获得性状遗传理论使一切与遗传学有关的问题变得费解。毋庸置疑的是，魏斯曼的著述还将遗传学与细胞学的紧密关联置于显著地位。后人尝试从染色体的构成及行为来解释遗传，这种尝试究竟在多大程度上是受到魏斯曼卓越思想的启发，实在是巨大得难以估量。

时至今日，上述及其他早期的推测性学说已然作古，不能代表现代基因论发展的主要脉络。现代基因论之所以能够经受考验，一是它重视得出结论的研究方法，二是它能精准预测某种数据结果。

我斗胆认为，无论现代理论与早期理论乍看之下多么相似，两者都存在显著的区别。现代理论基于的遗传证据是从实验中一步步推导而出的，且每项实验都细致地设置了控制点。当然，现代理论不需要也不会假装自己确凿无疑。它无疑会在新的方向下经历许多的变动与改善。据我们目前所知，大多数关于遗传的事实都可以被基因论解释。

CHAPTER

03

第 3 章　遗传机制

　　第一章章末提出的基因论纯粹由数据推演而来，而没有考虑动物或植物体内发生的任何已知或假定的变化，自然也没有考虑这些变化可能引发的基因分布变化。无论基因论在这方面已经多么让人满意，生物学家都将持续致力于发现有机体中基因再分布的有序机制。

　　从十九世纪最后 25 年一直到二十世纪头 25 年间，不断有人研究卵子和精子细胞在成熟的最终阶段会发生怎样的变化。这些研究揭示出一系列重要事实，极大地完善了遗传机制的具体内容。

　　研究发现，身体里的每个细胞（统称体细胞）及早期阶段的生殖细胞中都有两组染色体。人们通过实验观察染色体在大小上的差异，由此证实染色体的确存在二重性（Duality）。只要染色体存在可辨认的差异，就能发现每种染色体在体细胞内有两条，但在成熟的生殖细胞内只有一条。研究结果还显示，每种染色体的一条来自父方，另一条来自母方。目前，染色体复合体的二重性是细胞学领域最为肯定的事实之一。但这条法则也存在唯一明显的例外情形：性染色体有时没有二重性。可即便如此，其中一个性别依然具有二重性，且两个性别均有二重性的情况也时有发生。

孟德尔两条定律的机制

　　生殖细胞近乎完全发育成熟时，同样大小的两条染色体便会成对聚在一起。之后，生殖细胞分裂，两条染色体各自进入一个细胞。最后，每个成熟的生殖细胞都只包含一组染色体（图21、22）。

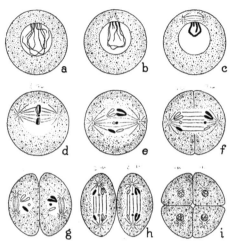

图 21　精子细胞的两次成熟分裂过程示意图。图中有三对染色体，黑色是来自父方的染色体，白色是来自母方的染色体（除 a、b、c 外）。第一次成熟分裂为减数分裂，情况如 d、e、f 所示。第二次成熟分裂为等数分裂，每条染色体纵裂成两条子染色体，如 g、h 所示

在生殖细胞的成熟阶段，染色体的这种行为符合孟德尔第一定律。对于每对染色体而言，来自父方的一条染色体与来自母方的一条染色体分离，导致每个生殖细胞仅含有每种染色体中的一条。我们可以说，生殖细胞成熟时，其中一半的细胞带有原染色体对中的一条染色体，另一半细胞带有各对相应的另一条染色体。如果将孟德尔提出的"遗传单位"概念换成染色体，

则上述描述与孟德尔第一定律没有本质上的差别。

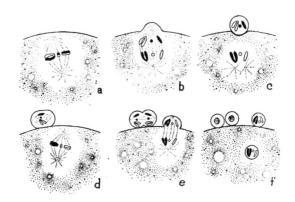

图 22　卵子细胞的两次成熟分裂过程示意图。a. 第一
次成熟分裂时纺锤体形成；b. 父方与母方染色体相互
分离（减数分裂）；c. 第一个极体释出；d. 第二次成
熟分裂时纺锤体形成，每条染色体纵裂成两条子染色
体（等数分裂）；e. 第二个极体释出；f. 卵细胞核内
只剩下一半数量的单倍染色体

　　每对染色体的其中一条来自父方，另一条来自母方。当这
些接合体（Conjugant）在纺锤体上排列好后，所有来自父方的
染色体将移到细胞的一极，所有来自母方的染色体将移到细胞
的另一极。分裂完成后，产生的两个生殖细胞势必与父方或母
方的生殖细胞一样。我们无从根据经验预先假定接合体会做出
这样的行为，却也极难对接合体的行为进行反证，因为究其本质，
接合中的染色体有着相似的形态和大小，我们不可能仅靠观察
就分辨出哪一条来自父方，哪一条又来自母方。

　　不过，近年来已有少数实验发现，蚱蜢体内的成对染色体

之间有时存在细微的差别。这种差别有时体现在染色体的形态
上，有时体现为染色体在纺锤体上的附着方式（图 23）。生殖
细胞成熟时，这些染色体先两两接合，再分开。由于它们保持
着各自的差异，因此可以在细胞的两极处被追踪发现。

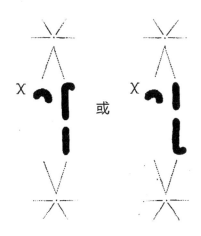

图 23 一对常染色体与一对 X 染色体的自由组合
示意图 [基于卡罗泽斯（Carothers）的发现作图]

雄蚱蜢体内有一条决定性别的不成对染色体（图 23）。这
条性染色体在成熟分裂时来到细胞中的一极，然后像地标似的
吸引其他成对染色体聚集过来。卡洛泽斯女士首先观察到这一
现象。她发现，与这条性染色体不同，一对被标记的常染色体（一
曲一直）分开后，各自随机地移向细胞的两极。

进一步研究发现，在某些个体中，其他成对染色体有时会
表现出持续性的差异。一项关于减数分裂中成对染色体的研究
也显示，一对染色体分开后的走向是随机的，不受其他对染色

体走向的影响。正是在这里，我们掌握了成对染色体自由组合的客观证据。这项证据与孟德尔第二定律相兼容，即不同连锁群中的基因进行的是自由组合。

连锁群数与染色体对数

遗传学研究显示，遗传要素以连锁群的方式集结。这些基因连锁群的数量可能是确定且固定的。当前的研究已经证实了一种生物的连锁群数量，另外几种生物的连锁群数量或许也是如此。果蝇体内只有 4 个这样的连锁群和 4 对染色体。香豌豆有 7 对染色体（图 24）。庞内特（Punnett）还发现，香豌豆可能有 7 对独立遗传的孟德尔性状。怀特（White）发现，可食用豌豆也有 7 对染色体（图 24），以及 7 对独立遗传的孟德尔性状。还有人发现，印第安玉米有 10 或 12 对（数量不确定）染色体和 7 个连锁群。金鱼草有 16 对染色体，独立连锁群的数量与染色体的数量接近。此外，其他动植物也有连锁基因的报道，但到目前为止，它们的连锁群数量总是小于染色体的对数。

到目前为止，所有研究都观察到一致的现象，即自由组合的基因对数少于染色体对数。这进一步证实，连锁群和染色体在数量上是对应的。

染色体的完整性与连续性

　　染色体的完整性（Integrity）或连续性（Continuity）指的是它从一代细胞传给下一代细胞时保持稳定的性质。这项性质对于构建染色体理论而言至关重要。细胞学家已基本达成共识：当染色体游离至细胞质中时，它们仍将在整个细胞分裂的过程中保持完整；但当它们吸收液体并结合成静止核（Resting Necleus）时，其历史将变得无从追溯。借助间接的手段，我们已经获得了一些关于静止期染色体情况的证据。

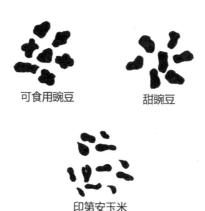

可食用豌豆　　甜豌豆

印第安玉米

图24 三种植物细胞减数分裂后的染色体数示意图，其中可食用豌豆为 7 条，香豌豆为 7 条，印第安玉米为 10 或 12 条（数量不确定）

　　每次细胞分裂后，每条染色体都会化为液泡，并聚集成一个新的静止核。单个静止核内的染色体继而形成一个个彼此隔开的小泡，这种状态可以被继续跟踪观察一段时间。随着时间的推移，染色体终将丧失被染色的特性，因而也不再能被人辨认出。当染色体再次出现时，我们可以观察到一个个小的囊状体。这即使不能充分证明，至少也提示我们，染色体在整个核静止期都处于原来的位置上。

博韦里（Boveri）研究发现，蛔虫卵细胞分裂时，每对染色体的子染色体以同样的方式被拉开，并往往呈现标志性的形态（图25）。这些细胞进行下一次分裂时，子细胞的染色体即将重现，染色体也会展现出类似的排列方式。我们从中可以明确地得出推论：静止核内的染色体保持着刚形成静止核时的形态。这项证据表明，染色体并非先化成溶液、再重新形成，而是前后一直保持着自身的完整性。

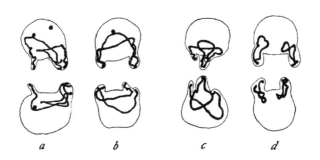

图 25 四对姐妹细胞（上下两排）的细胞核，衬托出子染色体从静止核中出现时的位置（基于 Boveri 的发现作图）

最后，也存在染色体数量增加的情况，要么是因为染色体数量加倍，要么是两个染色体数量不同的物种杂交所致。在这种情况下，每种染色体可以多达三、四条。在所有分裂出来的后代细胞中，都将存在这么多数量的染色体。

就整体而言，尽管没有细胞学证据可以充分证明染色体在整个细胞分裂过程中保持完整，但相关证据本身仍然倾向于支持这一观点。

不过，我们必须给上述观点加上一项非常重要的限制条件。遗传学证据明确证明，互成一对的两条染色体之间有时会发生有序的部分交换。但问题是，来自细胞学领域的证据是否也证明了这类交换的存在呢？在这方面，业内的争议还比较多。

交换的机制

其他证据明确显示，染色体是基因的载体，且一对染色体之间可以发生基因的交换。如果这些证据属实，那我们可以进一步得出推论：总有一天，我们有望找到某种基因交换的机制。

早在遗传学领域发现交换现象的若干年前，人们就已充分了解染色体的接合（Conjugation）过程及其在成熟生殖细胞中的减数分裂过程。证据显示，发生接合的两条染色体就是原本互成一对的染色体。换言之，接合过程不是随机发生的，这可能与相关早期文献中的叙述有所出入。但无论如何，接合总是发生在两条分别来自父方和母方的染色体之间。

现在，我们或许可以再补充一项信息，即接合之所以会发生，是因为一对染色体彼此相似，而非因为它们分别来自父方和母方。这一点已从两个方面得到证实：其一，雌雄同体的生物体内也有接合现象，只不过这类生物自体受精后，每对染色体均来自同一个体；其二，在个别情况下，一对染色体来自同一个卵子，但由于发生了基因交换，因此可以假定这两条染色体也发生了接合。

有了关于同类染色体接合的细胞学证据，我们就在阐明交换机制的路上迈出了第一步。显然，如果每对染色体整条并列，上面的基因也相应地两两并列，那么染色体此时的位置就为对应的基因片段进行有序交换创造了条件。当然，我们不能由此推出，并列的染色体一定会导致交换发生。事实上，一项关于连锁群内交换的研究表明，就果蝇的性连锁基因群（里面的基因量大到足以证实连锁群内发生的变化）而言，这对染色体在大约 43.5% 的卵细胞中不会发生任何交换。同样的证据显示，这对染色体在大约 43% 的卵细胞中会发生 1 次交换，在 13% 的卵细胞中会发生 2 次交换（双交换），而发生 3 次交换的卵细胞则仅占 0.5%。相较之下，雄果蝇体内则完全不会发生这对染色体的交换。

1909 年，杨森（Janssens）发表文章，详细论述了被他称为"交叉"（Chiasmatypie）的过程。在此，我们不去深究杨森研究的细节，但他的确拿出了证据，并且认为这些证据能够证明互相接合的一对染色体发生了整段或整块基因的交换。杨森对这种交换过程进行追踪后发现，两条染色体是在接合的初期彼此发生了缠绕（图 26）。

只可惜，在减数分裂的各个阶段中，最富争议的也正是染色体缠绕这个阶段。从本质上说，即使承认染色体的确会发生缠绕，我们在现实中也不可能充分证明这样的缠绕真能引起交换，毕竟这类尝试实在难以达到遗传学对证据要求的力度。

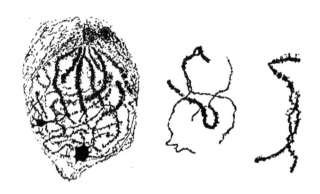

图 26　细长蝾螈精子细胞内染色体的接合过程。中间的图展示的是两条细长的染色体彼此缠绕（基于 Janssens 的发现作图）

目前已有许多关于染色体缠绕的图例公开发表。但从某种意义上说，这些证据反而因为证明了太多的东西而失效。例如，大家普遍听过并相信染色体缠绕显然存在的阶段，是一对接合染色体正在缩短并准备进入纺锤体赤道板的时期（图27）。对此，那些图例通常给出的解释是：两条接合染色体的缩短在某种意义上与这个时期的染色体缠绕有关。然而，那些图例并不能证明这样的缠绕会引起交换。尽管更早期的染色体缠绕有可能引起交换，但是染色体螺旋状态的持续存在反而证明交换并未发生，因为交换过程必将使两条染色体分开。

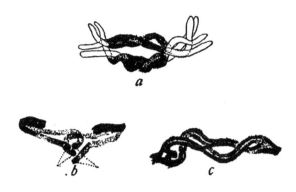

图 27　细长蝾螈生殖细胞第一次减数分裂时，粗线期的染
色体缠绕情况示意图。此时两条染色体正准备进入纺锤体
（基于 Janssens 的发现作图）

接下来，让我们再来看看关于减数分裂早期阶段的图例。
在这些公开发表的图中，充斥着看似彼此缠绕的细丝，即处于
细线期的染色体（图 28b）。但这样的解释往往也存在疑点。事
实上，如此纤细的染色体彼此接触时，要想确定两者在各个接
触点上谁上谁下，是一件极端困难的事。再加上只有凝固态的
染色体细丝才能被着色并被显微镜观察到，然而这种凝固态又
使观察难上加难。

最能勉强证明染色体在细线期缠绕的，或许是那些展示两
类接合过程的图。其中一类接合从染色体的一端开始，并朝另
一端不断推进；另一类从弯曲染色体的两端同时开始，然后同
时朝中间推进。在诸多图中，细长蝾螈的精子细胞图或许最有
吸引力（图 26），但浮蚕卵细胞的相关图例也几乎差不到哪里去。
至少有一些图给人一种印象，即染色体细丝互相靠近时，会发

生一次或多次重叠。但这些图不足以排除一种情况，即这只是某些角度观察下的结果，可实际上这些染色体细丝纯粹只是在空间上发生交错，而没有进行实质性的交换。尽管我们必须承认，细胞学还没能证实交换，且从客观条件来看，要想证实交换恐怕也会十分困难。但已有大量证据显示，染色体确实被带到某个位置上，以便交换随时可以发生。

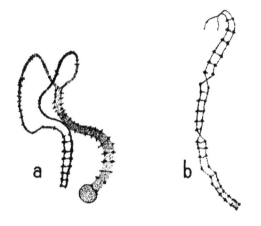

图 28 涡虫卵细胞内一对染色体的接合情况。a. 两条染色体细丝互相靠近；b. 两条细丝接合后，有可能在两个平面上发生交换（基于 Gelei 的发现作图）

细胞学家对染色体的描述，已在一定程度上达到了遗传学的要求。回忆起来，许多细胞学证据都是在孟德尔的研究成果重见天日之前获得，其中没有一项细胞学研究带有遗传学偏见，而都独立于遗传学家的研究之外进行。因此，这些细胞学证据所揭示的关系应该不大可能是巧合，而更可能是细胞学家已经发现了遗传机制的许多关键组成部分。在这种遗传机制中，遗传要素依照孟德尔的两条定律进行独立分配与自由组合，同对染色体之间有序地发生交换。

CHAPTER

04

第 4 章　染色体与基因

　　染色体经历的一系列动作，为遗传学提出遗传机制理论提供了内容支持。与此同时，其他领域也在不断累积证据，共同指向染色体是遗传要素（或基因）的载体。随着时间的推移，这些经年累积的证据也变得越来越有力。相关证据的来源有好几个。最早的证据源自人们发现父母双方的遗传贡献均等。雄性动物通常只贡献精子的头部，这个部位几乎只有染色体组成的致密核。卵子为未来胚胎贡献了所有可见的原生质，这些原生质受到母方染色体的影响，决定着胚胎发育的初始阶段。但除此之外，卵子对胚胎发育并不起什么主导作用。卵子对胚胎发育初期的影响，也完全可以归结于卵子自身携带母体染色体所造成的影响。至于胚胎发育后期乃至成年后，母方染色体将不会施加任何影响。

　　不过，上述父母双方遗传贡献均等的证据本身并没有说服力，因为这里涉及的遗传要素小到超出了显微镜的观察能力。因此，又有人提出，精子向未来胚胎贡献的不只是染色体。事实上，近年来已有证据显示，卵子可见原生质内的要素——中心体（Centrosome），或许是被精子带进了卵子。但至于中心体对胚胎发育过程是否有任何特殊影响，相关证据又无法证明。

　　从另一个方面来看，染色体的重要性则显现出来。当两个（或多个）精子进入卵子后，由此产生的三组染色体在卵细胞第一次减数分裂时随机分配。此时形成的是四个细胞，而非正常情况下的两个细胞。一项关于这类卵子的详细研究，与另一项分别观察四个细胞发育情况的研究共同显示，没有一整组染色体，就不会有正常发育。至少，这是对结果做出的最合理解释。但由于这些研究中染色体没有着色，因此相关证据充其量只能建立起一种假设，即必须存在至少一整组染色体。

其他来源的更近期研究也支持了上述解释。例如，有研究证明，仅仅一组染色体（单倍染色体）就能产生一个个体，该个体在很大程度上与正常个体相同。但该研究也表明，同一物种的单倍体不如正常二倍体强壮。尽管这种差异可能由染色体以外的因素导致，但从目前的情况来看，两组染色体比一组强的假说仍然是成立的。另一方面，苔藓植物的生命周期中存在一个单倍体阶段。在此阶段中，如果人为使单倍体转为二倍体，苔藓植物的生长看起来也不会因此获得什么优势。此外，人造四倍体是否优于正常二倍体，这一点也还有待证实。因此，在一、二、三或四组染色体孰优孰劣的问题上，我们显然必须十分谨慎。尤其当发育机制已经有过天然的调整，却突然被人为增加或减少了染色体的正常组成时，我们更要小心。

最能证明染色体遗传重要性的完整证据，或许莫过于近期的遗传学研究结果。它们研究的是染色体数量的改变会造成怎样的具体影响。每条染色体都携带遗传因子，使我们得以辨认出每条染色体的存在。

近期这类遗传学研究对果蝇的第四对小染色体（第四染色体）进行了增减操作。结果显示，无论用遗传学还是细胞学方法观测，果蝇生殖细胞（可以是精子细胞，也可以是卵细胞）有时会出现缺失第四染色体的情况。缺少第四染色体的卵细胞，正常受精后将只包含一条第四染色体。这样的受精卵会发育成一种"单体-IV"型果蝇，其许多身体部位与正常果蝇稍有不同（图29）。

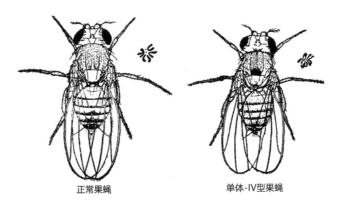

正常果蝇　　　　　　　单体-IV型果蝇

图 29　正常果蝇与"单体-IV"型果蝇，两者的
染色体组数标于各自的右上方

上述结果表明，当一条第四染色体缺失时，哪怕另外一条第四染色体仍在，也会对果蝇产生一些特定影响。

果蝇的第四染色体中存在三个突变要素（或基因），分别对应三个隐性性状：无眼、弯翅和无毛（图30）。如果一只"单体-IV"型雌果蝇与一只有两条第四染色体（每个成熟的精子细胞中各有一条）的二倍体无眼雄果蝇交配，孵化出来的一部分后代将是无眼。这时，检查蛹的情况，找出不能孵化的蛹，取出其中的卵，可观察到这里面更多的是无眼果蝇。这种果蝇的母方卵子是缺失第四染色体的，父方精子则带有含无眼基因的第四染色体。如图所示（图31），一半的果蝇应当是无眼的，但大多数无眼果蝇活不过成蛹期。也就是说，无眼基因本身能够削弱果蝇的生命力。此时，如果再缺失一条第四染色体，则这样的果蝇只有很少能存活下来。不过，由于第一代果蝇中出现了这样携带隐性无眼基因的果蝇，说明无眼基因位于第四染色体上。

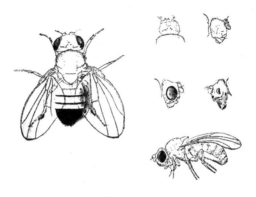

图 30　黑腹果蝇第四连锁群包含的性状：左边为弯翅，右上方四个蝇头为无眼（一个为背面观，剩下三个为侧面观），右下方为无毛

　　针对另外两个突变基因（弯翅、无毛）的同类实验也得出了一样的结果。但在这些果蝇中，第一代（F1 代）孵化出的隐性性状果蝇占比甚至比无眼基因更小，表明弯翅、无毛基因甚至比无眼基因更能削弱果蝇的生命力。

　　偶尔可见带有三条第四染色体的果蝇，即"三体型"果蝇（图 32）。它们的某些性状（或者说许多甚至全部性状）与野生型果蝇不同。三体型果蝇的眼睛更小，体色更深，翅膀更窄。如果让一只"三体 -IV"型果蝇与一只无眼果蝇交配，将产生两种后代（图33）。其中一半为"三体-IV"型果蝇，另一半的染色体数正常。

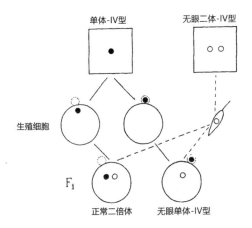

图31　一只正常眼"单倍-IV"型果蝇与一只带有两条第四染色体（各携带一个无眼基因）的无眼果蝇杂交。这里，小白圈代表第四染色体携带的无眼基因，小黑点代表正常眼基因

　　现在，如果让一只这样的"三体-IV"型果蝇与一只无眼果蝇回交，预计将产生5个野生型和1个无眼型（图33下半部分），而非像正常杂合子与其隐性个体回交时会产生均等数量的野生型与隐性型。图33展示了生殖细胞重组预期将产生的5:1后代分布。实际产生的无眼型数量与预期大抵一致。

　　上述及其他同类实验的结果显示，在交叉实验的每个节点上检查实际遗传结果，都与我们根据第四染色体已知历史所预计出现的结果一致。但凡熟悉这类证据的人，想必都会不约而同地得出结论：这个染色体中肯定有什么东西决定着观测结果的发生。

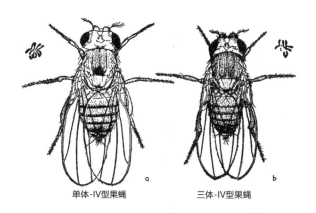

单体-IV型果蝇　　　　　三体-IV型果蝇

图32　"单体-IV"型与"三体-IV"型黑腹果蝇个体，

染色体组各标于左、右上方

　　另有证据显示，性染色体也是某些基因的载体。果蝇的性状多达 200 种，这些性状的遗传据说与性别相关。"性连锁"仅表示一些性状由性染色体携带，而不是说这些性状仅为雄性或雌性特有。由于雄性个体有一对不同的性染色体（X 染色体与 Y 染色体），因此 X 染色体上的基因对应的性状，在遗传上与其他基因对应的性状也不同。有证据显示，果蝇 Y 染色体上的任何基因，都不会抑制 X 染色体上隐性基因的表达。因此，Y 染色体的作用只是在精子细胞减数分裂时充当 X 染色体的配对，其他方面的作用或许可以忽略不计。果蝇连锁性状的遗传模式已在第 1 章中加以说明（图 11、12、13、14）。性染色体

的传递模式可参见图 38。从图 38 可知，这些性状随着染色体的
已知分布而分布。

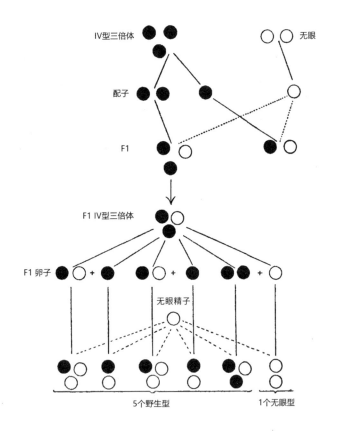

图 33　"三体 -IV"型果蝇与无眼的正常二倍体果蝇
的杂交结果示意图。图的下半部分中，一只 F1 代"三
体 -IV"型果蝇（其配子标为"F1 卵子"）与一只无
眼二倍体果蝇（其"无眼精子"由小白圈表示）交配
后，将以 5:1 的比例产生野生型与无眼型后代

　　性染色体偶尔会"出错",这种失误为我们研究性连锁遗传提供了契机。最常见的出错情形,是雌蝇生殖细胞的两条 X 染色体在其中一次减数分裂时没有成功分开。这个过程被称为"不分离"(Non-disjunction)。这样的卵子会包含两条 X 染色体和其他染色体各一条(图 34)。让这个卵子与一个带有一条 Y 染色体的精子结合,受精卵将发育成一个雌性个体,且该个体含有两条 X 染色体和一条 Y 染色体。当这种"XXY"型雌性个体发育成熟,即其卵子可以进行减数分裂时,就会使两条 X 染色体和一条 Y 染色体在分布上变得不规则,因为两条 X 染色体之间可以发生接合,从而导致 Y 染色体可以自由移向细胞的任一极。同时,一条 X 染色体与 Y 染色体之间也可以发生接合,由此多出了一条自由的 X 染色体。还有一种情形是,两条 X 染色体与一条 Y 染色体可能同时接合在一起,继而导致其中两条移向纺锤体的一极,剩下的一条移向另一极。但无论哪种情况,结果几乎都是一致的:预计将有四种类型的卵子产生(图 35)。

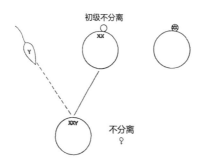

图 34 "XX"卵子与"Y"精子结合示意图,
受精卵将发育成"XXY"不分离的雌性个体

为了方便追踪上述遗传变化，雌蝇或雄蝇的 X 染色体必须携带一个或多个隐性基因。例如，如果雌蝇的两条 X 染色体上各有一个白眼基因（以白色空心字母表示），雄蝇的 X 染色体上有一个等位的红眼基因（以黑色实心字母表示），那么产生的后代组合将如图所示（图 35）。预计产生的个体将有 8 种类型，其中"YY"型连一条 X 染色体也没有，因此预计将无法存活。事实上，这样的个体根本就没有出现过。如果让一只正常白眼雌蝇（XX）与一只红眼雄蝇交配，产生的后代个体中有两种（4 号、7 号）理应不能存活。但此时两者同时存在，与"XXY"型白眼雌蝇的预期结果相符。经遗传学证据检验，发现这两者符合图中所示公式的计算结果。此外，细胞学证据也证实，"XXY"型白眼雌蝇的卵细胞中有两条 X 染色体与一条 Y 染色体。

还有一种雌蝇预计会有三条染色体。如图 36 所示，这样的雌蝇绝大多数会死亡，但仍有极少数能存活下来。这类雌蝇具备某些特性，使它们极其容易辨认：行动迟缓、翅短且通常形状不规则，并且不育。其细胞显微镜检查结果显示，这类雌蝇体内的确包含三条染色体。

该证据印证了此前的理论猜想，即性连锁基因位于 X 染色体上。

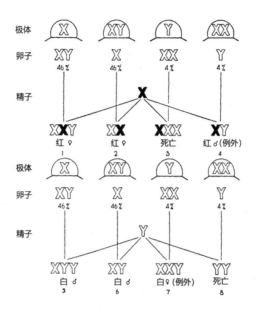

图 35　"XXX"卵子受精后的后代遗传示意图。这种卵子
的 X 染色体各有一个白眼基因,与之结合的精子带有红眼
基因。图的上半部分,四种可能出现的卵子分别与带有 X
染色体红眼基因的精子结合。图的下半部分,同样四种
卵子分别与带有 Y 染色体的精子结合

　　另外一种 X 染色体异常情形也支持上述结论。有一类雌蝇
表现出来的遗传行为,只能通过两条 X 染色体互相附着来解释。
这类雌蝇的卵细胞进行减数分裂时,两条 X 染色体行动一致:
要么同时留在卵细胞内,要么同时离开卵细胞(图 37)。显微
镜检查结果显示,这类雌蝇的两条 X 染色体其实在两端同时附
着,还有一条 Y 染色体据推测应该是这两条 X 染色体的配对。
图 37 展示了这类雌蝇受精后的预期后代结果。幸亏两条彼此附

着的 X 染色体分别携带黄翅的隐性基因，这样，当一只这样的
雌蝇与一只正常的野生型灰翅雄蝇交配时，我们才得以追踪 X
染色体的遗传经过。例如，图 37 表明，减数分裂后可能产生两
种卵子：一种保留双倍的黄翅 X 染色体，另一种保留 Y 染色体。
这些卵子如果与任何一类精子结合（最好是 X 染色体带有隐性
基因的精子），应该会产生四种后代，其中两种将死亡。存活
下来的两种后代中，一种是和母方一样的"XXY"型黄翅雌蝇，
另一种是像父方一样的"XY"型雄蝇，因为其从父方那里继承
了 X 染色体，因此也获得了相应的性连锁性状。

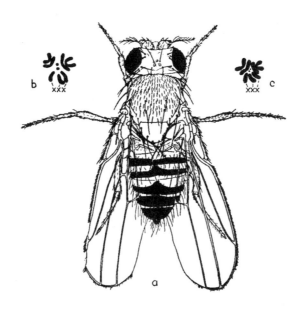

图 36　含有三条 X 染色体的雌蝇（a），其他种类
的常染色体各有一条（b、c）

　　当一只带有隐性基因的正常雌蝇与另一种不同类型的雄蝇交配后，产生的后代将与上述结果恰好相反。如果代入"两条 X 染色体互相附着"的假设，我们便可以立即理解为什么会出现这种鲜明的对比。换用细胞学实验检验这些拥有双倍 X 染色体的雌蝇，结果也都显示：两条 X 染色体是彼此附着的。

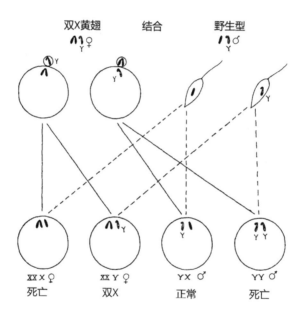

图 37　黄翅雌蝇（其两条 X 染色体互相附着，图中以黑色实心图案表示）与野生型雄蝇的受精情况示意图。雌蝇体内除两条 X 染色体外，还有一条 Y 染色体（图中以交叉线图案表示）。减数分裂后，有两种卵子产生（见图的左上方）。它们继续与两种正常野生型精子（见图的右上方）结合后，将产生四种后代（见图的底部）

第 5 章 突变性状的起源

现代遗传学研究一直密切关注着新性状的起源。事实上，只有当存在两种可被追踪的相对性状时，我们才有可能开展孟德尔式的遗传学研究。孟德尔在自己食用的商品豌豆中发现了这些相对性状，如高株与矮株、黄粒与绿粒、圆粒与皱粒等等。此后的遗传学研究也广泛使用了这类材料，但其中最好的一些材料带有新性状。这些新性状源自谱系栽培，因此其来源更加确切。

这些新性状大多以完整的面貌突然出现，并像其原始性状一样能够稳定遗传。例如，在一次谱系培养中，突然出现了一只白眼的雄性突变果蝇。当这只雄蝇与一只正常的红眼雌蝇交配时，产生的所有子代均为红眼（图38）。子代自交，产生的下一代既有红眼，又有白眼。所有白眼个体均为雄性。

接着，让这些白眼雄性与同一代但不同类型的红眼雌性交配，其中一些配对会产生同等数量的白眼与红眼后代，且两种眼色均有雌性和雄性。让白眼的雌性和雄性自交，产生的后代全为白眼。

我们可以用孟德尔第一定律来解释上述结果。根据该定律，果蝇生殖细胞的种质中想必有一种产生红眼的要素与一种产生白眼的要素（或基因）。卵子与精子细胞进行减数分裂时，这两种相对要素在杂合子中彼此分离。

需要强调的是，上述理论并不是说单凭白眼基因就能产生白眼性状。它只是说，生殖细胞的一部分原始种质发生了某种变化，由此使种质整体生成了一种不同的副产物。事实上，这种变化不仅影响果蝇眼睛的颜色，还影响果蝇其他的身体部位。
例如，有别于正常红眼果蝇的绿色精巢鞘膜，白眼果蝇的精巢
鞘膜为无色。此外，白眼果蝇比红眼果蝇的行动更加迟缓，寿
命也更短。一部分种质发生的变化，或许会同时影响果蝇的许
多身体部位。

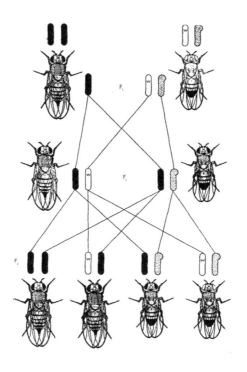

图 38　一只白眼雄蝇与一只红眼雌蝇交配后，果蝇白
眼性状的性连锁遗传情况。图中，携带红眼基因的 X
染色体以黑色实心小棍表示，携带白眼基因的 X 染
色体以白色空心小棍表示，白眼隐性基因本身以小写
字母"w"表示。Y 染色体以点阵图案小棍表示

极少见的情况下，自然界会出现体色更浅或更白的尺蛾，且清一色都是雌性。一只突变的浅色雌蛾与一只深色的野生型雄蛾交配（图39），产生的子代为深色。这些子代自交，产生的下一代（F2代）中深色与浅色个体比例为3:1。F2代中的浅色个体全为雌性。让这些个体与同一代的雄性交配，则会产生同等数量的浅色与深色后代，且浅色后代中同时包括雄性和雌性。从这些浅色后代中，我们得以回溯浅色基因的遗传经过。

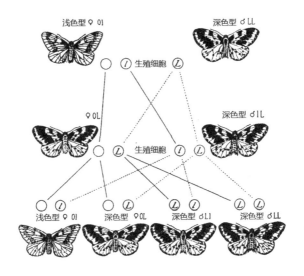

图39　尺蛾突变浅色型与正常深色型的杂交实验示意图。性染色体携带的深色基因由大写字母"L"加小圆圈表示，浅色基因由小写字母"l"加小圆圈表示，中空的小圆圈表示雌蛾特有的W染色体

前述的两种突变性状都是相对于野生型的隐性性状，但有

一些其他的突变性状也可以为显性。例如，叶状眼（Lobe2）是果蝇的一种突变性状，呈现标志性的奇特形态及大小（图40）。最初只有一只果蝇表现出叶状眼性状，其子代的一半也是叶状眼。因此，想必是最早那只突变型果蝇的母方或父方体内，其第二染色体上的基因发生了某种变化。含有这种突变基因的生殖细胞，与另一个含有正常基因的生殖细胞结合后，就产生了第一只叶状眼突变型。因此，这第一只突变型必然是杂合子，且如前所述，它与一个正常个体交配后会产生同等数量的叶状眼与正常后代。接着让两只叶状眼果蝇交配，这些杂合子又会产生某些纯种的叶状眼果蝇。纯种叶状眼果蝇在外观上与杂种叶状眼果蝇相似，但眼睛更小，一只或两只眼睛可能缺失。

图 40　黑腹果蝇的突变叶状眼性状，这种眼睛小而突

一则有趣的事实是，许多显性的突变性状对纯种个体是致死的。卷翅（图 41）是果蝇的一种显性性状。纯种的卷翅果蝇几乎无法存活，只有在极罕见的情况下，会存活一只这样的卷翅果蝇。再如，双显性的黄毛突变性状对于小鼠而言是致死的，

同样致死的还有小鼠的黑眼白毛基因突变。所有这类突变性状的纯显性个体都无法成功繁育（除非用另一个致死的显性基因与这个显性基因"平衡"）。杂合突变型的每一代后代中，将包含同等数量的突变型和正常型（携带正常的等位基因）。

人类短指是一种显著存在的显性性状，我们对它的遗传经过已经有了充分的研究。毋庸置疑，短指性状最早发源于某些家庭。

果蝇的所有品系都出现了突变型。在上文所提及的性状中，最早的突变体只有一个。但在其他一些情形中，新的突变型同时出现于若干个体。此时，基因突变必然更早地发生于母方或父方生殖细胞的种质，使得几个卵子或精子细胞同时携带了突变的遗传要素。

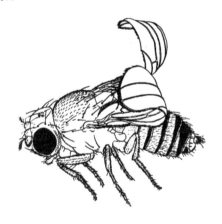

图 41 黑腹果蝇的突变卷翅性状，这种翅膀的末端上卷，两翅间距较大

还有的情况下，一对雌雄个体产生的后代中，突变型多达四分之一。这些突变为隐性性状，且有证据显示，基因突变最早发生于一个祖先体内。这些隐性性状起初并不会表现出来，只有当两个分别携带突变基因的个体结合后，我们才能从其四分之一的后代中看出这种隐性性状。

比起与外部个体交配的情形，严格自交的后代预期会更经常地出现突变。在与外部个体交配的情形下，在两个分别携带隐性突变基因的个体结合前，这个隐性基因可能已经传给了大量的个体。

人类生殖细胞的种质中也可能存在许多隐性突变基因，因为一些缺陷性状的重现频率高于预期的独立突变率。如果追溯这些缺陷性状的发病谱系，结果往往显示，家族中的祖先或亲戚也有同样的缺陷性状。人类白化病或许是这方面最好的例子。许多时候，一个个体的白化病基因来自父母双方已有的白化病隐性基因，但导致白化病发生的新基因突变也总是有可能发生的。即便这样，除非两个同时带有这种新突变基因的人结合，否则后代仍然不会表现出白化病。

对于大多数家养动植物而言，正常性状与来源确切的突变性状具有相同的遗传方式。毫无疑问的是，其中的许多突变性状是突然出现的。这种情形尤其多见于近亲繁殖的家养品种。

我们不能从上面举的例子得出推论，认为只有家养品种才能产生突变，因为现实恰好相反：大量证据显示，自然界也会发生同样种类的突变。由于大多数突变型比野生型的体质更弱或更不能适应环境，因此它们往往在被人发现前就已灭绝。另一方面，在人工繁育过程中，突变型被保护起来，更弱的它们也有了存活的可能。此外，家养动植物（尤其是那些为了改善遗传性状而培育的品种）受到了人类的精心呵护，我们对其各类性状的熟悉程度也使许多新的突变体得以被发现。

在研究果蝇各种突变性状的遗传经过中，我们发现了一则出乎意料的有趣事实：一对等位基因中只有一个会发生突变，而两者不可能同时发生突变。很难想象，究竟是怎样的环境才会使一个细胞中的一个基因发生突变，同时另一个一模一样的基因却保持不变。由此看来，造成突变的因素可能来自内部，而非外部环境。关于这个问题，我们将在后面的章节中进一步讨论。

果蝇突变性状遗传经过的研究还使我们注意到另外一个事实：同样的突变可以重复出现。表1列出了果蝇重复出现的各种性状。这种现象告诉我们，突变性状遗传是一个井然有序的特定过程。突变性状的反复出现，使人不禁联想起高尔顿（Francis Galton）著名的多边形类比：基因就像多边形一样，每变化一次，都对应一个新的稳定位置（这里或许是化学意义上的稳定态）。尽管这个比喻很有吸引力，但我们仍然需要谨记的是：到目前为止，几乎还没有证据能够揭示突变过程的实质。

表一　重复出现的突变及等位系列

基因位点	重现总次数	显著突变型	基因位点	重现总次数	显著突变型
无翅	3	1	致死 a	2	1
无鳞甲	4±	1	致死 b	2	1
棒眼	2	2	致死 c	2	1
弯翅	2	2	致死 e	4	1
二裂翅	3	1	叶状眼	6	3
双胸	3	2	菱形眼	10	5
黑体	3+	1	栗色眼	4	1
截刚毛	6+	1	小翅	7	1
褐眼	2	2	缺刻翅	25±	3
宽翅	6	4	粉色眼	11+	5
朱砂色眼	4	3	紫色眼	6	2
翅尖膨大	2	2	瘦小体	2	2
横脉缺失	2	1	粗糙眼	2	2
卷翅	2	2	粗糙状眼	2	2
断翅	16+	5+	红宝石色眼	6	2
短肢	2	2	退化翅	14+	5+
短翅	2	1	黑貂色刚毛	3	2
三角形翅脉	2	2	猩红色眼	2	1
翅脉增厚	2	1	鳞甲	4	1
展翅	3	3	墨黑色眼	4	1
烟色翅	6+	3	焦刚毛	5	3
黑檀体	10	5	星状眼	2	1
无眼	2	2	棕褐色刚毛	3	2
肥胖	2	2	四倍体	3	1
叉刚毛	9	4	三倍体	15±	1
翅缘毛	2	1	截翅	8±	5
沟状眼	2	2	朱红色眼	12±	2
合脉	2	2	残翅	6	4
暗红色眼	5	3	白眼	25±	11
IV 型单倍体	35±	1	黄体	15±	2
膨大体	2	1			

　　遗传学研究中最常提及或使用的突变型，都是相当极端的变化或异常情形。这有时给人一种印象，仿佛突变型与原始型之间存在巨大的差异。达尔文曾提到过骤变（Saltation）现象，即极端的突变情形，并否认骤变是进化的材料。因为在他看来，一个身体部位发生如此大的变化，或将使整个生物体不再适应本已良好适应的环境。如今，我们已充分认识到，当应用于极端变化产生的畸形或异常时，达尔文的上述观点是正确的。但与此同时，我们还意识到，微小的变化与巨大的变化一样，都是突变的特征。事实上，已有许多证据表明，小的变化——比如某个部位比正常情况大或小了一点——之所以发生，也可能是因为种质中的基因发生了突变。由于只有基因突变能够遗传，因此我们应该能够得出推论：进化必然是通过基因的各种变化来发生。但我们不能说，这些进化性的变化与我们看到的那些突变产生的变化是一样的。毕竟，野生型的基因可能本来起源就不同。事实上，人们往往默认这项观点，有时甚至激烈地主张它。因此，我们需要确认究竟是否有证据支持这项观点。德弗里斯（Hugo de Vries）提出了著名的突变论。他对该理论的早期论述，乍看之下好像说的就是新基因的创造。

　　突变论开篇的第一句话便说："有机体的各项特性由截然不同的单元组成，这些单元又集结成群。同属异种的物种中，同样的单元与单元群反复出现。正如化学家眼中的分子与分子一样，单元与单元之间也不存在动植物外表可见的过渡态。"

　　"物种之间没有连续的联系，而是各自源起于突然的变化或'级'。每个新单元都在已经存在的单元之上添了一'级'，由此使新形成的独立物种与原先的物种区隔开来。这里，新形成的物种被称为'急变'（Presto Change）。它的出现既不需要有形的准备工作，也不需要过渡态。"

上述观点可能让人产生误解，以为催生新基本物种的突变是由于某个新要素（基因）突然出现或被创造出来。换言之，突变源于新基因的诞生，或至少是新基因被激活。这个世界里的活跃基因，又多了一个。

德弗里斯在《突变论》（*The Mutation Theory*）的最后几章中继续论述了他的观点。后来，他又在名为《物种与变种》（*Species and Varieties*）的主题演讲中进一步阐释了自己的见解。他承认两个过程，一是新要素的"添加"，可以促成新物种的形成；二是已经存在的基因可以"失活"。当前我们重点关注第二个过程。虽然它的表达方式比较隐晦，但其本意与今天我们有时听到的观点一致，即新型物种是通过"基因损失"而被培养出来。事实上，德弗里斯自身把所有经常观察到的损失突变现象都归为此类，而不计这些突变是显性还是隐性。但从"失活"一词的使用来看，德弗里斯其实是在暗示这些突变是隐性的。他认为，孟德尔的研究结果仅仅属于第二种情形，因为代表相对性状的基因就是一对对活跃基因与失活基因。这种区隔产生了两种配子，而两种配子的分配组合又符合孟德尔遗传定律。

德弗里斯表示，这样的过程代表了进化中的一"级"倒退。它非但没有向前进步，反而向后倒退，产生了一个"退化变种"。

正如我在前文所言，这种解释与当代一些人对突变的解释非常相近。两者都认为突变产生的原因是"基因损失"，所以本质上是同样的观点。

因此，我们还是有必要检视德弗里斯提出突变论的依据。

德弗里斯在阿姆斯特丹附近的一片荒地里发现了一个拉马克月见草群落（图42），其中有少量个体与正常个体的形态有些不同。他采了一些异常个体带回家，种在自己的园子里，然后发现这种异常性状在大多数情况下是可遗传的。他还种植了正常的拉马克月见草，发现每代都会出现少量同样的新类型。总的来说，德弗里斯发现了大约九个这样新的突变型。

图42 拉马克月见草（左）与巨型月见草（右）（由 Castle 的作图改编而来）

现在我们知道，其中一个突变型的产生是由于染色体加倍所致，这个突变型被称为"巨型月见草"（图42）。还有一个突变型是三倍体，称为"半巨型月见草"。另外几个突变型都是因为存在一条额外的染色体所致，称为"宽型月见草"和"半宽型月见草"。最后还有一种突变型"短柱月见草"属于点突变（Point Mutant），与果蝇的隐性突变型类似。由此推断，德弗里斯想必说的就是这种"短柱月见草"及所有残余的隐性突变型[1]。现在看来，这种残余（即隐性突变型）与果蝇的突变型很可能遵循同样的遗传方式，但是前者在几乎每代中的重现方式，使之与果蝇及其他动植物突变的情况截然不同。这一点或许可以通过致死基因的存在来解释。致死基因与隐性突变基因密切相关，当且仅当隐性基因借助交换过程而挣脱附近的致死基因时，隐性基因才有机会表达。果蝇中已经出现了同时携带隐性基因与致死基因的"平衡"型个体，这与月见草的情况极为类似。只有当交换过程发生时，隐性基因才会重现，其重现频率取决于致死基因与该隐性基因的间距。

　　研究发现，其他月见草属野生品种与月见草有着相同的遗传行为。因此，月见草的遗传特性并非源于最早的杂合子（有人这样猜测过），而主要是因为存在与致死基因相关联的隐性基因。突变型的出现，并不代表产生突变基因的那种突变过程，而只能代表突变基因脱离了相关联的致死基因。[2]

----

1. 德弗里斯与斯托姆斯（T. J. Stomps）两位学者均认为，巨型月见草的一些特性是因为其他因素所致，而不是因为发生了染色体数量变化。——作者注

2. 针对大量出现的月见草隐性型，沙尔（George Harrison Shull）提出了隐性型致死连锁假说。爱默生（S. H. Emerson）近期指出，虽然沙尔目前公布的证据并没有十足的说服力，但可能仍然是有效的。在其近期发表的著述中，德弗里斯将某些反复出现的隐性突变型归结于"中央染色体"的原因，但他本人好像也并未公然反对隐性型致死连锁假说。——作者注

由此看来，月见草的突变过程与其他动植物身上经常发生的突变过程并没有什么本质上的不同。换句话说，认为月见草的突变过程与其他动植物的突变过程存在根本性的差异，这种观点将不再站得住脚。月见草突变过程的唯一不同在于，一部分隐性突变基因由于脱离了致死基因而得以显露出来。

我认为，基于上述考虑，即使出现了一个新的、进步型的月见草品种，我们也不必再假设这背后增添了一个新的基因。德弗里斯构想的这类所谓进步型品种，实际上可能来源于一整组染色体偶然发生的变化。我们将在第12章中详细探讨这个问题，但在这里我们可以先说明的是，几乎没有证据可以证明，新的物种能够以这样的方式被创造出来。

CHAPTER

06

第 6 章　隐性突变基因是
　　　　基因损失产生的吗?

孟德尔没有考虑基因的本质或起源问题，只是在自己的定律中用大写字母表示显性基因，用小写字母表示隐性基因。例如，纯显性是"AA"，纯隐性是"aa"，F1代的杂合子是"Aa"。在孟德尔提出定律的时候，基因的起源问题还没有出现，因为像黄色和绿色、高株与矮株、圆粒与皱粒这样的相对性状，已经直接表现在用于实验的豌豆中。只是到了后来，野生物种中出现突变体，人们开始思考野生型与突变型的关系，这才使基因的起源问题开始受人关注。其中有一则特别的案例，讲的是家鸡的玫瑰冠与豌豆冠性状，似乎可以使我们从中推导出关于基因起源的解释，即突变体的产生究竟是因为基因损失，还是因为基因缺位。

某些品种的家鸡有着所谓的玫瑰冠（图 43c），这种鸡冠的性状可以遗传。其他品种的家鸡有着所谓的豆冠（图 43b），这种性状也可以遗传。让一只玫瑰冠家鸡与一只豆冠家鸡杂交，所得的 F1 代产生了一种新的鸡冠类型，称为胡桃冠（图 43d）。如果让两只胡桃冠家鸡杂交，则其后代中将出现 9 只胡桃冠、3 只玫瑰冠、3 只豆冠和 1 只单冠。这个数据结果表明，鸡冠的遗传涉及两对基因，一对是玫瑰冠与非玫瑰冠基因，另一对是豆冠与非豆冠基因。单冠既非玫瑰冠，亦非豆冠，因此可视为玫瑰冠与豆冠基因缺失。然而，玫瑰冠与豆冠基因缺失，并不能证明这些基因的等位基因一定不存在。等位基因可能只是其他基因，而这些基因既不会表达出豆冠，也不会表达出玫瑰冠。

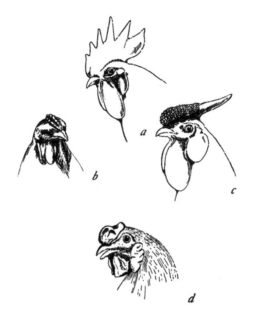

图 43 豆冠与玫瑰冠家鸡杂交后的杂合子或 F1 代鸡冠
类型：a. 单冠，b. 豆冠，c. 玫瑰冠，d. 胡桃冠

　　或许我们可以换种方式来更清楚地说明这种情况。家鸡是由野生原鸡进化而来。假设野生原鸡最初只有单冠，但在某个时期发生了一次显性突变，由此使野生原鸡中出现了豆冠。在另一个时期，野生原鸡又发生了一次显性突变，从而出现了一只玫瑰冠。让豆冠与玫瑰冠交配，F2 代中出现单冠是两个初始的野生型基因存在的结果。据此，豆冠品种（PP）将含有野生型基因（rr），而野生型基因的突变又产生了玫瑰冠。同理，玫瑰冠品种将含有野生型基因（pp），而这个野生型基因的突变又产生了豆冠。豆冠品种的基因型为 PPrr，玫瑰冠品种的基因

型为 RRpp。这两个品种的生殖细胞分别为 Pr 与 Rp，其结合产生的 F1 代将为 PpRr。两个显性基因产生了一种新型鸡冠，即胡桃冠。由于两对基因都存在于 F1 代中，因此 F2 代将有 16 种组合方式，其中 1 种为 pprr 即单冠。单冠的出现是因为野生型中的隐性基因参与杂交并进行了重新组合。

隐性性状与基因缺失

毫无疑问，基因存在与缺失理论之下潜伏着一种观点，即许多隐性性状实际上是原始型曾有的某个性状缺失的结果，由此意味着那个曾有性状对应的基因同样缺失。这种观点是魏斯曼"决定子与性状之间关系"理论的残留。

为了评估上述观点是否正确，我们不妨仔细看看其援引的证据。这些证据乍看之下好像真的能支持上述观点。

一只白化病的兔子、大鼠或豚鼠，或许可以被解释成丢失了原始型本应有的色素性状。从某种意义上说，用这种方式描述原始型与白化型两者间的关系，应该没有人会反对。但同时需要提及的是，许多白化豚鼠的足部或脚趾仍可见少量有色毛发。倘若色素生成基因缺失，且这种基因缺失的话豚鼠就无法表达出色素，那么显然我们很难解释为什么还会有少量有色毛发出现。

果蝇有一个突变型叫作"残翅"（图 10），因其翅膀仅剩少量残余痕迹而得名。然而，如果把这种类型的果蝇幼虫放在大约 31 摄氏度的高温环境下发育，则可观察到翅的雏形已经变得相当长，甚至在极端情况下与野生型果蝇的翅膀一样长。倘若产生长翅的基因缺失，我们将何以解释高温让能果蝇的翅膀长回来这种现象呢？

果蝇还有另外一个高度选择的突变型。这种果蝇大部分两眼缺失，但有一小部分仍有小眼（图 30）。培养时间越久，越来越多的个体将长出眼睛，眼睛的平均体积也越大。由于基因不大可能随着果蝇培养时间的推移而变化，因此若第一窝果蝇就已缺失了控制眼睛生长的基因，这个基因后期也不大可能回来。此外，如果情况的确是这样，那么越早被孵化出来的果蝇，理应将产生更多有眼或眼睛体积大于平均水平的后代，但这个现象实际上并未发生。

在其他一些隐性突变型中，丢失的性状本身完全不明显。例如，相较于灰色的野生型兔子而言，黑色反而是隐性性状，但黑兔实际上比灰兔体内的色素还要多。

也有显性基因可以产生全白的个体。白色的意大利来航鸡就是这样。这里，理由正好反了过来：据说野生原鸡体内有一种能够抑制白色羽毛表达的基因，当这种抑制基因丢失后，鸡就能长出白色的羽毛。这种理由看似有逻辑，但它对野生原鸡体内存在这种抑制基因的假设实在牵强。此外，鉴于还有其他显性性状出现，因此这种理由看起来反而很刻意，似乎想不计一切代价挽救基因的存在和缺失理论。

但我们也必须谨记：隐性与显性基因间的差异，很大程度上是人们武断下的结论。经验表明，性状绝不会总是隐性或显性的。相反，在绝大多数情况下，一种性状并非完全是显性或完全是隐性。换言之，同时含有一个显性基因与一个隐性基因的杂合子，是介于上一代显性与隐性表型的中间型，两个基因均影响性状的产生。认清这一关系后，主张隐性基因是一种缺失的理论将再无立足之地。诚然，也许有人会说，这种情况下的杂合子之所以是中间型，是因为一个显性基因的效应比两个显性基因的效应更弱，但这又引入了一个新的特征。一个显性基因的缺失，未必真的会导致基因的效应减弱。这样的假设或许是真的，但并非绝对。

如果我们承认上述论点有说服力，那么或许就能否定"隐性基因是一种缺失"这种咬文嚼字式的解释。但近年来，出现了另一种有关所有基因与性状间关系的解释，使我们更难驳斥基因存在与缺失理论。例如，假设一条染色体上缺失了一个基因，那么当两条这样的染色体组合时，个体的某种性状发生改变甚至缺失。这种性状的改变或缺失可以说是剩下所有基因产生的效应，而并非那两个缺失的基因所致。这样的解释不再天真地假设每个基因本身代表着个体的一种性状。

在讨论这种观点之前，首先应当指出的是，这种解释的某些方面与我们更加熟悉的另一种有关基因与性状间关系的解释类似，或者可以说前者其实脱胎于后者。例如，突变过程被解释成基因构造的改变，因此当两个隐性突变基因存在时，新性状的产生不仅仅是因为新基因本身的缘故，而是所有基因（包括新基因在内）共同活动的终点产物。同理，原始性状也是原始基因（但是后来突变了）与其他所有基因共同作用的结果。

　　上述两种解释可以简单地概括为：第一种解释称，一对基因缺失时，剩下的所有基因共同决定突变性状；第二种解释称，一个基因的构造改变时，新形成的基因与剩下所有基因共同的最终产物就是突变性状。

　　近期获得的一项证据与当前讨论的问题有一定关联，但这项证据无法压倒性地支持其中任何一种解释。不过，这项证据仍然有其值得称道之处，因为它引出了目前从未被讨论过的某些突变可能。

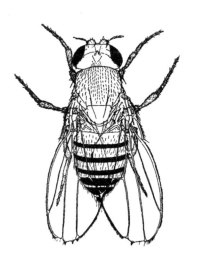

图 44　果蝇的缺刻翅既是一种性连锁的显性性状，
又是一种致死的隐性性状

　　果蝇有好几个突变型可以统称为“缺刻翅”，特征是翅膀

末端有一或多个缺口，且第三翅脉增厚（图44）。仅雌性果蝇
会表现出这种性状。任何携带缺刻翅基因的雄性果蝇都会死亡。
这种基因位于 X 染色体上，缺刻翅的雌蝇有一条携带这种基因
的 X 染色体，另一条 X 染色体上的等位基因正常（图45）。一
只雌蝇的半数成熟卵子会保留一条 X 染色体，另一半卵子则会
保留另一条 X 染色体。如果这只雌蝇与一只正常的雄蝇交配，
则精子中的 X 染色体与卵子中的正常 X 染色体结合后，会产生
正常的雌性子代个体；精子中的 X 染色体与卵子中携带缺刻翅
基因的异常 X 染色体结合，会产生缺刻翅的雌性子代个体。精
子中的 Y 染色体与卵子中的正常 X 染色体结合后，会产生正常
的雄性子代个体；而精子中的 Y 染色体与卵子中携带缺刻翅基
因的异常 X 染色体结合后，形成的雄性子代个体将死亡。由此，
最终存活下来的子代包括两个雌性与一个雄性。

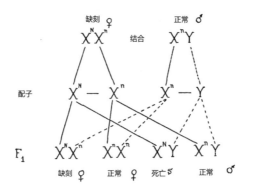

图 45　缺刻雌性（$X^N X^n$）与正常雄性（$X^n Y$）的交配结
果示意图。其中，带有缺刻翅基因的 X 染色体用 X^N 表
示，另一条含有正常等位基因的 X 染色体用 X^n 表示

就上述证据而言，缺刻翅这一性状或许能被解读成一种隐性致死基因，该基因在杂合子体内又控制着翅膀的显性性状。后来，梅茨与布里吉斯（Metz and Bridges）及莫尔（Mohr）先后于 1917、1923 年证明，涉及缺刻突变的更多是 X 染色体，而非普通的"点突变"，因为当一条 X 染色体的缺刻区存在隐性基因，同时另一条 X 染色体携带缺刻基因时，这种个体就会表现出隐性性状，仿佛缺刻染色体缺失了某一段，或在一定程度上不活跃（图 46a）。这种结果基本上与真正的基因缺失产生的结果一样。在一些缺刻突变体中，"缺失"的片段长约 3.8 个单位（从"白眼"基因的左边到"眼不齐"基因的右边）（回顾图 19）。但在其他一些缺刻突变体中，"缺失"的片段只有很短的单位。无论何种情形下的检测结果似乎都显示，染色体（差不多）有一小段发生了缺失。

如前所述，缺刻基因对应的隐性基因也能各自产生相应的性状。这在任何一种解释下都是成立的，无论其他所有基因在隐性基因缺失的情况下共同发挥作用，还是隐性基因存在并与其他所有基因共同发挥作用。因此，上述证据并不能佐证其中任何一项观点。

不过，缺刻区两个隐性基因产生的性状，仍然与一个隐性基因加一个"缺失的"缺刻基因共同产生的性状有着细微的不同。从表面上看，这种差异好像是因为一个真正缺失的基因（缺刻基因）与一个隐性基因毕竟不等同于两个隐性基因，但进一步思考后即可发现，这两种情况并没有什么可比性，因为缺失的缺刻片段中还有其他基因，所以这些基因也随之缺失。相较之下，这些基因在双重隐性基因的情形中是存在的。总之，前述的"细微差异"指的就是这些其他基因是存在还是缺失。

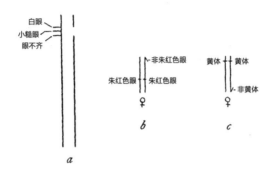

图 46　染色体缺刻基因所在位置示意图。a. 右边竖线的缺口表示缺刻基因，左边竖线对应位置有三个隐性基因（白眼、小糙眼、眼不齐）。b. 一条 X 染色体向另一条 X 染色体发生基因片段易位的情形。图为两条携带朱红色眼基因的 X 染色体，其中右边那条 X 染色体还同时携带朱红色眼基因的正常等位基因，即非朱红眼基因。c. 图为两条携带黄体基因的 X 染色体，其中右边那条 X 染色体还同时携带黄体基因的正常等位基因，即非黄体基因

上述细胞学证据无法证明缺刻突变体中的 X 染色体缺失了一个片段。这种片段的缺失性，仅能从遗传学证据中推导得出。下面我们要讨论的另一项证据，却真实地发生了基因片段的缺失。

果蝇有时会缺失一条第四染色体（即 IV 型单倍体，见图 29）。在一些最早的原种突变体中，这条染色体携带着隐性基因。我们可以人工造出一种 IV 型单倍体果蝇，使其仅剩的一条第四

染色体上携带着一个隐性基因（如无眼基因）。这样的个体虽然也表现出无眼原种的特征，但整体上比两个无眼基因存在时的情况更加极端。造成这种差异性的，或许是缺失染色体上的其他基因也随之缺失的缘故。

布里吉斯与摩尔根（Bridges and Morgan）于 1923 年提出了基因"易位"（Translocation）的概念，这又揭示出基因与性状的另一种关系。易位是一条染色体上的一个基因片段脱离并嵌入另一条染色体的现象。易位到新染色体上的片段继续存在，且由于这个片段上携带了一些基因，从而使遗传结果变得更加复杂。例如，正常 X 染色体上朱红色眼区的一个片段可以易位到另一条 X 染色体上（图 46b）。此时，雌性个体的两条 X 染色体上各有一个朱眼基因，其中一条 X 染色体上还嵌入了一块易位的朱眼基因片段。尽管朱眼基因的正常等位基因也存在于该片段中，但这样的雌蝇个体仍然表现出朱红眼色。乍看之下，如果把朱眼基因理解为缺失，则两个"缺失"将不可能凌驾于一个"存在"之上而成为显性。但仔细一想，其实还有另一种可能：如果朱红眼色是其他所有基因在朱眼基因缺失时共同作用的结果，那么即使有一个显性的正常等位基因存在，也将出现同样的结果。这种情形与"一个朱眼基因位于一条染色体上，其正常等位基因位于另一条染色体上"的情形不能混为一谈。

上述两个隐性基因与易位片段中一个显性基因间的关系，并不总能使个体表现出隐性性状。例如，莉莉安·沃恩·摩尔根（Lilian Vaughan Morgan）发表的基因易位证据表明，果蝇黄体、鳞甲突变体的 X 染色体上，有一个片段易位到了另一条 X 染色体的右端。此时，雌性个体的两条 X 染色体上均有黄体或鳞甲隐性基因，其中一条 X 染色体上还嵌入了一块易位的黄体或鳞甲基因片段（图 46c），这样的雌蝇个体将表现出野生性状。这里，隐性基因的作用被易位片段上的显性等位基因抵消。我们可以将此理解为，所有其他基因，外加易位片段中的基因，共同使个体倾向于表现为野生型。无论从哪种关于基因本质的观点来看，这种现象都是预期会出现的。

三倍体玉米的胚乳实验，以及一种三倍体动物的相关实验，也已揭示了两个隐性基因与一个显性基因间的关系。玉米种子胚乳的细胞核，由一个花粉粒（含单倍染色体）与两个胚囊核（均为单倍体）的结合而产生。由此生成的细胞核为三倍体核型（图 47），分裂后可产生胚乳细胞的三倍体核。粉玉米的胚乳由软质淀粉构成，而硬粒玉米的胚乳中含有大量的角质淀粉。若以粉玉米为母本（提供卵细胞），以硬粒玉米为父本（提供精子细胞），则结出的 F1 代种子将全为粉玉米。这个结果表明，两个粉质基因较一个硬粒基因为显性（图 48a）。如果反过来，以硬粒玉米为母本，以粉玉米为父本，则结出的 F1 代种子将全为硬粒玉米（图 48b）。此时，两个硬粒基因较一个粉质基因为显性。至于硬粒基因与粉质基因之间哪种代表另一种的缺失，取决于个人选择。若将粉质基因定为缺失，则在第一种情况下，两个缺失对于一个存在来说是显性；而在第二种情况下，两个存在对于一个缺失来说是显性。

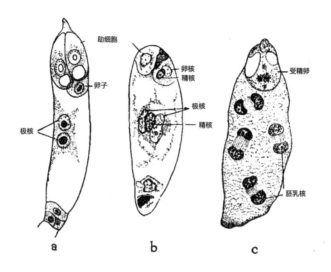

图 47　植物胚囊卵核受精的三个阶段。b 中展示的是两个单倍体
母本的卵核与一个单倍体父本的精核，两者结合后形成的三倍体
胚乳如 c 所示（由 Strasburger 与 Guinard 的作图改编而来，
前者又由 Wilson 作图而来）

　　光从字面上理解"两个缺失比一个存在来说更具性状表现
优势"是没有意义的。但正如上文所言，如果一个基因缺失，
剩下的所有基因共同决定玉米的粉质性状，则前面那个解释也
还可以说得通。当然，当存在一个软质基因（从硬质基因突变
而来），其本身外加剩下的所有基因共同决定性状时，这样的
解释也行。总之，除非一条染色体上的易位片段引入了第三种
要素，否则上述三倍体胚乳的证据并不能证明哪种解释才是正
确的。

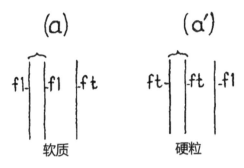

图 48 不同情况的三倍体玉米胚乳。a. 两个软质基
因和一个硬粒基因同时存在时，玉米性状表现为软
质；a′. 两个硬粒基因和一个软质基因同时存在时，
玉米性状表现为硬粒

在另外几项玉米研究证据中，两个隐性要素较一个显性要
素而言更具性状表现优势，但这些证据都对当前讨论的问题没
有进一步的影响。

如果一只三倍体雌蝇在两条 X 染色体上各有一个朱眼基因，
并在第三条染色体上有一个红眼基因，则这只雌蝇的眼色将表
现为红色，表明此时一个显性基因较两个隐性基因更具性状表
现优势。这个结果与重复片段中的野生型（显性）基因对着两
个朱眼基因的结果正好相反。但这两种情况又并非完全一样，
因为三倍体几乎是多出了一整条 X 染色体，而重复片段仅仅是
增加了一小段 X 染色体。三倍体中那条额外 X 染色体上的基因，
或许正是两种情况存在差异的来源。无论把隐性基因视为真正
的缺失还是突变基因，这种解释都是同样成立的。

回复突变（返祖现象）对解释突变过程的重要意义

　　如果隐性基因起源于基因的缺失，那么我们几乎可以预见：隐性纯种不会再产生原始基因，因为某个高度特异的东西显然不会凭空产生。另一方面，如果突变起源于基因构造的变化，那么突变基因偶尔回复到以前的状态，应该是不难想象的。或许，仅凭我们目前对基因的有限了解，还不足以使我们判定前面两种说法孰优孰劣。但返祖突变体的出现，似乎更倾向于支持后一种观点。只可惜，目前关于基因起源问题的相关证据整体还不尽如人意。诚然，已有大量果蝇实验的结果表明，隐性突变原种中会出现一个带有野生型或原始型性状的个体。然而，研究人员无法对这种情形设置对照组，因而无法排除是否有一个野生型个体偶然混进并污染了实验组，从而导致相关证据依然谈不上充分。但如果隐性突变原种表现出好几种明显的突变性状，且其中只有一种性状呈返祖现象，同时这些突变体周围又不存在其他组合的情形时，这样的证据才能堪称是理想的证据。在我们培养的原种中，只有少量满足上述条件的例子记录在案。但从这些记录下来的证据来看，回复突变的确可以发生。不过，我们还得提防另一种可能性的存在。这些隐性突变原种中的一部分个体，经过一段时间后，似乎多少会失去该原种的突变性状。但如果让这一部分个体与原种外的个体杂交，则原先失去的突变性状又会完整地回来。例如，果蝇第四染色体上的弯翅性状（图 30）本身就容易变化，还容易受到环境的影响。相关实验结果显示，在不加人为选择的情况下，弯翅个体在外观上有回归野生型的趋势。如果让一只弯翅果蝇与一只野生型果蝇杂交，并接着让 F1 代个体自交，那么在预期出现弯翅的 F2 代个体中，许多的确将表现出弯翅性状。另外一种名为鳞甲的果蝇突变性状，也呈现类似的实验结果。有鳞甲的果蝇原种个体，其特征是胸部缺失了一部分刚毛。在实验培养的纯种果蝇中，一些个体重新长出了本应"缺失"的刚毛。显然，这些突变型重新回到了野生型。如果让这样的果蝇与野生原种杂交，却不会出现上述返祖现象。但在第二代果蝇中，有鳞甲的个体又重新出现。这则研究结果表明，鳞甲果蝇之所以回归野生型，是因为出现了一个隐性要素（基因）。当这个隐性基因存在于鳞甲原种的纯合子内时，便会使原本缺失的刚毛重新长出。一个新的隐性突变基因产生，并因此把突变性状带回了原始性状。这不仅对我们正在讨论的问题有影响，其本身也是一个趣味横生的重要事实。

最后，显性或半显性性状也存在奇特的返祖现象。以果蝇的棒眼性状（图 49-1、图 49-2）为例。近几年来，由于梅和泽伦尼（May and Zeleny）观察到棒眼回归正常眼的趋势，此后该研究一直被其他研究引用，用以证明回复突变（Return Mutation）的客观存在。不同的果蝇原种中，回复突变的发生频率也不同。据估计，回复突变的发生率约为 1/1600。后来，斯特蒂文特与摩尔根（Sturtevant and Morgan）发现，回复突变发生时，棒眼基因附近会发生交换。此外，斯特蒂文特还获得了相关基因变化本质的关键证据。

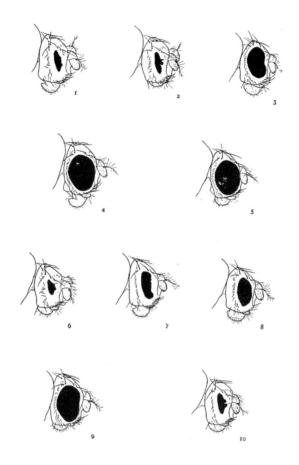

图 49　棒眼的不同类型: 1.纯合子棒眼雌性; 2.棒眼雄性; 3.棒眼较圆眼为显性的雌性; 4.因为发生回复突变而表现为正常圆眼的纯合子雌性; 5.因为发生回复突变而携带圆眼基因的雄性; 6.双棒眼雄性; 7.次棒眼纯合子雌性; 8.次棒眼雄性; 9）次棒眼较圆眼为显性的雌性; 10.双次棒眼雄性

　　每次回复突变总是伴随交换的发生，可通过以下方法加以证实（图50）：棒眼基因左侧（约0.2单元处）紧挨着的是"叉刚毛"基因，棒眼基因右侧（约2.5单元处）紧挨着的是"合脉"
基因。雌蝇的一条 X 染色体上同时有叉刚毛基因与合脉基因，
两者之间是一个棒眼基因；另一条 X 染色体上，有叉刚毛基因
与合脉基因的野生型等位基因。这样的雌性个体与一只叉刚毛、
棒眼、合脉雄性交配，产生的正常雄性子代要么是叉刚毛、棒眼、
合脉，要么只是棒眼，因为每个子代都从母体那里以均等的概
率获得其中一条染色体，要么获得的是同时带有叉刚毛、棒眼、
合脉基因的染色体，要么是同时带有非叉刚毛、棒眼、非合脉
基因的染色体。仅在极少数情况下会发生回复突变，即一个雄
性表面上看起来是圆眼，但实际发现其叉刚毛与合脉基因之间
发生了交换。例如，发生回复突变的雄性要么是合脉，要么是
叉刚毛，而从来不会同时是叉刚毛与合脉，也不可能同时为非
叉刚毛与非合脉。因此，这个雄性的母亲想必是发生了叉刚毛
与合脉基因间的交换。这种交换的整体发生率低于3%，却涵盖
了果蝇眼部发生的所有回复突变。

图 50 棒眼、叉刚毛、合脉杂合子雌蝇与圆眼、
叉刚毛、合脉雄蝇杂交示意图

为了简化说明情况，上述内容仅提及了那些回复突变的雄
性子代。但不言而喻的是，回复突变的染色体也可以进入一个

卵子，而这个卵子后来又发育成一个成熟雌性。我们可以人为设计一项这样的实验，以便在回复突变的雌性子代身上观察到交换过程。正常的雌性子代将会是纯合子棒眼（图 49-1）。回复突变的雌性子代将会是杂合子棒眼，且要么是叉刚毛，要么是合脉，而不可能同时是叉刚毛、合脉，也不可能同时是非叉刚毛、非合脉。

交换作用使棒眼回到圆眼，但交换作用不可能只留下一条没有棒眼基因的 X 染色体，而想必是把另一个棒眼基因放进了棒眼染色体中（图 51a）。从外观上看，有两个棒眼基因的雄蝇与只有一个棒眼基因的雄蝇类似，但前者的双眼更小，且复眼数量更少。这种带有两个棒眼基因的雄蝇被称为"双棒眼"型（图 49-6）。同时，同一线性序列上还存在两个等位基因，这种例外情形此前从未出现于其他任何一种果蝇突变性状中。为了解释这种现象，我们只能从理论上提出假设：交换作用发生前，两个棒眼基因的位置相对；交换作用发生时，两个棒眼基因略微移动了一下位置。由此，双棒眼染色体被至少一个棒眼基因拉长，另一条染色体却随着一个棒眼基因的"损失"而变短。

为验证上述棒眼突变回复理论，斯特蒂文特开展了大量重要实验。研究结果显示，棒眼基因可继续突变，产生一个名为"次棒眼"的等位基因（图 49-7，49-8）。次棒眼果蝇的双眼，无论在大小和复眼数量上均与棒眼有所不同。次棒眼果蝇原种也会发生回复突变（图 51b），产生一种外观上类似于野生型的完整圆眼，这种新突变型被称为"双次棒眼"（图 49-10）。

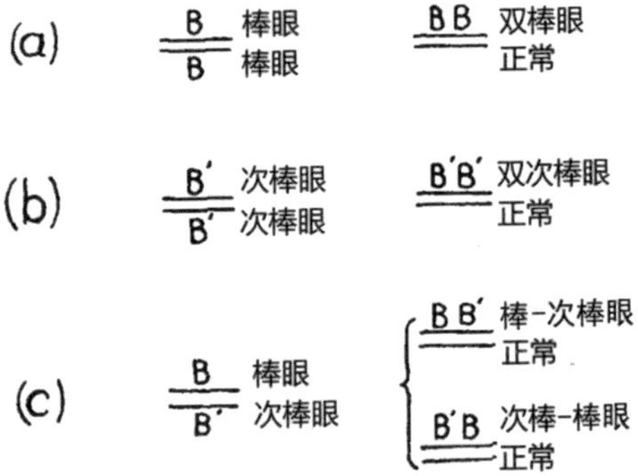

图 51 棒眼、次棒眼与"棒次棒"突变型示意图

当回复突变发生时，一条染色体带有棒眼基因、另一条染色体带有次棒眼基因的雌蝇（图 51c），将表现出野生型的完整圆眼，以及"棒次棒"或"次棒棒"突变型（图 51c）。

借助上述两种突变型，斯特蒂文特希望通过实验证明：在突变基因全部位于同一染色体上的前提下，当交换作用发生在"棒次棒"与正常型之间（图 52a）时，则要么会产生叉刚毛、棒眼型，要么会产生次棒眼、合脉型；当交换作用发生在"次棒棒"与正常型之间（图 52b）时，则要么会产生叉刚毛、次棒眼型，要么会产生棒眼、合脉型。

由此可以推断，无论在哪种突变型中，基因维持的不只是自身对应的性状，还有它们彼此间的序列排布。从"fBB′fu"与"fB′Bfu"两种突变型的构成来看，基因的序列是已知的。无论哪种情况下，B 与 B′ 都是分开的，与此前测定的序列一致。

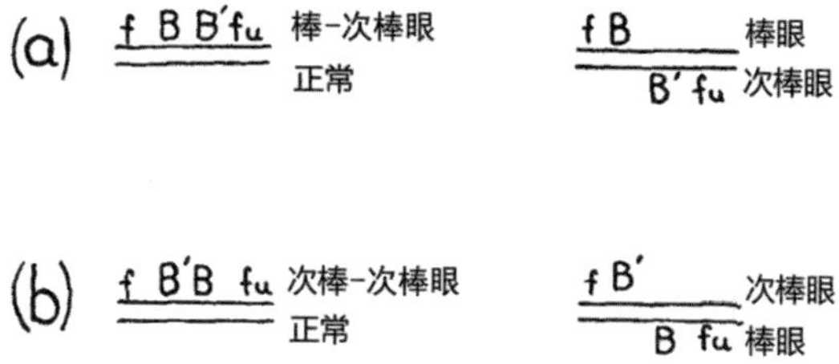

图 52 a. 叉刚毛、棒眼、次棒眼、合脉突变型; b. 叉刚毛、
次棒眼、棒眼、合脉突变型

　　上述结果提供了决定性证据，证明棒眼性状的回复突变现象由交换作用而起。到目前为止，这种情况还是独一无二的特例。似乎是 X 染色体上的棒眼基因位点有什么特殊性，使得两个等位基因之间得以发生交换。斯特蒂文特把这种交换称为"不均等交换"[1]。

　　这个结果又引申出另一个问题，即所有突变是否都由交换作用而起？果蝇实验的证据已相当明确地证明，交换作用不能用来解释一切突变过程，因为从一方面来说，大家都知道雌雄果蝇均可发生突变，而雄蝇体内却没有交换作用。

1.　这些关系涉及几个有关棒眼基因位点的有趣问题。例如，当棒眼基因发生交换时，棒眼基因位点上留下了什么？是棒眼基因缺失了吗？原来的棒眼基因之所以出现，是因为野生型基因发生了突变，还是因为产生了一个新的基因？这些问题都仍在探究中。——作者注

多等位基因的相关证据

　　果蝇及其他少数几种生物（如玉米）的实验结果已经表明，同一基因位点可以发生好几种突变。果蝇白眼基因位点处的等位基因序列，可谓是这方面最好的例证。根据目前的实验记录，除野生果蝇的红眼以外，果蝇至少还有 11 种突变眼色，它们共同形成了一个由白到红的色阶：白、淡褐、淡棕、革黄、象牙色、伊红、杏红、樱桃红、血红、珊瑚红及酒红。尽管白色是这个位点最早被观察到的突变眼色，但分别代表这些眼色的基因并非按色阶的顺序排列。从这些眼色基因的起源及其彼此间的关系来看，它们显然不是因为一系列相邻基因的突变而出现。例如，如果白眼是野生型某位点基因突变的结果，而樱桃色眼是野生型某邻近位点基因突变的结果，那么当白眼与樱桃色眼杂交时，产生的雌性后代应当为红眼。因为基于这样的假设，白眼个体将携带樱桃色眼的野生型等位基因，同时樱桃色眼个体将携带白眼的野生型等位基因。当白眼与樱桃色眼杂交时，产生的后代虽然不会出现前述情形，但雌性后代会表现出一种中间态眼色。F1 代雌性的后代中，雄性个体会出现均等数量的白眼与樱桃色眼。其他所有等位基因也同样呈现这样的关系，任意两个等位基因都能同时存在于任何一个雌性个体中。

　　如果按照字面意思来理解基因存在与缺失理论，那么每个基因的缺失将不可能超过一个。这种形式的理论，已被存在多等位基因的所有情形否定。在这些情形下，多等位基因分别独立地由野生型突变而来[1]。例如，对于染色体上的某个位点，假设上面每个突变型损失的遗传物质数量不同，则一个数量的损失或许可以代表白眼，另一个数量的损失代表樱桃色眼，依此类推。这样推导出来的结果或将与事实不符，但我们仍然应该注意到，这种假设要求对作为遗传单元的基因有着一定程度的不同解读。两个等位基因形成的所谓"复合物"，或将不会产生野生型，而会产生某种其他的突变型。但要想承认这一点，就得改写基因存在与缺失理论，使之本质上变得与我们在本书中坚持的观点相同，即突变是基因发生了某种变化而导致的。在我看来，非要说这种变化是基因（特指染色体上某个既定位点的一定量基因）缺失了一部分，也不见得有什么好处。这种关于基因变化本质的假设纯属无稽之谈，我们也不必用这样的假设来解释观察到的结果。基因当然可以整个或部分缺失并由此产生一种新的突变型，但从理论上说，基因的构成可能在其他方面也发生了变化。目前我们仍不确定基因实际上发生了什么变化，因此，过早地将这种变化限定为某个单一的过程，实在是没有什么好处。

---

1. 如果等位基因是依次出现的，即一个来自上一个，那么每个等位基因自然都有可能带有上一个突变基因。若真是这样，则两种突变型杂交将不可能产生野生型。但如果说每个等位基因都独立地来自野生型时，则情况将完全不同。具体内容我们将在下文探讨。——作者注

本章结论

通过分析目前手头可及的证据，我们还不能证明某种原始型性状的实际损失必然是因为种质发生了相应的缺失。

基因存缺理论只是人们就性状损失与基因缺失之间关系建立的假说。即使延伸这种理论的字面意义，将性状损失视为剩下的其他基因共同作用的结果，这种观点仍然不比"突变是基因发生了某种变化所致"的观点更好。此外，尽管我们还未研究透彻回复突变现象的发生机理，但这种现象的客观存在（棒眼回复突变的特例可忽略不计），也偏向于支持突变是基因构成发生某种变化的结果，只不过这种变化未必是整个基因的缺失。最后，从多等位基因的相关证据来看，每个等位基因的出现，都是同一个基因发生变化的结果。

本书所称的基因论，将野生型基因视为染色体中的特殊要素。它们能在长时间内相对保持稳定。目前还没有证据显示，除了旧基因的构成发生变化之外，还有什么其他原因能导致新基因的产生。长时间内，基因总数始终维持于一个常数。但通过复制整套染色体或其他类似方式，基因的数量或许也是可变的。关于这类变化产生的效应，我们将在后面的章节中加以讨论。

CHAPTER

07

第 7 章　近缘物种的基因位点

在前面的某一章中，我们讨论过德弗里斯的突变论。除视角奇特外，这项理论还称，"初级"物种由大量一模一样的基因构成，这些物种间的差异来源于这些基因的不同重组方式。近期有研究对这些近缘物种进行了杂交，所得结果为验证德弗里斯的突变论提供了证据。

针对这个问题的研究方法，最显而易见的莫过于杂交这些物种，然后检测它们是否由同等数量的同源基因构成。但这种方法存在几项难点。首先，许多物种无法杂交。在可以杂交的物种中，又有一些会产生不育的杂种后代。不过，仍有少量物种可以杂交，且杂交产生的后代可以继续繁殖。即便解决了这个难点，另一个难点又会出现，即如何才能找出两个近缘物种中符合孟德尔遗传定律的成对性状。一个物种与另一个物种间的差异由许多因素共同决定，且不同物种之间的这些因素也不同。换句话说，要想找到便于标记并追踪遗传经过的两个物种，且两者间的任何一项差异仅由一个因素造成，这几乎是不可能实现的。为了提供必要证据，必须找出一个或两个物种间新近出现的突变型差异。

目前已有好几例植物实验和至少两例动物实验的例子。在这些实验中，出现突变型的物种与其他物种进行杂交，并产生了有繁育能力的后代。当这些后代进行自交或回交时，产生的后代结果是目前唯一能证明不同物种等位基因间关系的重要证据。

伊斯特（East）杂交了两种近缘烟草，一种是兰氏烟草，另一种是花烟草（图53）。一种开白花的植物是突变型。尽管第二代的许多性状都出现了变异，但白花只见于四分之一的第二代植株个体中。一个物种的突变基因对另一个物种的基因做出某种行为，就像这个突变基因对正常的等位基因做出某种行为一样。

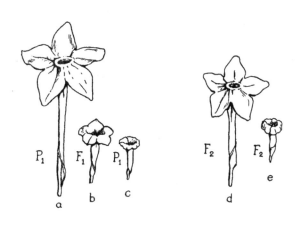

图 53　兰氏烟草与花烟草杂交示意图。a 与 c 是两种花的原始型，b 为杂种型。d 和 e 是两种发生回复突变的 F2 代个体（取材于 East 实验）

科伦斯（Correns）用块根紫茉莉与长筒紫茉莉进行杂交。实验中具体使用的是块根紫茉莉的一种隐性突变型。这种隐性性状几乎在四分之一的第二代植株个体中都有重现。

鲍尔（Baur）杂交的是两种金鱼草属植物：大花金鱼草与软金鱼草（图 54）。他至少用了大花金鱼草的五个突变型，并观察到第二代中出现了这些突变型的回复，且发生回复突变的个体与预期数量一致（图 55、56）。

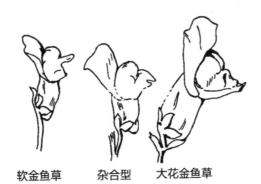

图 54 大花金鱼草与软金鱼草，中间是两者的杂合型
（取材于 Baur 实验）

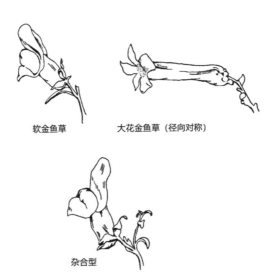

图 55 一种双边对称型软金鱼草与一种径向对称型大
花金鱼草杂交，可产生图下所示的杂合"野生"型（取
材于 Baur 实验）

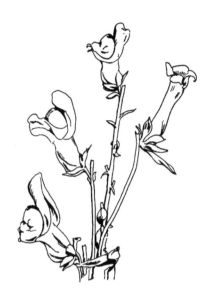

图 56　图 55 所示杂交实验产生的 F2 代花型

（取材于 Baur 实验）

　　德特尔夫森（Detlefsen）杂交了两种豚鼠，一种是阿比西尼亚豚鼠，一种是赤褐豚鼠。由于这样杂交产生的雄性杂种不育，因此只能让杂交产生的雌性杂种与带有突变性状的雄性阿比西尼亚豚鼠交配，共产生七种突变型后代。这些突变性状的遗传方式，与阿比西尼亚豚鼠本身突变性状的遗传方式相同。这个结果再次表明，两个近缘物种的确是携带着某些一模一样的基因位点。但我们不能从中得出两个物种之间存在着一模一样的突变体，因为我们还没有研究过与阿比西尼亚豚鼠突变性状相似的突变体。

朗（Lang）在两种野生蜗牛（花园螺旋蜗牛与森林螺旋蜗牛）身上开展的实验（图 57）能够很清楚地表明一个物种的性状与另一个物种的性状之间展示出的显隐关系，与这对性状在同一物种间展示出的显隐关系是一样的。

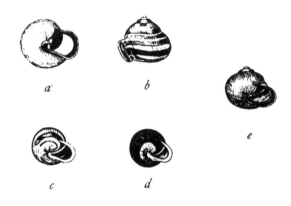

图 57 a. 森林螺旋蜗牛，00000，黄色，苏黎世品种；b. 同上，00345，带有红色，阿尔滕堡品种；c. 典型的花园螺旋蜗牛，12345；d. 同上；e. 杂合型，00000（取材于 Lang 实验）

果蝇有两种外表极为相像的野生型。因为太过相像，而被归类为同一物种。其中一种现在被称作黑腹果蝇，另一种被称作拟果蝇（图 58）。但通过仔细检查可发现，这两种果蝇其实存在许多方面的不同。它们彼此之间很难杂交，即使杂交，产生的后代也完全不育。

目前已知拟果蝇有 42 种突变型，这些突变型又可分为三个连锁群。

上述拟果蝇的突变型中，23 个突变型的隐性突变基因在杂种中表现为隐性。但在黑腹果蝇中，这样的隐性突变基因有 65 个。

这个结果表明，每个物种都携带着标准或野生型基因，而这个基因又与对方物种的每个隐性基因相对应。

有关研究还检测了 16 种显性基因。但只有 1 种在杂种中的遗传方式与其在同一物种间的遗传方式相同。这意味着 16 个正常基因较对方物种中相应的显性突变基因为隐性。

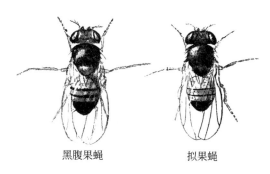

黑腹果蝇　　　　　拟果蝇

图 58 黑腹果蝇（左）与拟果蝇（右）对比图，两者均为雄性

拟果蝇的突变型与黑腹果蝇的突变型杂交后，在所得的 20 例结果中，突变性状被证明是一样的。

最后一则实验的结果证实了两种果蝇突变基因的身份，并使研究人员得以确定这些突变基因是否位于同一连锁群内，以及它们是否在各个连锁群内分别占据着同样的相对位置。图 59 中的虚线表示斯特蒂文特目前找到的两种果蝇的相同突变基因位点。1 号染色体上，两个突变基因位点的位置非常一致。2 号染色体上只发现了两个相同的点。3 号染色体上的位置则不完全一致。有可能这条染色体的一大部分都发生了回复突变，相应的基因位点因此发生了次序上的颠倒。

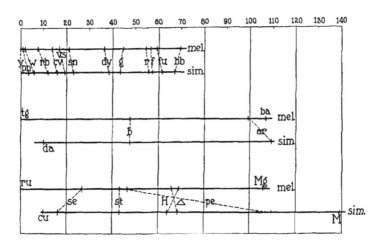

图 59 上图展示的是黑腹果蝇与拟果蝇相同突变基因所处的
相应位点。最上面的两条比对的是 1 号或 X 染色体上，中
间两条比对的是 2 号染色体，最下方的两条比对的是 3 号
染色体（取材于斯特蒂文特实验）

斯特蒂文特的上述发现不仅本身很重要，还有助于我们得
出这样的观点：不同物种体内相似的突变基因，只要能在各个
连锁群中占据同样的相对位置，就可以说是相同的突变基因。
但除非它们的身份可以通过杂交实验（比如像黑腹果蝇和拟果
蝇这样）加以验证，否则其身份将总是存疑的。因为人们已经
发现了相似但不相同的突变型，且有时它们在同一连锁群内所
处的位置非常靠近[1]。

还有一项实验比较的是另外两种果蝇，其结果至少可以说

---

1. 通过将考虑范围扩展到单个基因的效应以上，我们可以更加准确地确定位置。——作者注

是非常有趣。梅茨与韦恩斯坦（Metz and Weinstein）已经测定
了黑果蝇若干突变基因的所在位置，梅茨又比较了黑果蝇与黑
腹果蝇的基因序列。从图 60 来看，黑果蝇与黑腹果蝇的性染色
体上，明显有五个类似的突变基因以同样的顺序排列，即黄体
（y）、横脉缺失（c）、焦刚毛（si）、小翅（m）和叉刚毛（f）。

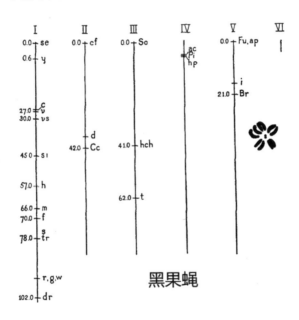

图 60　黑果蝇 6 条染色体上突变基因所处位置示意图（取材
于 Metz 与 Weinstein 实验）

　　另一种近缘物种暗果蝇，其性染色体的长度是黑腹果蝇的
两倍（图 61）。在这条性染色体的中部，有着四个代表性的突
变基因：黄体、白眼、鳞甲及缺刻翅。暗果蝇的这些突变基因，
与黑腹果蝇较短性染色体末端的突变基因可以说是极其相似的

（同时拟果蝇性染色体的同样部位也有这几个突变基因）。目前，
兰斯菲尔德（Lancefield）仍在仔细研究这种近似关系的意义。

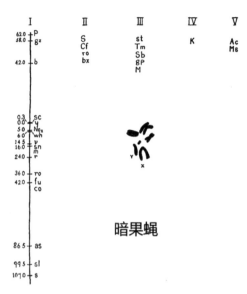

图 61 暗果蝇染色体上突变基因所处位置示意图。与黑腹果
蝇类似的相应基因位点包括鳞甲（sc）、黄体（y）、缺刻翅
（NO2）与白眼（wh）（取材于 Lancefiled 实验）

　　面对这些及其他实验结果，我们需要注意的是：这些结果
仅仅是对染色体组进行观察而得出的结论，因此应当极端谨慎
地将这样的结论推广到整个生物系统上。从果蝇实验的证据来
看，即使是亲缘关系很近的物种，同一染色体上也可能有着不
同的基因排列次序。相似的染色体组，有时也会包含不同的基
因组合。由于重要的不是染色体而是基因本身，因此遗传构造
的最终分析应当由遗传学而非细胞学做出。

第 8 章　　四倍体或四倍型

被人类计算过染色体数量的动物超过 1000 种，植物也可能
不亚于这个数目。仅有两三个物种的体内只有一对染色体。另
一种极端情况下，有的物种竟有 100 多条染色体。但无论染色
体数量是多是少，每个物种的染色体数量都是恒定的。

诚然，染色体偶尔会分布异常。通常来说，大多数这种异
常情形都会以某种方式进行自我纠正。在一两个先例中，也的
确出现过染色体数量略有浮动的情况。例如，棘头虫有至少一
条额外的小染色体，有时还有 Y 染色体甚至被称为 M 染色体的
东西（图 62）。正如威尔逊（Wilson）所证实的那样，这些染
色体或许是无足轻重的，因为个体的相应性状并没有因为这些
额外染色体的存在而变化。

此外，我们已经知道，几条染色体可以结合，从而减少整
体的染色体数，但染色体上的基因总量是一定的。同时，一条
染色体也可以发生断裂，由此使整体的染色体数至少增加一
条[1]。可即便在这种情况下，染色体上的基因总量仍是一定的。
最后，有些物种的雌性比雄性多一条染色体，还有一些物种的
情况正好相反。所有这些情况都已有过广泛的研究，可谓是每
位细胞学家耳熟能详的内容。但这类情况的出现，并不能推翻

---

1. 汉斯（Hance）已经描述了月见草染色体的偶然断裂现象。塞勒（Seiler）也已在
篱灯蛾及其他蛾类身上观察到几个例子，某些染色体在卵子和精子细胞中处于结合态，
但在胚胎细胞中会分开。蜜蜂的每条染色体，在所有体细胞中都会分成两部分。果蝇及
其他动物的部分组织细胞内，染色体可以在细胞不分裂的情况下彼此分开，由此形成二
倍体或四倍体。——作者注

这样一个普适性的观点：每个物种都有自己标志性的染色体数量，且这个数量是始终恒定的。[1]

近年来，越来越多的学者观察到某些物种的个体突然发生的染色体加倍现象，即产生了所谓的四倍体。被发现的还有其他一些多倍型，有的自发出现，有的是从四倍体衍生而来，但可统称为多倍体。在多倍体中，从许多方面来说，四倍体是最有趣的。

人类确切知晓的四倍体动物目前只有三种。首先是寄生在马体内的线虫。这种线虫有两种类型，分别有两条和四条染色体。两种变体非常相似，就连其细胞大小都几近相同。人们认为马线虫的染色体是一种复合体，由大量小染色体（有时又称"染色粒"）结合而成。在未来将分化成体细胞的胚胎细胞中，每条染色体断裂成几块构成要素（图 63a、b、d）。染色体碎片的数量几乎是恒定的，二价染色体（Bivalen）含有的要素数量是单价染色体（Univalen）的两倍。这表明一型马线虫的染色体数量是另一型的两倍，二价染色体并非由单价染色体一分为二而来。

1.　近年来，德拉瓦莱（Della Valle）与奥瓦斯（Hovasse）就不同组织细胞内染色体数量恒定的说法提出了否定看法。但他们的结论目前仍是基于两栖动物的体细胞而得出，这类动物的染色体数量繁多，难以精确辨认，因此相关观测结果不足以推翻其他学者在其他各类动物（甚至包括某些两栖动物）身上观测到的压倒性结果。相较之下，其他各类动物比两栖动物的染色体数量更容易精确测量。

众所周知，某些组织中的染色体数量可以变为两倍甚至四倍，起因要么是细胞没能在染色体分开时成功分裂，要么是染色体持续断裂成好几部分。这些都是特例，不影响整体情况。——作者注

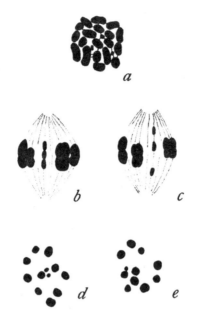

图 62 棘头虫染色体示意图：a. 精原细胞染色体
组，其中包含 3 条小 M 染色体；b、c. 精原细胞
侧面观，可见 3 条彼此结合的 M 染色体，其中 2
条向细胞的一极移动，剩下的 1 条向细胞的另一
极移动（见 d、e）；e 是 c 在细胞分裂的后期
状态（取材于 Wilson 实验）

　　据阿尔托姆（Artom）报道，另一种四倍体动物是盐水褐虾。
这种动物有两种类型，一种有 42 条染色体，另一种有 84 条染
色体（图 64），且后者为单性生殖。基于这些条件，不难想象
四倍体起源于单性生殖的那个种，因为无论是由于保留了一个
极体，还是染色体在第一次核分裂时没有成功分离，只要卵细
胞的染色体加倍，这种加倍的情况就会自发持续下去。

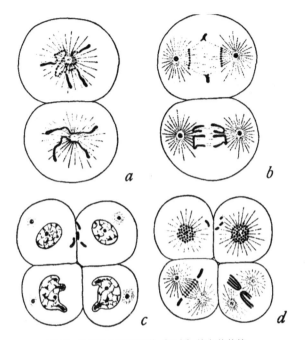

图 63 马线虫卵细胞单价（两条）染色体的第一、
二次断裂情况。a、b. 其中一个细胞里的两条染色
体碎片；d. 三个细胞中可见染色体碎片，但第四
个细胞的染色体是完整的，正是该细胞将成为
生殖细胞（取材于 Boveri 实验）

　　德弗里斯最早发现了一种四倍体植物，并将其命名为巨型
月见草（图 42）。起初，没有人知道这种巨型植物是一种四倍
体，直到德弗里斯注意到这种植物比其亲本（拉马克月见草）
更加粗壮，并在其他许多特征上存在许多细微的不同。再后来，
巨型月见草的染色体数量才为人所知。

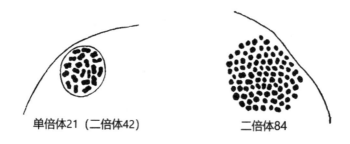

图 64 数量减少后的盐水褐虾二倍体与四倍体染色体情况

（取材于 Artom 实验）

拉马克月见草有 14 条染色体（单倍体有 7 条染色体）。巨型月见草有 28 条染色体（单倍体有 14 条染色体）。两者区别如图 65 所示。

图 65 a. 二倍体型（含 14 条染色体）的拉马克月见草;

b. 四倍体型的巨型月见草（含 28 条染色体）

盖茨（Gates）测量了不同组织细胞的染色体数量。巨型月见草花药上皮细胞的染色体数量几乎是正常型的 4 倍；柱头细胞的染色体数量达 3 倍，花瓣及花粉母细胞的染色体数量分别达 2 倍和 1.5 倍。巨型月见草花粉母细胞核中的染色体数量是拉马克月见草同类细胞核染色体数量的 2 倍。这两种月见草在细胞上的差异有时从外观上即可看出。大多数月见草种类的花粉粒为三叶圆盘形，但巨型月见草的一些花粉粒为四叶。

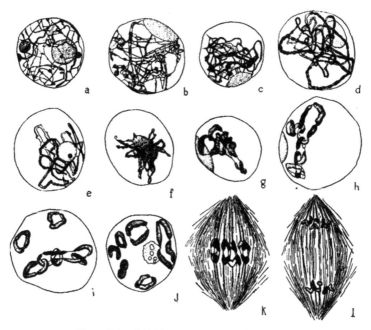

图 66　弗朗西斯卡纳月见草花粉细胞的减数分裂过程

（取材于 Cleland 实验）

盖茨（Gates）、戴维斯（Davis）、克利兰德（Cleland）和博定（Boedijn）研究了花粉母细胞的减数分裂过程。据盖茨报道，巨型月见草通常有 14 对二价染色体。第一次减数分裂时，每个二价染色体的两半分别进入一个子细胞。第二次减数分裂时，每条染色体纵裂分开，使每个花粉粒各得 14 条染色体。胚珠的成熟或许也遵循类似的过程。根据戴维斯的描述，刚开始时，拉马克月见草的染色体以纠缠接合的状态出现，呈现一定程度的不规则排列，且并非严格地并排接合。之后，它们朝着细胞的其中一极移动，直至完成减数分裂。克利兰德近期描述了另一种月见草染色体的接合情况。这种名为"弗朗西斯卡纳月见草"的二倍体植物，在进行减数分裂的过程中，其染色体以一种端到端的接合状态进入纺锤体（图 66）。戴维斯早期绘制的一些图，也在一定程度上证明了染色体端到端的接合方式。

　　近年来，人们也在其他雌雄同株的显花植物中发现了四倍体。雌雄同株型植物之所以比雌雄异株型植物更常出现四倍体，原因显而易见：在雌雄同株型植物中，卵子与精子由同一株植物产生，因此当一株植物以四倍体的状态出现时，将持续产生带有双倍数量染色体的卵细胞和精子细胞，而自花受精又将再次产生四倍体。另一方面，在雌雄异体的动植物中，一个雌性个体的卵细胞必须和另外一个雄性个体的精子细胞结合。此时，若产生了一个四倍体雌性，其成熟的卵细胞应带有双倍数量的染色体，一般将与一个正常雄性个体的单倍体精子细胞结合，由此形成一个三倍体后代。但就这个三倍体后代而言，其再继续产生一个三倍体后代的可能性微乎其微。

　　与偶然发现的四倍体相比，从谱系繁殖中出现的四倍体为我们了解其起源提供了更准确的信息。事实上，的确有其他记录表明，四倍体能在人为控制的条件下出现。格里高利（Gregory）

在藏报春这种植物中发现了两种巨型植株，其中一种看上去像是两个二倍体植物的杂交产物。由于亲本植物包含的遗传要素是已知的，因此格里高利得以研究这种四倍型的性状遗传经过。可即使有了研究发现，格里高利仍然无法判断这些结果意味着什么：在四条相似的染色体中，一条染色体究竟是与其他三条中的某一条特殊染色体配对接合，还是可以与其他三条中的任意一条染色体配对接合呢？穆勒（Muller）对同样数据的分析结果表明，答案可能更倾向于后者。

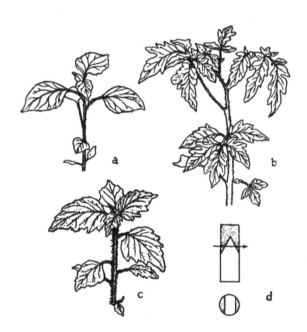

图 67 a. 龙葵幼苗；b. 西红柿幼苗；c. 龙葵西红柿嫁接杂交型；d. 嫁接技术示意（取材于 Winkler 实验）

温克勒（Winkler）通过嫁接这一中间过程获得了一株巨型龙葵和一株巨型西红柿。据我们目前所知，嫁接技术不会对二倍体的形成产生直接影响。

图 68　左为正常二倍体龙葵亲本植株，右为四倍体
植株（取材于 Winkler 实验）

四倍体龙葵的获得过程如下。将一株西红柿幼苗的一部分嫁接到一株龙葵幼苗上，同时摘除所有侧芽。10 天后，在嫁接面进行横切（图 67）。暴露面的愈合组织长出不定芽，这些芽继续发育成幼苗。其中一棵幼苗是嵌合体（Chimaera），即部分组织是龙葵、部分组织是西红柿的植株。将这棵幼苗切除下来，进行繁育。新植株上的一些侧芽，表面上呈现西红柿的特征，中柱却是龙葵。把这些分枝分离出来并栽种。由此长出的幼苗与其他已知为四倍体的嵌合体有所不同，不由得让人怀疑这个新植株可能有着四倍体的中柱。后来的实验证明了这种猜想：切除这些嵌合体的顶端，并摘除下半部基底处的侧芽，从愈合

组织长出的不定芽中，即可获得纯四倍体的植株幼苗。其中一棵巨型龙葵的外观如图 68 右方所示，左方对比的是一棵正常的二倍体亲本植株。巨型龙葵的花型如图 69 右上所示，左方为其亲本对比。巨型龙葵幼苗及其亲本的对比如图 69 左上所示。

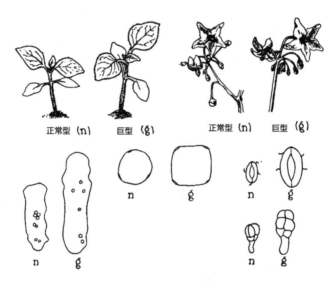

图 69　上部为二倍体和四倍体龙葵的幼苗（左上）与花型（右上）示意。下部为组织细胞示意，依次是栅栏细胞（左下）、花粉粒细胞（中）、气孔保卫细胞（右上）与根毛表皮髓细胞（右下）（取材于 Winkler 实验）

　　图 69 还展示了巨型龙葵及其亲本在部分组织细胞上的差异，包括叶栅栏细胞对比（左下）、气孔保卫细胞对比（右上）与根毛表皮髓细胞对比（右下），其中巨型龙葵的髓细胞比正常型的要大。巨型龙葵及其亲本的花粉粒细胞对比见中部。

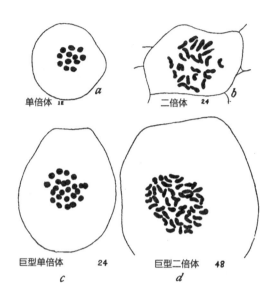

图 70 a. 正常龙葵单倍体；b. 正常龙葵二倍体细胞与
染色体；c. 巨型龙葵单倍体；d. 巨型四倍体龙葵的二
倍体细胞与染色体（取材于 Winkler 实验）

　　一株四倍体西红柿也可通过以下过程获得。同样，将一株
西红柿幼苗的一部分嫁接到一株龙葵幼苗上（图 67）。待嫁接
面完全长好后，在嫁接面进行横切，同时摘除侧芽。横切面的
愈合组织会长出不定芽，这些芽继续发育成幼苗。将这些幼苗
切除下来，进行繁育。其中一株带有龙葵的上皮细胞，中柱却
是西红柿细胞。后续检测发现，上皮细胞为二倍体，中柱细胞
为四倍体。为了从这种嵌合体中获得各部位均为四倍体的植株，
取一株幼苗的茎，从中部横切，摘除下半部分的侧芽。横切面
上会长出新的不定芽，大多数的芽从内到外均由西红柿组织构

成。这种巨型西红柿植株与其亲本间的差异，与巨型龙葵及其
亲本间的差异类似。

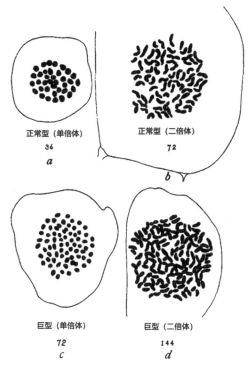

图 71　a. 正常西红柿单倍体；b. 正常西红柿二倍体细胞
与染色体；c. 巨型西红柿单倍体；d. 巨型四倍体西红柿
的二倍体细胞与染色体（取材于 Winkler 实验）

　　二倍体龙葵有 24 条染色体，其单倍体有 12 条染色体。四
倍体龙葵有 48 条染色体，其单倍体有 24 条染色体。二倍体西
红柿有 72 条染色体，其单倍体有 36 条染色体。四倍体西红柿
有 144 条染色体，其单倍体有 72 条染色体。这些染色体的情况
如图 70、71 所示。

图 72　上为正常二倍体曼陀罗，下为四倍体（取材
于 Blakeslee 实验）

如前所述，据我们目前所知，上述实验中采用的嫁接技术
与愈合组织产生四倍体细胞之间没有明显关联。这些四倍体细
胞究竟是如何出现的，暂时还不得而知。有可能正如温克勒本
人曾想过的那样，愈合组织中的两个细胞发生了融合。但似乎
更有可能的解释是，一个细胞在分裂过程中，其细胞质分裂受
到抑制，造成该细胞的染色体数量加倍，由此产生了四倍体。
这样的四倍体细胞可以发育成植株幼苗的整体、中柱，或是幼
苗的任一部位。

布莱克斯利（Blakeslee）、贝林（Belling）与法恩汉姆
（Farnham）在一种常见的曼陀罗中发现了四倍体（图 72）。

从外观上看，这种四倍体曼陀罗据称与正常的二倍体型存在若
干不同。图73展示了二倍体曼陀罗（第二列）与四倍体曼陀罗（第
四列）在蒴果、花型和花蕊上的不同。

图 73　单倍体、二倍体、三倍体和四倍体曼陀罗在蒴果、
花型和花蕊上的差异对比（取材于 Blakeslee 实验，摘自
《遗传学期刊》）

二倍体曼陀罗有 12 对染色体（即 24 条染色体）。贝林和
布莱克斯利将这些染色体按大小分为 6 种类型（图 74），即大

染色体（L、l）、中染色体（M、m）和小染色体（S、s），染色体的总和可以表示成2(L+4l+3M+2m+S+s)。相应地，单倍体曼陀罗的染色体总和可以用公式表示为 L+4l+3M+2m+S+s。细胞进入第一次减数分裂前期时，这些染色体会两两结对形成环状结构，或通过一端相连（图75 第二列）。然后，每对接合的染色体会移到细胞的一极，与其配对的染色体同时移向另一极。在细胞即将开始第二次减数分裂时，每条染色体出现缢缩，相应外观如图74b 所示。其中缢缩的一半来到一极的纺锤体，另一半到达另一极的纺锤体。这样，每个子细胞都将获得12条染色体。

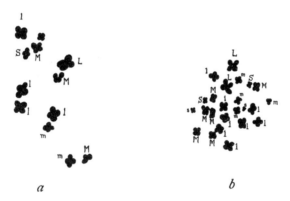

图 74 a.二倍体曼陀罗细胞第二次减数分裂中期的染色体组情况（12 条染色体，每条均出现缢缩）；b.相应的四倍体曼陀罗染色体组情况（24 条染色体）（取材于 Belling 和 Blakeslee 实验）

四倍体曼陀罗有24对染色体（即48条染色体）。第一次减数分裂前，这些染色体在进入纺锤体前会以四个为单位进行组合（图 75、图 76 展现了四价染色体不同的组合方式）。之后，这些染色体大约仍以这样的状态进入纺锤体。第一次减数分裂过程中，每个四价染色体中的两条染色体来到细胞的一极，另外两条染色体去到细胞的另一极（图 75）。每个四倍体曼陀罗花粉粒细胞包含 24 条染色体。但偶尔也会出现三条、一条染色体分别去到细胞两极的情况。

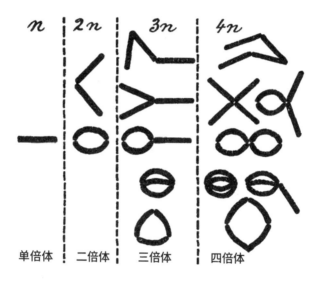

图 75　二倍体、三倍体和四倍体曼陀罗的染色体接合方式（取材于 Belling 和 Blakeslee 实验）

四倍体曼陀罗 24 对染色体的第二次减数分裂情况如图 74 所示。它们的状态与同阶段的二倍体染色体类似：半数来到细胞的一极，另一半去到细胞的另一极。据贝林记载，68% 的情况下，染色体呈平均分布，即细胞两极各有 24 条染色体。但有 30% 的概率会出现细胞两极分别有 23 条、25 条染色体的情况。在剩下的 2% 中，染色体可能出现 21—27 的分布。该结果表明，对四倍体曼陀罗而言，染色体分布异常并非罕见现象。如果让四倍体曼陀罗进行自花授粉，则可进一步探明这种情况。待自花授粉产生的后代发育成熟后，计算其生殖细胞中的染色体数量。55 株这样的后代植株有 48 条染色体，另外 5 株有 49 条染色体，还有 2 株分别有 47 和 48 条染色体。若假设卵细胞与花粉细胞的染色体分布情况类似，则可推出带有 24 条染色体的生殖细胞最有可能存活下来并发挥正常功能。其中一些后代植株拥有超过 48 条染色体，由于多余染色体的存在，这样的植株可能继续产生染色体分布更加异常的新突变型。

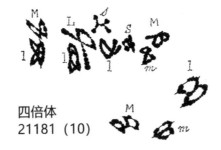

四倍体
21181 (10)

图 76　四倍体曼陀罗的染色体接合方式，可见四条相似的染色体彼此接合（取材于 Belling 和 Blakeslee 实验）

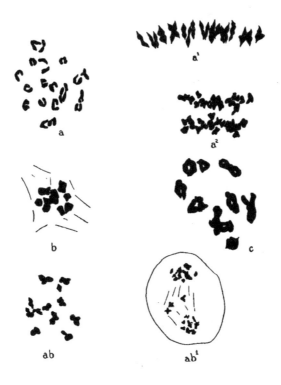

图 77　a. 墨西哥多年生野玉米细胞第一次减数分裂前期,有 19 个二价染色体及 2 条单染色体; a^1. 同上,第一次减数分裂中期; a^2. 同上,第一次减数分裂后期; b. 人工玉米第一次减数分裂前期,有 10 个二价染色体; c. 墨西哥一年生野玉米第一次减数分裂前期,有 10 条染色体; ab. 多年生玉米与人工玉米杂交产生的 F1 代杂种的第一次减数分裂前期,有 3 个三价染色体、8 个二价染色体及 5 条单染色体; ab^1. 同上,第一次减数分裂后期情形(取材于 Longley 实验)

据朗利(Longley)报道,墨西哥多年生野玉米的染色体数量是一年生野玉米的两倍。图77a展示了带有40条染色体(n=20)

的多年生野玉米，图 77c 展示了带有 20 条染色体（n=10）的一年生野玉米。朗利用这两种野玉米与人工种植的玉米进行杂交，后者同样有 20 条染色体（n=10）。减数分裂过程中，花粉母细胞的 10 条二价染色体分开，并毫不拖泥带水地分别移向细胞的两极。也就是说，来自多年生野玉米的 10 条染色体与来自人工玉米的 10 条染色体接合。多年生野玉米与人工玉米杂交产生的后代有 30 条染色体。这个杂种的花粉母细胞成熟时，其中的染色体是彼此接合的，有的是三条，有的是两条，剩下的单独存在（图 77ab）。这正是导致后续染色体分布异常的原因（图 77ab[1]）。

由于雌雄同体（或雌雄同株）植物不存在性染色体决定性别的问题，因此这样的四倍体植物可以说是平衡且稳定的。"平衡"指的是这种四倍体植物的基因数量关系与正常二倍体的基因数量关系一致，"稳定"是说这种四倍体植物一旦建立起来，其减数分裂机制将永远自发持续下去。[1]

四倍体苔藓早在 1907 年就被伊莱·马歇尔（Elie Marchal）和埃米尔·马歇尔（Emile Marchal）人工培育出来。每株苔藓植物有两代，一代为处于原丝体阶段的单倍体（即配子体），可产生卵细胞与精子细胞；另一代为二倍体（孢子体），可产生无性的孢子（图 78）。取部分孢子体放在潮湿条件下保存，将产生细胞为二倍体的丝状物。这些丝状物将继续发育成真正

---

1. 布莱克斯利（Blakeslee）用了不同的表述方式，但本质含义是一样的。——作者注

的原丝体，原丝体在时机成熟时会产生二倍体的卵细胞和精子细胞。这些生殖细胞相结合，可产生四倍体的孢子体植物（图79）。此时，正常的单倍体因为二倍体原丝体的关系而扩充为二倍体，二倍体的孢子体又扩充为四倍体。

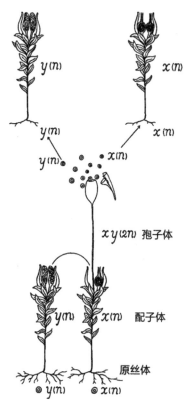

图 78　雌雄同株植物苔藓的正常生命周期

　　马歇尔父子测量并比较了正常二倍体苔藓与四倍体苔藓在细胞大小方面的数据。就花被细胞而言，正常型与四倍体的细胞体积比有三种，包括 1:2.3、1:1.8，以及 1:2。就精子器细胞而言，正常型与四倍体的细胞体积比为 1:1.8，核的体积比为 1:2。在卵细胞方面，正常型与四倍体的细胞体积比为 1:1.9。无论如何，四倍体的精子器（容纳雄性配子）与颈卵器（容纳雌性配子）都比正常型更长、更宽。显然，四倍体苔藓之所以体型更大，源于它有着更大的细胞及细胞核，这样的核容纳着正常型两倍的染色体数量。由于四倍体是由正常二倍体孢子体再生而成，所以上述结果自然也在意料之中。

在孢子体这一代中，二倍型（2n）与四倍型（4n）孢子母细胞的体积比为 1:2。

苔藓细胞的两次减数分裂，即染色体接合以后的分裂，发生在孢子体内孢子正在形成的时期。每个孢子母细胞产生四个孢子。如果苔藓的染色体携带基因，则当染色体数量加倍（即成为四倍体）后，基因进行遗传分配的比率也将变得与正常型不同。虽然这块领域目前还鲜有研究，但维特斯坦（Wettstein）已在少量苔藓物种的杂交实验中发现了基因遗传的确凿证据。同时，阿兰（Allan）在几种近缘地钱植物中，也找到了配子体两种性状的遗传证据。

马歇尔父子也已证明，在非雌雄同株的苔藓植物及某些地钱植物中，决定性别的遗传要素在孢子形成时就已确定下来。相关实验及其发现，将在本书中关于有性生殖的章节中加以讨论。

四倍体的细胞大小，涉及许多胚胎学而非遗传学的重要问题。整体而言，或许可以说四倍体的细胞更大（且通常是二倍

体细胞的两倍大），但不同的组织细胞仍然存在大量不符合这
种规律的情形。

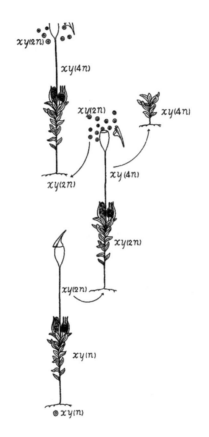

图 79 正常的雌雄同株植物苔藓，通过二倍型（2n）
孢子体的再生，而形成二倍型（2n）原丝体。二倍
型（2n）配子体自体授粉，可产生四倍型（4n）
孢子体，后者再生可形成四倍型（4n）配子体

　　四倍体植株的整体大小和其他特性，显然是因为四倍体细

胞的大小发生了变化。如果情况属实，则意味着这些性状是后
天形成的，而非先天遗传。人们已在一定程度上研究了四倍体
出现的方式，但就四倍体细胞的细胞质为何也会增多，还有待
进一步研究。

如果两个细胞在胚迹（Germ-track）中发生融合，且其细胞
核也在当时或之后彼此结合，由此将可能形成一个四倍体细胞。
如果这个四倍体细胞在生长期继续保持这样的体积，那么预期
将出现一个正常细胞两倍大的卵细胞。同理，四倍体胚芽预期
也会是正常胚芽的两倍大。

但还有一种可能，即四倍体生殖细胞无法在其二倍体母细
胞的胚迹中扩充成两倍大的体积。这种状态下的卵细胞或许将
不会比正常卵细胞大多少，但染色体数量却是正常细胞的两倍。
由这个卵细胞发育而来的胚芽，可能无法企及充足的营养，因
而也无法使自身细胞的体积变大。直到后期胚芽发育完毕（或
动物胚胎进入幼虫阶段），方可从外部环境中获得食物以补充
营养。在这个较后期的阶段，双倍的染色体如果存在于每个细
胞中，是否会造成每个细胞的细胞质变多，这也是不确定的。
但到了下一代，卵细胞从一开始就是四倍型。不难想象，这样
的卵细胞在分裂前就有可能变成双倍大。

还有一种更少见的潜在情形，即染色体加倍发生在成熟的
受精卵中，从而造成细胞质立即增多。器官开始形成前，动物
胚胎就已经过一定次数的细胞分裂。如果胚胎从一个正常大小
但染色体加倍的卵细胞发育而来，那么当器官开始形成时，正

是由于双倍染色体的存在，这个卵细胞将比正常细胞更早发生卵裂。由此，则较正常胚胎而言，这样的四倍体胚胎将有两倍大的细胞，但数量却只有正常胚胎细胞的一半。

显花植物的胚囊中有着充足的生长空间与养料供给。因此，四倍体的显花植物将有更大的概率拥有更多的细胞质。

四倍型是增加物种基因数量的方法

从进化论的观点来看，四倍体最有趣的一个方面就是它们有机会增加新基因的数量。倘若我们能够通过染色体数量加倍来获得新的稳定型，并且四条相同的染色体能随着时间的推移而趋于不同（其中两条彼此相同，另外两条也彼此相同），那么除了许多基因没变以外，这样的四倍体本质上就相当于一个遗传学意义上的二倍体。由此，每一组的四条染色体上，将存在许多相同的基因。如果一个个体只有一对基因是异源的，那么我们可以预期，其孙代（F2 代）将按孟德尔定律呈现 15:1 的分配比率，而非 3:1 的比率。事实上，人们已在小麦、荠菜上发现了这种 15:1 的分配比率。但四倍体是否是造成这种比率的原因，抑或染色体数目加倍是否以其他的方式发生，均还有待探明。

总的来说，在我们更多地了解新基因的出现方式之前，贸然将基因数量的变化笼统地归结于四倍体的产生，可以说是一种相当冒险的想法。诚然，雌雄同株的植物的确能够以四倍体的方式生出新的突变型，但对于雌雄异体的动物（单性生殖的除外）而言，它们不大可能产生稳定的四倍体，因为如前所述，一个四倍体将在与另一个正常二倍体杂交时遭到破坏，并且之后也不容易恢复。

CHAPTER

09

第 9 章　三倍体

近期的研究成果中，还可见到大量关于三倍体（或三倍型）的报道。其中一些三倍体来自已知的二倍体，另一些出现于人工栽培的植物中，还有一些则是在野外被人发现。

盖茨与安·鲁兹（Anne Lutz）最早描述了"半巨型月见草"这样的三倍体植株。后来，德弗里斯、范奥弗里姆（Van Overeem）及其他学者也相继描述了三倍体的月见草。这种月见草的产生，应该是因为一个二倍体的生殖细胞与一个单倍体的生殖细胞发生了结合。

盖茨、吉尔茨（Geerts）与范奥弗里姆研究了三倍体减数分裂时的染色体分配情况。他们发现，尽管在一些情况下，染色体在减数分裂时分配得相当均匀，但在另一些情况下，部分染色体会出现丢失、退化的现象。鲁兹女士发现，三倍体产生的后代实际上有着很大的变异度。据盖茨记载，一种含有 21 条染色体的植物，第一次减数分裂后，其中的两个细胞"几乎不约而同地"分别包含了 10 和 11 条染色体，仅偶尔会出现含有 9 和 12 条染色体的情况。但吉尔茨发现了更多的染色体分布异常情形。据他描述，还是在这种 21 条染色体的植物中，7 条染色体在细胞两极均匀分布，而剩下的 7 条未配对的染色体则呈现无规律的分布状态。从该描述推断，应该是有 7 条染色体与另外 7 条染色体接合，剩下了 7 条没有配对的染色体。范奥弗里姆表示，如果以三倍体月见草为母本，则无论未配对的染色体如何分布，这个母本的大多数胚珠都是功能正常的。也就是说，所有或绝大多数卵细胞都能存活下来，甚至还可以正常受精。

由此产生的结果是，染色体可以有各种各样的组合形式。另一方面，如果以三倍体月见草为父本（即使用其花粉粒），则结果显示，仅携带 7 或 14 条染色体的精子细胞保有正常功能。至于那些携带中间数量的精子细胞，其中的大多数都失去了正常功能。

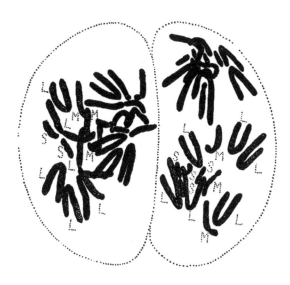

图 80　三倍体风信子花粉母细胞的染色体组（取材于 Belling 实验）

迪摩尔在自己培育的风信子中发现了三倍体。他表示，三倍体风信子正在取代之前的突变型，越来越多地成为商业培育的宠儿。三倍体风信子的一些衍生型，其染色体数量与三倍体略有不同，构成了当代培育品种的主要组成部分。由于风信子一般通过鳞茎进行生殖，因此任何一种特定形式的风信子都可以存续下去。迪摩尔研究了正常型与三倍体风信子生殖细胞的减数分裂过程（图80）。正常型的风信子为二倍体，拥有8条长染色体、4条中染色体与4条短染色体。相应地，其单倍体生殖细胞含有4条长染色体、2条中染色体与2条短染色体。迪摩尔与贝林均指出，"正常"的风信子可能已经是四倍体，因为减数分裂后的染色体组中，每种大小的染色体均有2条。如果真是这样，那么所谓的三倍体就可能是一种染色体加倍的三倍体，因为它有12条长染色体、6条中染色体与6条短染色体。

贝林也研究了一种三倍体美人蕉变种的减数分裂过程。每种大小的染色体以三个为单位接合。染色体分离时，这个三价染色体中的两条通常同时移向细胞的一极，另一条染色体单独移向另一极。但由于各个三价染色体为独立随机分布，因此在分裂后的姐妹细胞中，很少会出现二倍体或单倍体的情形。

布莱克斯利、贝林和法恩汉姆共同报道了一种三倍体曼陀罗的情况。这种三倍体曼陀罗的出现，是一株四倍体曼陀罗母本被一株正常二倍体曼陀罗父本授粉的结果。正常的二倍体有24条染色体（n=12）（图81a）。三倍体有36条染色体（图81b）。单倍体染色体组由1条超大染色体（L）、4条大染色体（l）、3条中大染色体（M）、2条中小染色体（m）、1条小染色体（S）与1条超小染色体（s）构成。相应的二倍体染色体组可以写成2（L+4l+3M+2m+1S+1s）。同理，三倍体可以写成3（L+4l+3M+2m+1S+1s），即每种大小的染色体都有3条。

贝林与布莱克斯利研究了上述三倍体曼陀罗的减数分裂过

程。结果显示，减数分裂后的染色体可分为 12 组，每组由三条
染色体构成，其接合方式如图 81b 所示。这些三价染色体彼此
间的大小关系，与二倍体中二价染色体的大小关系相同，即每
组染色体都仅由相同的染色体接合构成，但是不同组的染色体
在接合方式上可以不同。例如，两条染色体可以同时在两端相连，
第三条染色体仅与其中一端接合，等等。

　　第一次减数分裂过程中，三价染色体中的两条趋于纺锤体
的一极，另外一条染色体趋于另一极（图 75 第三列）。由于染
色体的分配过程是随机的，因此不同的三价染色体可以有好几
种不同的染色体组合方式。下表（表 2）记录了一株三倍体曼陀
罗 84 个花粉母细胞的染色体数量。实验结果与按随机分配定律
预期的结果相当吻合。

表 2 三倍体曼陀罗 84 个花粉母细胞的染色体分配情况
第二次减数分裂中期

染色体的组合方式	12+24	13+23	14+22	15+21	16+20	17+19	18+18
双倍染色体组数	1	1	6	13	17	26	20
由三价染色体随机分配而推算出的数量	0.04	0.5	2.7	9.0	20.3	32.5	19.0

　　极少的情况下，三倍体难以进行第一次减数分裂。如果让
三倍体处于暂时性的低温条件下，更能促成第一次减数分裂的
完成。第二次减数分裂时，染色体会在中间一分为二。由此产
生的两个巨型细胞中，各有 36 条染色体。

通常来说，三倍体很少能产生功能正常的花粉粒，但其卵细胞功能正常的概率显然更大。例如，一株三倍体母本被一株正常父本授粉后，实际产生的正常后代（2n）数量远超过假设卵细胞染色体自由组合所预期产生的正常后代数量。

布里吉斯（Bridges）已经发现了三倍体果蝇（图 82）。这种果蝇都是雌性，因为它们有 3 条 X 染色体，与各个种类的 3 条常染色体达到平衡。在正常雌蝇的体内，也存在着这种平衡。由于所有染色体上的遗传要素均已知，因此通过观察性状在后代中的分布情况，我们得以研究染色体在减数分裂期的行为。此外，我们还可以研究交换过程，并测定染色体是否以 3 条为单位进行配对。

a　　　　　　　　b

图 81　a. 减数分裂后的二倍体风信子染色体组；b. 减数分裂后
的三倍体风信子染色体组（取材于 Belling 和 Blakeslee 实验）

真正的三倍体果蝇有 3 组常染色体与 3 条 X 染色体。只有 2 条 X 染色体的个体被称为间性体（Intersex）。只有 1 条 X 染色体的个体被称为超雄体（Supermale）。这些关系可表达如下：

$$3a + 3X = 三倍体雌性$$

$$3a + 2X = 间性体$$

$$3a + X = 超雄体$$

在雌雄异体的动物中，还有一种处于胚胎期的三倍体。据悉，二价型雌性蛔虫的成熟卵细胞中有 2 条染色体，每个这样的卵细胞与一个仅含 1 条染色体的单价型精子细胞结合。这些卵细胞发育而成的胚胎中，每个细胞都有 3 条染色体。由于胚胎在自身生殖细胞成熟前就已从母体中逸出，因此未观察到其染色体最显著的行为特征，即染色体在接合状态下的联合。正因如此，有关三倍体蛔虫成虫的报道也始终没有出现过。

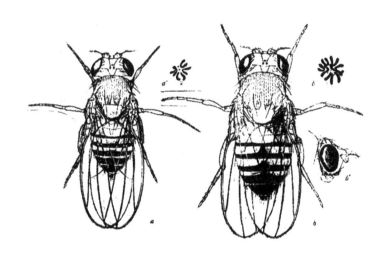

图 82 a. 正常的二倍体黑腹果蝇雌性；b. 三倍体黑腹果蝇

让二倍体品种进行杂交，再让杂合子代（由于染色体接合与减数分裂失败，因此含有二倍体生殖细胞）与其中一株亲本进行回交，也可得到三倍体。费德利（Federley）用 3 个分别带有以下染色体数量的蛾类品种开展了这项实验。

表 3　三种蛾类染色体数量

	二倍体	单倍体
杨扇舟蛾	60	30
灰短扇舟蛾	58	29
漫扇舟蛾	46	23

前两个品种的杂合子代有 59 条染色体（30+29）。杂合子代的生殖细胞进入减数分裂期时，染色体之间没有联合。第一次减数分裂时，59 条染色体中的每条都分裂成 2 条子染色体。每个子细胞各得 59 条染色体。第二次减数分裂时，就会出现许多染色体分配异常的情形。59 条染色体再次全部分裂成 2 条子染色体，但 2 条子染色体往往没能分离开来。尽管如此，雄蛾仍然保有一定程度的生殖功能。结果显示，雄蛾的部分生殖细胞含有整组 59 条染色体，但其杂合子代（F1）中的雌蛾均不育。

以杨扇舟蛾为例，如果让一只 F1 代雄蛾与一只同品种的亲代雌蛾回交，雌蛾成熟的卵细胞中含有 30 条染色体，则第二代（F2）杂合子将有 89（59+30）条染色体，因此是一种杂合的三倍体。这些 F2 代杂合子与 F1 代杂合子极其相似，含有来自杨扇舟蛾的两组染色体，以及来自灰短扇舟蛾的一组染色体。尽管每代只有一半染色体会发生接合，但从某方面来说，F2 代是永久性的杂合子。例如，随着 F2 代杂合子生殖细胞的成熟，这 89 条染色体中，来自杨扇舟蛾的两组染色体（30+30）彼此接合，另外 29 条来自灰短扇舟蛾的染色体继续单独存在。第一次减数分裂时，前者从接合态中彼此分离，后者一分为二。因此，每个生殖细胞各得 59 条染色体。第二次减数分裂时，59 条染色体又各自分裂。由此，生殖细胞含有 59 条染色体，成为二倍体。只要回交持续下去，应该就会产生三倍体。虽然有可能在人为控制条件下维持一个三倍体品种，但由于杂合子生精过程异常造成后代不育，因此不可能在自然条件下建立起一个永久性的三倍体品种。[1]

　　鉴于三倍体基因处于平衡态，因此预计三倍体个体的胚胎可以正常发育。唯一可能出现的不和谐因子是三组染色体与遗传下来的细胞质分量间的关系。尽管目前我们还不知道自我调控作用具体会进行到什么程度，但至少对于三倍体的植物而言，其细胞比正常型的细胞体积更大。

　　通过杂交两个野生物种（其中一种的染色体数量是另一种的两倍）而出现或产生的其他三倍体类型，我们将在后面的章节中加以讨论。

1.　我有意把这里的文字写得比较精简。F1 代杂合子中，一条或多条染色体有时似乎会发生接合。接合后的染色体有可能发生减数分裂，从而使 F2 代个体生殖细胞中的染色体数量实际上多出 1 条或多条。——作者注

CHAPTER

10

第 10 章　单倍体

遗传学证据显示，正常发育过程至少需要一整组染色体存在。只有一组染色体的细胞，称为单倍型细胞。由这类细胞组成的个体为单倍体，在英语中有时被称为"Haplont"，但更常见的名称由前者引申而来，为"Haploid"。胚胎学证据同样显示，一组染色体的存在是胚胎发育所必需的。但我们并不能就此断言，在胚胎所需的发育条件上，直接用一组染色体取代两组染色体不会招致严重的后果。

卵子在人工合成试剂的刺激下，可以发育成细胞中仅有一组染色体的胚胎。但在开始发育前，卵子可以通过抑制原生质的分裂而使染色体数加倍。这种情况不在少数，而且能比单倍体活得更好。

取海胆卵细胞的一小块切片，使它与一个精子细胞结合，由此形成的胚胎只有一组来自父方的染色体。斯佩曼（Spemann）及此后的巴尔茨（Baltzer）均证实，蝾螈的卵细胞受精后，如果立即人为压迫受精卵使之缢裂，有时可以从中分离出仅有一个精核的卵细胞片段（图 83）。其中一个这样的胚胎，被巴尔策一直培养到变态期。

奥斯卡·赫特维希（Oscar Hertwig）与冈瑟·赫特维希（Gunther Hertwig）证明，使青蛙的卵细胞接受 X 光或其他射线的长时间辐射，直至细胞损伤或染色体损毁时，再让这些卵细胞受精，受精卵发育而成的胚胎中，其细胞的染色体数只有原先的一半。反之，如果让青蛙的精子细胞接受辐射，那么这样的精子虽然仍可进入卵子，却可能无法进一步参与后续的胚胎发育过程。在这种情况下，卵子依然可以继续发育一段时间，但它是单倍型，仅含有一组来自卵核的染色体。另一方面，这些卵子中的一部分可以在第一次减数分裂时不发生原生质的分裂，从而造成卵子在开始发育前恢复了染色体的总数。这样的卵子经过胚胎期，最终发育成正常的蝌蚪。

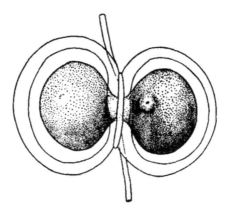

图 83 蝾螈卵细胞受精后，立即将其缢裂成两个细胞。右半边可见极体（取材于 Sepmann 实验）

通过上述各种方式人工合成的单倍体多是衰弱的。大多数情况下，它们夭折的时间点距离成年期还有很长一段时间。虽然造成这种现象的原因不明，但有几种可能性可供考虑。如果一个带有单倍型核的完整卵子在人工手段的刺激下进行单性生殖，且如果在细胞尚未开始分化前，这个卵子的分裂次数与正常卵子相同，那么根据细胞体积与所含染色体数目间的关系，这个卵子的每个子细胞必然是正常细胞的两倍大。由于细胞发育由基因决定，因此在两倍体积的细胞质面前，基因物质供给显得不足，无法对细胞质发挥正常作用。

另一方面，在细胞开始分化（器官形成）前，如果一个这样的卵子比正常卵子多分裂一次，则其染色体数（对应细胞核体积）应当与细胞大小成正比——胚胎整体拥有的细胞数量是正常胚胎的两倍，相应的细胞核数量也是两倍。这样，胚胎整体将与正常胚胎包含一样多的染色体总数。这种体积较小的细胞会对发育过程造成何种影响，我们目前还不清楚。但单倍体细胞大小的观察结果似乎显示，这种细胞的体积正常，但细胞核只有正常细胞核的一半大。由此看来，胚胎并没有像刚才谈到的那样校正细胞核与细胞质间的关系。

人工单倍体衰弱的原因是否为细胞体积正常而基因相对不足，这一点或许可以通过另外一种方法确定。含有一个精核的半个卵子，如果经过正常卵子同样多的分裂次数，其胚胎细胞与细胞核之间应具备相同的体积比。事实上，人们很早就知道了这类海胆胚胎细胞的存在。它们虽然能发育成外观看似正常的长腕幼虫，却没有一个能活过幼虫阶段，因为出于某种原因，就连正常胚胎在人工条件下也难以撑过这个阶段。因此，我们无法断定这些单倍体是否具备像正常胚胎一样的活力。波维里（Boveri）及其他学者广泛研究了海胆卵子的片段，其中大多数或许都不及正常卵子的一半大。波维里于是得出结论称，这些单倍体大多在原肠胚形成前就已死亡。有可能这些"片段"始终没能从人工刺激中恢复过来，也有可能它们本身缺少细胞质中所有的重要成分。

　　如果将这些胚胎与通过分离正常二倍型卵裂球而获得的胚胎相比较，就能从中发现某些有趣的点。海胆卵子分裂过程中，我们可以用无钙海水分离出前 2 个、4 个或 8 个卵裂球。这种操作不会造成细胞损伤，每个细胞都有双倍数量的染色体。然而，许多 1/2 卵裂球发育异常，发育成长腕幼虫的 1/4 卵裂球更少，而 1/8 卵裂球或许没有一个能活过原肠胚阶段。该项证据表明，除染色体数与核质比外，较小的细胞体积本身就会产生不利影响。我们虽然还不明白这意味着什么，但细胞表面积与体积间的关系随细胞大小而异，可能正是导致前述结果的因素之一。

图 84　单倍体曼陀罗植株（摘自发表于《遗传学》
杂志上的 Blakeslee 实验）

　　从上述实验结果来看，对于已经适应二倍体状态的物种而言，人为减少其卵子原生质的量，并不大可能获得有正常生长活力的单倍体。但在自然条件下，我们已经知道几种单倍体存在的情形。根据其中一则实验的记录，一个二倍体物种的单倍体活到了成年。

布莱克斯利在自己栽培的曼陀罗中发现了一株单倍体（图84）。经过悉心呵护，这株单倍体曼陀罗活了下来，后来被嫁接到二倍体曼陀罗植株上，并这样继续存活了数年。这棵植株在各个重要方面都与正常植株类似，唯一的不同点在于，它只能产生很少量的单倍体花粉粒。这些花粉粒相当不易地渡过成熟期，并最终获得了一组染色体。

据克劳森与曼恩（Clausen and Mann, 1924）报道，在普通烟草与美花烟草的杂交实验中，出现了两株单倍体植株。每株均有 24 条染色体，即烟草这一二倍体物种的单倍型。其中一株单倍体虽然是其亲本"变种"的"简化复刻版"，但在性状表达上更夸张一些。这株单倍体的高度大约是其亲本的四分之三，叶小，枝细，花也明显更小。且它比亲本的活力更弱，虽然自身生长繁茂，却不结种子，花粉完全先天缺陷。另一株单倍体及其亲本变种也呈现出类似的关系。这两株单倍体的花粉母细胞经历了异常的第一次减数分裂，过少或过多的染色体来到细胞两极，剩下的染色体来到纺锤体赤道板上。第二次减数分裂更加正常一些，但落下的染色体没能到达细胞的任何一极。

在父母任一方为二倍体的物种中，大自然似乎已经成功地创造出了少量单倍体。蜜蜂、黄蜂与蚂蚁的雄性都是单倍体。蜂后的卵子有 16 条染色体，两两接合后形成 8 条二价染色体（图

85）。两次减数分裂后，卵子内的染色体数降为 8 条。一个受精卵会发育成一只二倍体雌性（蜂后或工蜂），但未受精的卵子会发育成单性生殖的单倍体。

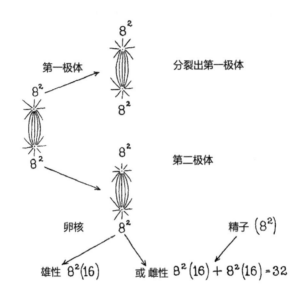

图 85　蜂后卵子两次减数分裂示意图。下半部分为
卵子受精后，染色体通过一分为二实现数目加倍

波维里、梅林（Mehling）与纳齐姆（Nachtsheim）检查雄蜂与雌蜂不同组织的细胞核及细胞大小后发现，总体来说，二倍体与单倍体间没有持续存在的差异。然而，雄蜂与雌蜂胚胎早期发育阶段均有一个奇怪的现象，使情况在一定程度上变得复杂。雌蜂胚胎细胞中，染色体数量变为起始数量的两倍，显然是因为每条染色体一分为二。雄蜂胚胎细胞中，染色体不仅

经历了同样的过程，还发生了第二次数量加倍，使得细胞中看似存在 32 条染色体。该证据似乎显示，染色体实际上没有增加数量，而只是"碎片化"了。如果这种解释是正确的，那么基因数量也没有增加，雌蜂的基因数仍是雄蜂的两倍。但染色体的这种"碎片化"与细胞核大小之间有着怎样的关系（如果有关系的话），目前我们还不得而知。

图 86 雄蜂生殖细胞的两次减数分裂（取材于 Meves 实验）

从雄蜂与雌蜂的胚迹来看，染色体"碎片化"似乎从未发生。但还有一种可能是，染色体的确发生了碎片化，只不过这些片段在生殖细胞成熟前重新结合了起来。

最能证明雄蜂为单倍体或至少其生殖细胞为单倍型的证据，

能从减数分裂期的细胞行为中获得。第一次减数分裂是失败的（图 86a、b）。不完美的纺锤体形成，牵拉 8 条染色体。一块原生质缢裂而出，不含染色质。第二次减数分裂时，纺锤体再次形成，应该是将染色体等长拉开（图 86d—g），两条子染色体分别进入细胞的一极。一个小细胞从一个大细胞中脱出，大细胞成为功能正常的精子，拥有单倍数量的染色体。

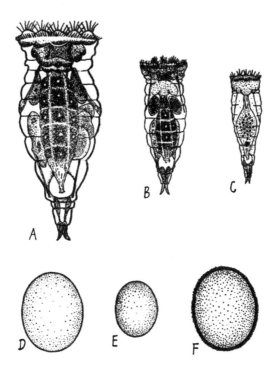

图 87　A. 单性生殖的雌性轮虫；B. 年轻雌虫；C. 年轻雄虫；D. 单性生殖功能下的卵子；E. 产生精子的卵子；F. 休眠卵（取材于 Whitney 实验）

　　雄性轮虫据说是单倍体（图 87C），雌虫为二倍体。在营养条件不利的情况下，或仅有原生动物素衣藻可供食用时，轮虫将只会出现雌虫。每只雌虫均为二倍体，其卵子刚开始也为二倍型。每个卵子仅释出一个极体，每条染色体分裂成相同的两半。因此，通过单性生殖发育成雌虫的卵子，将保持全部数量的染色体。然而，一旦有其他食物（如眼虫藻）可供食用时，轮虫就会出现一种新型的雌虫。这种新型雌虫从卵壳中破壳而出时，如果此时就因为一只雄虫受精，则雌虫产生的卵子都是有性的。每个有性的卵子会释出两个极体，并保留单倍数目的染色体。此时精核已在卵子内部，与卵核结合成一种二倍体雌虫，由此重新开启一个单性生殖的谱系。但如果前述的新型雌虫没有在破壳而出时受精，则它会产生更小的卵子。这些卵子同样可以释出两个极体，或许也能保持单倍型的染色体数量。它们通过单性生殖发育成单倍体雄虫。这种雄虫出生几小时后即可性成熟，但其体型将不再增大，个体也将在数日内死亡。

　　施拉德尔（Schrader）已证实，雄性白粉虱是单倍体。摩利尔（A. W. Morrill）发现，没有交配过的美国白粉虱雌虫将只会产生雄性后代。摩利尔与巴克（Back）也在同一科的另外一种虱上发现了同样的现象。无独有偶，哈格里夫斯（Hargreaves）与威廉姆斯（Williams）先后报道称，没有交配过的英国白粉虱只会产生雌性后代。1920 年，施拉德尔研究了美国白粉虱的染色体，发现雌虫有 22 条染色体，雄虫有 11 条染色体。成熟卵子原有 11 条二价染色体，但释出两个极体后，将保留 11 条单染色体。卵子受精，精核向其贡献 11 条染色体。卵子不受精，将通过单性发育成胚胎，胚胎细胞各有 11 条染色体。雄虱生殖细胞成熟时，没有任何证据显示过程中发生了减数分裂（连蜜蜂那样的初级过程都没有），其均等分裂也与精原细胞的分裂没有区别。

包括欣德尔（Hindle）繁育实验在内的一些证据显示，未受精的虱卵会发育成雄虱。据若干观察者称，一种名为"二斑叶螨"的螨虫，其未受精的卵子也会发育成雄螨，受精卵则会发育成雌螨。1923 年，施拉德尔证明，由未受精卵发育而来的雄虫为单倍体，仅有 3 条染色体；雌虫为二倍体，有 6 条染色体。早期还在卵巢中的卵子有 6 条染色体，两两接合，形成 3 对二价染色体。卵子可释出 2 个极体，在卵子内留下 3 条染色体。若卵子受精，精子向其贡献 3 条染色体，使由受精卵发育而来的雌性拥有 6 条染色体。若卵子不受精，则它将直接发育成雄性胚胎，每个胚胎细胞均有 3 条染色体。

夏尔（A. F. Shull）研究了一种蓟马的雌性个体，发现它们的未受精卵只能发育成雄性。这些雄性可能是单倍体。

对于苔藓与地钱而言，两者分别在苔藓植物阶段（配子体）和原丝体阶段时为单倍体。维特斯坦已借助人工手段促成原丝体细胞的染色体数加倍，并由此获得二倍型原丝体及苔藓植株。这一结果证明，配子体与孢子体阶段间的差异并非各自所含的染色体数不同，而是孢子必须度过配子体阶段才能达到孢子体阶段而出现的一种发育现象。

CHAPTER

11

第 11 章　多倍系

近年来，已有越来越多的报道显示，野生及人工栽培近缘品种的染色体数是某个单倍体基数的倍数。这种多倍体系列成群出现，意味着染色体数较大的成员由染色体数较小的成员持续递增而来。至于这些生命形式是否被认定为稳定物种，将交由生物分类学家们来决定。

这里或许有一则重要事实：目前已发现的多倍系，来自若干已知的多形群（Polimorphic Groups）。这些多形群曾使生物分类学家感到不解，因为它们形态多变，彼此极为相近，而且很多时候无法育种，等等。所有这些与细胞学发现一致。只要染色体群是平衡的，那么从遗传学角度预期，这些植物的外观将非常相似。但其细胞体积的递增或将引入一些可能影响植物结构的物理因素，基因数的递增也可能对细胞质带来一些化学效应。

多倍系小麦

人们已在小麦、燕麦、黑麦和大麦等小粒谷类作物中发现了多倍染色体群。其中，以多倍系小麦的研究最为广泛，许多实验也研究了杂交产生的杂种型小麦。在多倍系小麦中，单粒小麦的染色体数最少，仅 14 条（n=7）。1921 年，珀西瓦尔（Percival）表示，一粒小麦属于一粒系小麦（Einkorn Group），其历史最早可追溯至新石器时代的欧洲。另一种二粒系小麦（Emmer Group）有 28 条染色体，发源于史前欧洲地区，早在公元前5400年就在埃及的史料中有记载。进入古希腊罗马时代后，这种二粒系小麦被另一种带有28条染色体的二粒系小麦和一种带有42条染色体的软粒系小麦（Vulgare Group）取代（图88）。虽说二粒系小麦的变种数量最多，但"形式"最繁多的莫过于软粒系小麦。

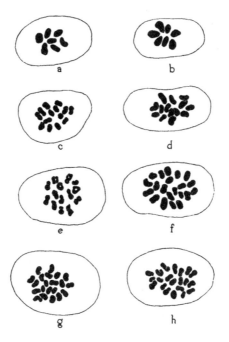

图88 二倍体、四倍体与六倍体小麦的染色体减数
分裂结果（取材于Kihara实验）

数名研究人员研究了不同小麦品种的染色体情况。最新的研究成果来自1920年坂村（Sakamura）的研究、1919和1924年木原（Kihara）的研究及1922年萨克斯（Sax）的研究。以下

表述大部分摘自木原的相关专著，还有一部分取材于萨克斯的
几篇论文。下表展示了观察到的二倍体染色体数，以及实际观
察到或人为估算的单倍体染色体数。

	单倍体	二倍体
一粒小麦（一粒系小麦）	7	14
栽培二粒小麦（二粒系小麦）	14	28
波兰小麦（二粒系小麦）	14	28
硬粒小麦（二粒系小麦）	14	28
圆锥小麦（二粒系小麦）	14	28
斯佩耳特小麦（软粒系小麦）	21	42
密穗小麦（软粒系小麦）	21	42
软粒小麦（软粒系小麦）	21	42

单倍型情况见图88a（一粒小麦）、图88e（硬粒小麦）
和图88h（软粒小麦）。

　　图89来自萨克斯的研究成果，展示的是各品系小麦成员的
正常减数分裂过程。对于一粒系小麦而言，7条二价染色体（即
两两接合的染色体）在第一次减数分裂时分开，各有7条染色
体移向细胞两极，过程中没有遗留任何染色体。第二次减数分
裂时，每个子细胞中的7条染色体一分为二，7条染色体分别移
向细胞两极。对于二粒系小麦而言，14条二价染色体在第一次
减数分裂时分开。第二次减数分裂时，每条染色体一分为二，
14条子染色体分别移向细胞两极。对于软粒系小麦而言，21条
二价染色体在第一次减数分裂时分开。第二次减数分裂时，每
条染色体一分为二，21条子染色体分别移向细胞两极。

　　上述小麦品系可分别被认为是二倍体、四倍体与六倍体。
每种品系的染色体数都是平衡且稳定的。

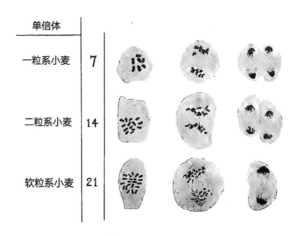

图 89　二倍体、四倍体与六倍体小麦的第一次减数分裂

（取材于 Sax 实验）

　　有人用这几个染色体数不同的小麦品系进行杂交实验。一
些杂交组合产生了略微不育的杂种，其他的一些杂交组合则产
生了完全不育的杂种。数种杂交组合涉及不同的亲本数量，相
应的染色体行为揭示了一些有趣的关系。以下举几个例子加以
说明。

　　木原用一种包含 28 条染色体（n=14）的二粒系小麦与一种
包含 42 条染色体（n=21）的软粒系小麦进行杂交，所得杂种
小麦有 35 条染色体，因此是一种五倍体。减数分裂过程中（图
90a—d），有 14 条二价染色体与 7 条单染色体。二价染色体彼
此分离，各有 14 条染色体移向细胞两极；单染色体不规则地散

布于纺锤体，当"减数"后的染色体已经到达细胞两极后还会继续滞留一段时间（图90d）。之后，这些单染色体等长分裂，子染色体移向细胞两极，但分配并不完全均匀。如果染色体均匀分配，则按理说细胞两极将分别有21条染色体。

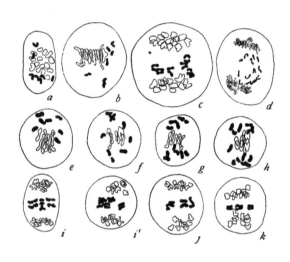

图90 杂种小麦的减数分裂（取材于 Kihara 实验）

说到这里，应当提及一点：从萨克斯的研究结果来看，三倍体小麦的7条单染色体此时不会分裂，而是不均匀地分配于细胞两极。比较常见的染色体分配情况为3:4，如图91所示。

木原的研究显示，第二次减数分裂时，出现了等长分裂的14条染色体和7条未分裂的染色体。前者分裂后，各有14条染色体移向细胞两极；后者随机分配，比较常见的情形是3条移向细胞的一极，剩下4条移向细胞的另一极。据萨克斯报道，

第二次减数分裂时，7 条单染色体及 14 条减数染色体均发生了
分离。

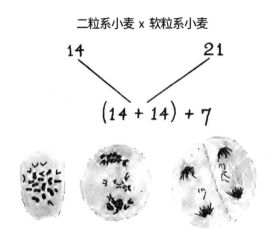

二粒系小麦 x 软粒系小麦

$$14 \qquad\qquad\qquad 21$$

$$(14 + 14) + 7$$

图 91　二粒系小麦与软粒系小麦所得杂种的减数分裂

（取材于 Sax 实验）

　　无论单染色体适用哪种解释（每种解释都在别的物种上有
先例可循），一个重要的事实是显而易见的：发生接合的只有
14 条染色体。但从细胞学证据来看，目前我们还无法确定，这
种接合是发生在分别来自二粒系小麦与软粒系小麦的 14 条染色
体之间，还是二粒系小麦的 14 条染色体接合成 7 条二价染色体，
软粒系小麦的 14 条染色体也接合成 7 条二价染色体，同时留下
了 7 条单染色体。如果能在这方面或对类似的染色体组合（产
生有生育力的杂种）开展遗传学研究，或将为回答上述问题提
供决定性证据。但就目前而言，还没有相关的遗传学研究。

　　木原还杂交了一粒系小麦与二粒系小麦，两者分别有 14 条

（n=7）及 28 条（n=14）染色体。所得杂种有 21 条染色体，是一个三倍体。杂种生殖细胞（花粉母细胞）的减数分裂过程中，染色体的分配不均情形甚至比上一则实验还多（图 90e—k）。接合的染色体数并不固定，且这种接合也不那么完整。二价染色体数的变化情况如表 5 所示。

表 5　一、二粒系小麦杂种减数分裂中染色体数情况

体细胞染色体数	二价染色体数	单染色体数
21	7	7（图 90e）
21	6	9（图 90b）
21	5	11（图 90g）
21	4	13（图 90h）

第一次减数分裂时，二价染色体分裂，子染色体分别移向细胞两极。单染色体移向细胞的某一极时，并不总是会发生分裂：有的完整到达细胞的一极，也有的会发生分裂，分裂后的两半分别移向细胞两极。较少见的情况下，7 条单染色体滞留于细胞两极染色体群的中央面上（图 90i）。以上三种情形出现的次数统计如表 6 所示。

表 6　一、二粒系小麦杂种减数分裂中染色体分配情况

上极	两极之间	下极
8	6	7（图 90i）
9	4	8（图 90j）
9	3	9（图 90k）

第二次减数分裂时，通常会有 11 或 12 条染色体。其中一些是二价染色体（等长分裂），有的是单染色体。二价染色体正常分裂，子染色体分别移向细胞两极。单染色体移向细胞的某一极，不发生分裂。

从以上证据来看，我们不可能判定小麦杂种中发生接合的具体是哪些染色体。由于二价染色体数不超过 7，因此它们既可以是 14 条二粒系小麦亲本染色体接合的产物，也可以是 7 条一粒系小麦染色体与 7 条二粒系小麦染色体互相接合的结果。

少量二粒系小麦与软粒系小麦的杂交实验获得了有生育能力的杂种。木原研究了 F3、F4 乃至后续几代杂种小麦减数分裂的染色体情况。结果显示，杂种小麦的染色体数不一，部分染色体在减数分裂时分配不均，要么引起进一步的分配不均情形，要么使一种类似原始型之一的稳定型得以重建。这些结果对于小麦杂种的遗传学研究非常重要，但对于本书旨在探讨的主题则显得过于复杂。

木原研究了一种软粒系小麦与一种黑麦的杂交品种，前者有 42 条染色体（n=21），后者有 14 条染色体（n=7）。所得杂种有 28 条染色体，或许可以称得上是一个四倍体。早期观察结果显示，由于该杂种的两个亲本差异实在太大，因此造成杂种不育。但也有其他一些观察结果显示，该杂种仍有生育力。

在生殖细胞的减数分裂阶段，几乎很少甚至没有观察到染色体接合的现象。具体情况如表 7 所示。

表 7 软粒小麦与果麦杂种染色体数情况

二价染色体	单条染色体
0	28
1	26
2	24
3	22

染色体在细胞两极的分配非常不均：几乎没有单染色体在到达细胞的一极前发生分裂，一些单染色体在细胞中随机分布。第二次减数分裂时，许多染色体发生分裂，但在第一次减数分裂中已经分裂的那些染色体，将出现一定时间的滞留，并慢慢移向细胞的一极。然而，出现滞留的染色体数要比第一次减数分裂时少得多。

小麦与黑麦杂交时几乎完全没有染色体接合的现象，是这类杂交实验中最有趣的一项特征。染色体由此产生的分配不均，或可解释普遍观察到的杂种不育性。还有一种极罕见的可能是，属于同一个物种的所有(或大多数)染色体同时移向细胞的一极，由此形成一个功能正常的花粉粒。

多倍系蔷薇

自植物学家林奈（Linné）那个时代以来，分类学家一直对许多蔷薇品系的分类感到棘手。近期，瑞典植物学家塔克霍姆（Tackholm）、英国植物学家哈里森（Harrison）和布莱克伯

恩（Blackburn）联合研究组及英国蔷薇专家、遗传学家赫斯特
（Hurst）先后证实，某些蔷薇品系是多倍体，其中以犬蔷薇科
尤甚。这些多倍系蔷薇间的差异不仅源于多倍性，还因为有证
据显示，它们当中存在着广泛的杂化现象（Hybridization）。

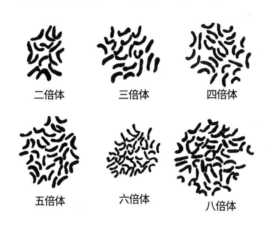

二倍体　　　三倍体　　　四倍体

五倍体　　　六倍体　　　八倍体

图 92 多倍系蔷薇（取材于 Tackholm 实验）

　　近期，塔克霍姆详尽地研究了这些蔷薇品系。我们不妨首
先来看看他的描述。带有 14 条染色体（n=7）的品系最少，或
可作为基本型。此外还有三倍体（3×7，21 条染色体）、四倍
体（4×7，28 条染色体）、五倍体（5×7，35 条染色体）、六
倍体（6×7，42 条染色体）及八倍体（8×7，56 条染色体），
见图 92。部分多倍体的染色体是平衡的，其减数分裂过程中，
所有染色体成对出现（即以二价染色体的形式出现）。第一次
减数分裂时，在含有奇数染色体乃至一些含有偶数染色体数（假
定为杂种）的多倍体中，仅存在 7 条（或 14 条）二价染色体，

剩下的染色体均为单染色体。换言之，当七类染色体各有 4 条、6 条或 8 条时，它们会两两接合，使得这些多倍体就像二倍体一样。无论这些多倍体的起源是什么，其染色体从不会以 4、6 或 8 为单位发生接合。在这些多倍体中，接合的染色体将在第一次减数分裂时分开，细胞两极各得一半染色体。第二减数分裂时，每条染色体均会分裂，子染色体分别移向细胞两极。这样，雌雄生殖细胞都只包含初始数量一半的染色体。正因如此，如果是有性生殖的蔷薇品系，应当能维持标志性的染色体数。

　　另一些蔷薇品系被塔克霍姆认为是杂种，因为其生殖细胞内发生的变化使它们看起来并不稳定。其中一些杂种有 21 条染色体，因此是三倍体。减数分裂初期，花粉母细胞有 7 条二价染色体与 7 条单染色体。第一次减数分裂时，7 条二价染色体一分为二，子染色体分别移向细胞两极；7 条单染色体不分裂，向细胞两极随机分配。这样可能产生几种组合，但无论哪种都是不稳定的。第二次减数分裂时，所有单染色体，无论来自此前的二价染色体，抑或本身一直是单染色体，都会分裂成两条。这样的结果是，许多细胞发生了退化。

　　还有一些杂种有 28 条染色体（4×7），但塔克霍姆并未将它们归类为真正的四倍体，原因是其染色体在接合状态下的行为表明，每类染色体并不都是 4 条。现实存在的只有 7 条二价染色体与 14 条单染色体。第一次减数分裂时，7 条二价染色体等长分裂，14 条单染色体不分裂，并在细胞两极随机分配。

　　一些杂种有 35 条染色体（5×7）。减数分裂时，有 7 条二价染色体与 21 条单染色体（图 93）。两种染色体的行为与前一种情况相同。

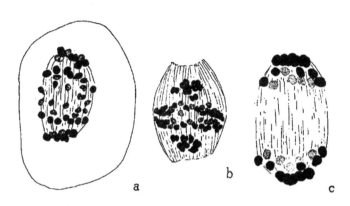

图 93　35 条染色体异型蔷薇的第一次减数分裂（取材于 Tackholm 实验）

　　第四类杂种有 42 条染色体（6×7）。减数分裂时，现实存在的同样只有 7 条二价染色体，但是单染色体变为 28 条。这些染色体的行为同上。

　　依照其花粉形成方式的不同，可将上述四种"蔷薇杂种"类型分为以下几类：

7 条二价染色体与 7 条单染色体	共计 21 条染色体
7 条二价染色体与 14 条单染色体	共计 28 条染色体
7 条二价染色体与 21 条单染色体	共计 35 条染色体
7 条二价染色体与 28 条单染色体	共计 42 条染色体

这些杂种的独特行为在于，始终只有 14 条染色体两两接合成 7 条二价染色体。我们必须假设这些染色体是完全或近乎一样的，以至于它们才能接合起来。除非像塔克霍姆认为的那样，每组 7 条染色体由不同的野生物种杂交而来，否则很难解释为何其他组的染色体不能发生接合。通过杂交而新出现的染色体，不仅与原始的染色体组存在显著差异，且其彼此之间也存在显著不同，而这些差异都是妨碍染色体接合的原因。

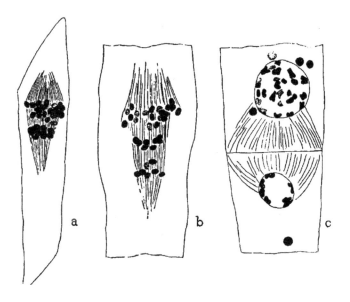

图 94　蔷薇卵细胞的减数分裂。所有单染色体移向细胞的一极，
并在这里与另外一半染色体发生接合（取材于 Tackholm 实验）

另外两类杂种或许也值得一提：两者都有 14 条二价染色体和 7 条单染色体。它们的接合染色体数，是前述所有杂种的两倍。

胚囊（卵子发育处）中的染色体行为经过，仅在少数犬蔷薇杂种的研究中有记载（图 94）。这些杂种卵子的纺锤体赤道板上有 7 条二价染色体，而所有单染色体聚集于细胞的一极。每条二价染色体一分为二，分别移向细胞两极。卵子分裂产生的两个子细胞中，一个子细胞的核内包含 7 条染色体（来自二价染色体）及全部 21 条单染色体，另一个子细胞仅含有 7 条染色体。如果真是"7+21 染色体"细胞发育成卵子，那么让这个卵子与一个带有 7 条染色体的精子（另一个花粉粒应该是不育的）结合，形成的受精卵将包含 35 条染色体，与该型杂种初始的染色体数相等。

目前我们还未完全探明这些多倍系蔷薇杂种的生殖过程。仅就已知的信息而言，凡是通过匍匐枝进行生殖的杂种，都会维持其受精卵形成后的染色体数。那些通过单性生殖形成种子的杂种，也可能会维持一定数量的体细胞染色体。由于染色体在精子和卵子的形成过程中存在不规则分配，因此或许会建立起许多不同的组合型。不了解这些杂种类型染色体的相互关系，我们将难以参透它们的遗传过程。但即使我们进一步地了解这种相互关系，也还有许多关于这些杂种蔷薇组成的问题有待弄清。

赫斯特研究了野生及人工栽培的蔷薇属物种。他认为，野生二倍体由五个主系构成，即 AA、BB、CC、DD、EE（图 95，分别对应 a—d、e—h、i—l、m—p、q—t）。从这五个基本型中，我们可以识别出许多组合型。例如，一种四倍体可以是 BB、CC，另一种四倍体可以是 BB、DD；一种六倍体可以是 AA、DD、EE，另一种六倍体可以是 AA、BB、EE；还有一种八倍体可以是 BB、CC、DD、EE。

赫斯特表示，上述每个主系都有至少 50 种鉴别性状。杂种中可以见到这些性状的不同组合方式。环境条件可以交替促进其中一组或另一组性状的表达。赫斯特认为，基于这些性状间的相互关系，有可能实现蔷薇属的具体品系分类。

其他多倍系

除上述多倍型外，其他许多种群里也存在多倍染色体的变种和品种。

据悉，山柳菊属的一些品种是有性生殖，另一些品种则是单性生殖，哪怕后者体内有时存在雄蕊，雄蕊可以生成一些功能正常的花粉粒。罗森伯格（Rosenberg）研究了几个产生花粉的品种，探究其花粉的发育过程。此外，他还研究了不同品种的杂种情况，其中包括黄花山柳菊（18 条染色体，n=9）与橙花山柳菊（36 条染色体，n=18）的杂种。罗森伯格研究了这些杂种花粉粒细胞的减数分裂过程，发现细胞在第一次减数分裂时有 9 条二价染色体与 9 条单染色体。但他也发现了一些例外情形，原因可能是父本（橙花山柳菊）的花粉染色体数存在异常。第一次减数分裂时，二价染色体一分为二，大多数单染色体也会分裂。

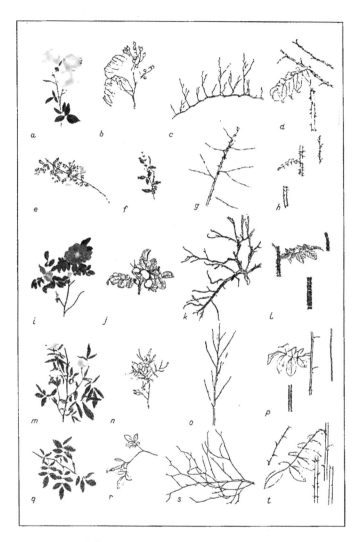

图95 蔷薇属的五种主系，即 a～d、e～h、i～l、m～p、
q～t。每个型的鉴别性状列在同一行展示，包括花、种皮、
分枝、刺和叶片着生情况（取材于 Hurst 实验）

　　罗森伯格还杂交了毛叶山柳菊与橙花山柳菊这两种四倍体
（均有 36 条染色体），并研究了 F1 代杂种的减数分裂情况。
结果显示，杂种的体细胞有 38—40 条染色体。两种情形下，出
现了 18 条二价染色体和 4 条单染色体。另一则杂交实验中，杂
交对象是大喇叭山柳菊（36 或 42 条染色体，n=18）与橙花山
柳菊（36 条染色体，n=18），其中一种情形下出现了 18 条二
价染色体。据此推断，作为父本的大喇叭山柳菊可能有 36 条染
色体。还有一则类似的杂交实验中，F1 代杂种的花粉大部分没
有活力，其中含有大量二价染色体与许多单染色体。其他两则
四倍体杂交实验也出现了类似结果。整体而言，四倍体的实验
结果表明，山柳菊属的不同种中存在着可接合的相同染色体。
或至少从表面上看，二价染色体更可能以这种方式形成，而非
通过同一种内的相同染色体进行联合。

　　罗森伯格还研究了山柳菊属的一个亚属"Archieracium"及
其花粉的减数分裂情况。这类亚属既可有性生殖，也可单性生殖，
但以单性生殖更多见。单性生殖型的胚囊内，卵子将不会进行
减数分裂，但可保持二倍型的染色体数。花粉的发育过程变化
较大，有活力的花粉很少。花粉母细胞的减数分裂极不规则。
据罗森伯格描述，在几种无配子生殖的山柳菊中，其减数分裂
情况显示花粉几乎都不具备正常功能（图 96）。在罗森伯格看
来，这种变化一部分是因为这些无配子生殖型起源于四倍体（大
多数类型中出现了二价染色体与单染色体），另一部分是因为
染色体的接合状态逐渐全部消失，同时其中一次减数分裂受到

抑制。据说，卵母细胞内也发生了一系列类似变化，从而使单性生殖卵细胞得以保留全部染色体。

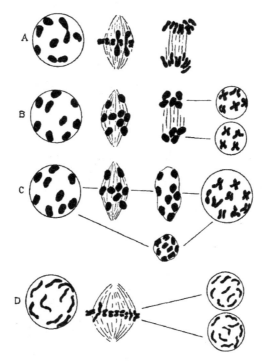

图 96 几种无配子生殖山柳菊的减数分裂过程（取材于 Rosenberg 实验）

田原（Tahara）在菊花的人工栽培变种中发现了一个多倍系。10 个菊花变种（图 97）各有 9 种染色体（单倍型），但染色体本身大小各异。更重要的是，不同菊花变种的染色体，其相对大小也不同（图 98）。这一点我们将稍后讨论。同样重要的是，一些菊花变种的总染色体数虽然相同，细胞核大小却不同。还

有一些菊花变种，其染色体数是 9 的倍数（图 99），其中两个
变种有 18 条染色体、两个变种有 27 条染色体、一个变种有 36
条染色体、两个变种有 45 条染色体。表 8 展示了不同菊花变种
的染色体数及细胞核大小关系。

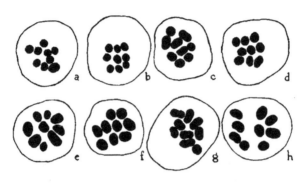

图 97　八个菊花变种的染色体型，每种各有 9 条染色体
（取材于 Tahara 实验）

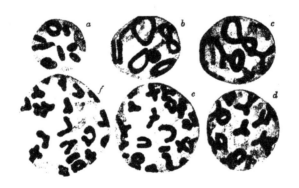

图 98　不同菊花变种的多倍染色体群：a.9 条染色体；
b.9 条染色体；c.18 条染色体；d.21 条染色体；e.36
条染色体；f.45 条染色体（取材于 Tahara 实验）

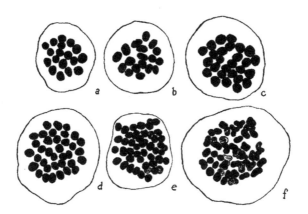

图 99 不同菊花变种终变期的细胞核情况：a.18 条染
色体; b.18 条染色体; c.27 条染色体; d.36 条染色体;
e.45 条染色体; f.45 条染色体（取材于 Tahara 实验）

表 8　不同菊花变种的染色体数及细胞情况

	染色体数	细胞核直径	细胞半径[3]
甘菊	9	5.1	17.6
红花除虫菊	9	5.4	19.7
野路菊	9	6.0	29.0
浜菊	9	6.0	27.0
春菊	9	7.0	43.1
花轮菊	9	7.0	43.1
法国菊	18	7.3	50.7
杭白菊	21	7.8	57.3
黄毛菊	36	8.8	85.4
北极菊	45	9.9	125.0

大泽（Osawa）报道了桑树的三倍体变种。在85种被研究的变种中，有40种是三倍体。二倍染色体数为28（n=14），三倍染色体数为42（3×14）。二倍体植株可繁育后代。三倍体植株的减数分裂过程却显得不规则（就单染色体的分配情况而言），并且会产生不育的花粉粒和胚囊。三倍体的第一次减数分裂中，花粉与大孢子母细胞中均有28条二价染色体和14条单染色体。单染色体随机分配至细胞两极，在第二次减数分裂过程中全部分裂成两条。

槭树也可能是多倍体。据泰勒（Taylor）报道，两种槭树有26条染色体（n=13），两种有52条染色体（n=26），其他三种分别约有144条（n=72）、108条（n=54）及72条（n=36）染色体。另外几种槭树也有不同的染色体数。

蒂什勒（Tischler）在几种甘蔗中发现了单倍数为8条、16条和24条（二价）的染色体。布里默（Bremer）报道，一种甘蔗变种约有40条单倍染色体，另一种甘蔗变种约有56条单倍染色体。此外，还有其他一些数量的单倍染色体见报。其中一些组合可能是杂化的结果，但至于实验中为何会观察到前述众多的染色体数量差异，目前我们还知之甚少。布里默还研究了少数甘蔗杂种的减数分裂过程。

海尔本（Heilborn）称，苔草属植物不同种间的染色体数差异很大，并且其中不存在明显的多倍系。"现在有必要更加明确地定义'多倍体'一词。从第二章列出的染色体数来看，有几个数字显然是一系列倍数的基数。例如，有的以'3'为基数

（9、15、24、27、33、36、42），有的以'4'为基数（16、24、28、32、36、40、56），还有的以'7'为基数（28、35、42、56），等等。但从作者的观点来看，仅靠这些算术关系，还不足以证明多倍系的存在。一个多倍体物种的染色体群，必然包含一定数量且完整的单倍染色体组，且这个多倍体物种必然是通过这类染色体组的增加而出现。但我们知道，例如，球柱苔草有的不是 3 组染色体，而是 3 条长染色体、3 条中染色体和 2 条短染色体；落叶松苔草有的不是 5 组染色体，而是 1 条中染色体和 14 条短染色体。因此，这两种苔草之所以有这样的染色体群，并非源于染色体组的增加，而是出于某种其他原因。"酸模、罂粟、水马齿、堇菜、风铃草和莴苣，据说存在更多有问题的多倍系。还有一些植物，其中一种的染色体数是另一种染色体数的两倍或三倍。这些植物如车前草（6 条、12 条）、滨黎（9 条、18 条）、茅膏菜（10 条、20 条）及舌唇兰（21 条、63 条）。近期，据朗利报道，山楂和树莓这两种已知的复杂多形物种，也广泛存在多倍性。

CHAPTER

12

第 12 章　异倍体

　　不规则的染色体分裂或分离，偶尔会导致一条染色体的新增或减少。凡是这样增减一条染色体造成染色体群数量变化的情况，可统称为"异倍体"（Heteroploid）。仅仅某一类染色体同时存在 3 条的情况，称为"三体型"（Trisomic）。注意将这种情况与三倍体区分开来，后者指的是每一类染色体都有 3 条的情形。"三体型"这个词也可与具体有 3 条的染色体名称连写，如"三体 -IV 型"果蝇。以前，一条额外的染色体被冠以"超数染色体""m 染色体"等各种称谓。一对染色体中少了一条的情况，可用"单体"加上那条丢失染色体的名称来命名，如"单体 -IV 型"果蝇。

图 100 宽型月见草（取材于 Anne Lutz 实验）

月见草的某些突变型被发现与新增一条 15 号染色体有关。

正常情况下，拉马克月见草有 14 条染色体。某些突变型，如"宽型月见草"和"半宽型月见草"，有 15 条染色体，即多出一条染色体（图 100）。这两种突变型在许多小细节上与拉马克月见草不同，但大多数差异细微到只有专家才能注意到。据盖茨表示，其中一种宽型月见草突变型的雄株近乎完全不育，产生的种子也很少。而在一种半宽型月见草突变型中，却能产生一些好的花粉。

盖茨还称，宽型月见草的出现频率从 0.1% 到 1.8% 不等。

对于 15 条染色体的月见草突变型而言，其花粉的减数分裂过程中存在 8 条染色体。其中 7 条染色体成对，剩下 1 条未配对。成对接合的染色体彼此分离，在第一次减数分裂时分别移向细胞两极。未配对的染色体此时不分裂，但会完整地移到细胞的某一极。某些情况下，减数分裂过程中还会出现其他染色体不规则分配的情形。尽管盖茨表示三体型比正常型更经常出现这种情况，但目前还不确定这种情况是否由一条额外的染色体引起。

有 15 条染色体的月见草突变型预期可产生两种生殖细胞，一种有 8 条染色体，另一种有 7 条染色体。已有证据证明，这两种生殖细胞真实存在。从遗传学角度估计，宽型月见草与正常型月见草杂交后，应当产生同等数量的宽型（8+7）与正常型（7+7）后代。这种估计与现实情况接近。

那条多出来的"超数染色体"，恰好涉及三体型最有趣的问题。由于染色体有七种，因此我们可以预期，任何一种染色

体都可能出现在一个三体型中。近期，德弗里斯已经表示，月
见草有七个三体型，对应七种可能的"超数染色体"。

　　同样需要谨记的是，带有两条"超数染色体"的型（这两
条染色体可以同类，也可以不同类），即所谓的"四体型"，
或许不像三体型那样容易存活。目前已知四体型是存在的。例
如，三体型的花粉粒和卵子若各含 8 条染色体，则受精卵似乎
有较大的可能多得两条同类的"超数染色体"，并由此发育成
四体型个体。这样的四体型，多出的是某一类的染色体。由于
每个生殖细胞中都有 8 对染色体，因此这样的四体型是稳定的。
但由于它比三体型还多一条染色体，因此它甚至可能比三体型
更不平衡。目前已发现了有 16 条染色体的突变型，其中一些来
源于 15 条染色体的突变型，因此两者具有同一染色体的倍数，
但它们的相对存活力还未见报道。

　　从经验来看，一个三体型产生一个四体型的过程中，任何
一对染色体都有可能复制。但即使四体型比三体型更稳定，前
者的基因反而更不平衡，这一更重要的因素使得染色体的对数
不可能这样永远增加下去。比起染色体更少的型，含有大量染
色体的型可能只有轻微的不平衡初始阶段，因为后者的基因比
率受到的扰动更少。

　　布里吉斯在果蝇中发现了一种三体型。这种三体型多出了
一条第四小染色体。由于这条额外的小染色体上同时存在着三
个遗传因子，因此人们不仅得以研究受此影响的性状，还得以
研究这种情况对一般遗传学问题的意义。另一方面，已知带有

三条 X 染色体的个体通常会死亡，含第二或第三染色体的三体型也无法存活。

上述"三体-IV"型果蝇与正常野生型果蝇在外观上无显著差异，两者的辨识有一定难度。"三体-IV"型果蝇的体色整体更暗一点，胸部缺失"三叉纹"（图 32），两眼略小且表面光滑，翅膀更窄、更尖。这些细微效应由增加了一条小染色体所致，这一点已同时被细胞学证据（图 32）和遗传学检查证明。一只"三体-IV"型果蝇与一只无眼果蝇（无眼是第四染色体的隐形突变型）杂交时（图 33），部分 F1 代因为具有上述典型性状而可被鉴别为"三体-IV"型果蝇。让这类果蝇与无眼果蝇回交（图 33），所得 F2 代中的全眼与无眼个体数量比例约为 5:1。如图 33 所示，在一个正常基因较两个无眼基因为显性的前提下，该实验结果与预期出现的结果一致。

如果让两只"三体-IV"型果蝇（同样由上述方式获得）交配，两者各有两条正常的第四染色体和一条携带无眼基因的第四染色体，则后代中的全眼与无眼个体数量比例约为 26:1。

以上杂交实验预期可产生含有四条第四染色体的后代，因为一半的卵子和一半的精子都有两条第四染色体。如果这样的四体型果蝇能够发育，则预计全眼与无眼个体的数量比例约为 35:1。实际比例（26:1）之所以不符合预期比例，是因为预期比例以四体型果蝇能够存活为前提假设，但现实中四体型出现死亡。事实上，现实中没有发现任何一只这样的四体型果蝇，意味着尽管第四染色体很小，但同时存在四条这样的小染色体仍会打破基因平衡，进而使个体无法发育为成虫。

　　除上述"三体 -IV"型果蝇外，还有一种异倍型果蝇，即缺失了一条第四小染色体的"单体 -IV"型果蝇（图 29）。这型果蝇似乎十分常见，由此表明生殖细胞有时的确会在分裂过程中丢失其中一条小染色体。例如，生殖细胞减数分裂时，两条小染色体可能移至细胞的同一极。"单体 -IV"型果蝇的体色更浅，但胸部的"三叉纹"更加明显，两眼更大且表面粗糙，刚毛更软，翅膀更短，触毛较少甚至缺失。"单体 -IV"型果蝇的上述所有性状，与"三体 -IV"型果蝇的性状恰好相反。考虑到第四染色体与其他基因共同影响着果蝇许多身体部位的性状，因此出现这样的性状差异不足为奇。随着第四染色体的增减，相应性状的表达也会增强或减弱。"单体 -IV"型果蝇比正常果蝇晚四五天孵出，它们通常不育，精子质量低下，死亡率很高。大量细胞学与遗传学证据显示，这些"单体 -IV"型果蝇之所以表现出上述种种特征，正是因为缺失了一条第四染色体。

　　同时缺失两条第四染色体的果蝇尚未被人发现。"单体 -IV"型果蝇彼此交配，每产生 100 只正常型后代，就会产生 130 只"单体 -IV"型后代。该结果显示，同时缺失两条第四染色体的果蝇无法存活。

　　无眼二倍体果蝇与"单体 -IV"型果蝇交配，若"单体 -IV"型果蝇仅有的一条第四染色体上携带野生型基因，则 F1 代将全部为无眼的"单体 -IV"型果蝇。理论上应当只有半数 F1 代为无眼，但那一条第四染色体上存在的无眼基因，使果蝇的存活率比预期水平降低了98%。同理，当仅剩的一条第四染色体上存在其他隐性突变基因（如弯翅、无毛）时，也将使果蝇的存活力下降。布里吉斯称，弯翅基因的存在可使果蝇存活率降低95%，而无毛基因的存在可使果蝇存活率降低100%，即这样的"单体 - 无毛"型果蝇无法存活。

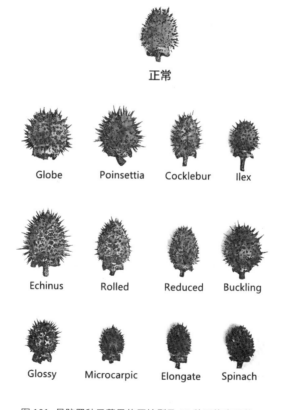

图 101 曼陀罗种子蒴果的原始型及 12 种可能出现的三体型（取材于 Blakeslee 实验，摘自《遗传学期刊》）

曼陀罗在正常情况下有 24 条染色体。布莱克斯利与贝林在许多人工栽培型中发现了有 25 条染色体（2n+1）的曼陀罗。这样的曼陀罗或许有 12 种，每种都有不同数量的额外染色体。这 12 种三体型曼陀罗的各个部位都存在细微但稳定的差异，但以蒴果的外观差异尤其直观(图101)。布莱克斯利、艾弗里(Avery)、法恩汉姆和贝林的研究结果共同证实，至少在两种曼陀罗（"三体 -Globe"型和"三体 -Poinsettia"型) 中，额外的染色体上存在着符合孟德尔遗传定律的要素，但具体涉及的第 25 条染色体并不相同。其中，"三体 -Poinsettia"型第 25 条染色体上有控制紫茎色素和白花花色的基因，尤其明确地显示出一条额外染色体能够怎样影响遗传。以上结果均表明，含额外染色体的生殖细胞比普通生殖细胞的活力更弱，由此造成某些预期类型存在先天缺陷；事实上，这些生殖细胞（n+1）完全没有（或只有微量）通过花粉传递，通过卵子传递的也仅有 30%。将这些关系考虑进来，那么以上遗传结果就与预期相符。

在对曼陀罗三体型的研究中，布莱克斯利与贝林发现了大约 12 种属于 2n+1 或三体系的显著类型。由于曼陀罗只有 12 对染色体，因此理论上预期只可能出现 12 种简单的三体型。现实证据显示，确实只有 12 种这样的主要型，其余的可统称为次要型，算作 12 种主要型之一的附属型（图102）。贝林表示，这一点从若干方面均可获得证实，如相似的外观、内部结构 [如辛诺特（Sinnott）实验所示] 和遗传方式（被标记染色体的遗传方式相同），以及同一群内主要型与次要型之间的相互产生机制，

二倍体

(2n)

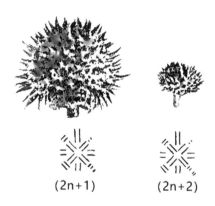

(2n+1)　　　　(2n+2)

图 102　二倍体曼陀罗蒴果（2n）与 2n+1、2n+2
型曼陀罗蒴果的对比（取材于 Blakeslee 实验，
摘自《遗传学期刊》）

还有额外染色体的大小。

表 9 列出了前文提及的 12 种主要型及其相应的次要型，它
们都由三体型演化而来。

表9 三体型曼陀罗后代中的主要型与次要型（2n+1）

	3n 自交	3n × 2n	总数		3n 自交	3n×2n	总数
1. GLOBE	5	46	51	8. BUCKLING	9	48	57
2. POINSETTIA	5	34	39	Strawberry	..	..	..
Wiry	..	..	..	Maple	..	..	..
3. COCKLEBUR	6	32	38	9. GLOSSY	2	30	32
Wedge	..	1	1	10. MICROCARPIC	4	46	50
4. ILEX	4	33	37	11. ELONGATE	2	30	32
5. ECHINUS	3	15	18	Undulate	..	..	..
Multilated	..	(2?)	(?)	12. SPINACH(?)	..	2	2
Nubbin (?)	..	..	..	总数 2n+1	43	381	424
6. ROLLED	..	24	24	2n+1+1	11	101	112
Sugarloaf	..	..	..	2n	30	215	248
Polycarpic	..	..	..	4n	3	..	3
7. REDUCED	3	38	41	合计	87	697	784

注：主要型以大写字母表示，次要型以小写字母表示

表 10 主要型与次要型（2n+1）突变体的自然发生频率

	亲本为 2n	亲本为 不同群 的 2n+1	总数		亲本为 2n	亲本为 不同群 的 2n+1	总数
1. GLOBE	41	107	148	8. BUCKLING	27	71	98
2. POINSETTIA	28	47	75	Strawberry	1	1	2
Wiry	..	1	1	Maple	..	2	2
3. COCKLEBUR	7	17	24	9. GLOSSY	8	11	19
Wedge	..	..	..	10. MICROCARPIC	64	100	164
4. ILEX	19	27	46	11. ELONGATE	..	2	2
5. ECHINUS	19	11	21	Undulate	..	1	1
Multilated	2	4	6	12. SPINACH(?)	6	4	10
Nubbin(?)	1	..	1	总数 2n+1	269	506	775
6. ROLLED	24	47	71	不同群的 2n+1	..	22123	22123
Sugarloaf	3	9	12	2n	32523	70281	102804
Polycarpic	3	..	3				
7. REDUCED	25	44	69	合计	32792	92910	125027

注：主要型以大写字母表示，次要型以小写字母表示

　　主要型和次要型的自然发生频率如表 10 所示。较次要型而言，主要型更频繁地以这种方式出现。繁育实验证实，尽管主要型中偶尔会出现次要型，但次要型中更多地出现主要型，而非出现属于其他群的新突变型。正因如此，在 Poinsettia 主要型的 31000 个后代中，大约 28% 仍为 Poinsettia 主要型，另有约 0.25% 为 Wiry 次要型。相反，当 Wiry 次要型为亲本时，其后代中却有 0.75% 为 Poinsettia 主要型。

　　Wedge 是 Cocklebur 主要型的一个次要型。Wedge 次要型繁育实验提供了揭示次要型与主要型关系的证据。"在 P、p 两个色素遗传因子上，Poinsettia 主要型及其次要型 Wiry 都能以一定比例得出三体型。但在 A、a 这两个刺遗传因子上，Poinsettia 主要型及 Wiry 次要型却以一定比例得出二体型。这证明，无论对 Poinsettia 主要型还是 Wiry 次要型而言，其额外染色体上都有 P、p 色素遗传因子，而没有 A、a 刺遗传因子。同理，Cocklebur 的相关比率表明，该主要型的额外染色体携带 A、a 刺遗传因子，而未携带 P、p 色素遗传因子。但 Cocklebur 的次要型 Wedge 无法产生任何携带 A、a 刺遗传因子的三体型。实际发现的比率与二体型的遗传方式类似，而与三体型的遗传方式不同。由于该证据充分证明 Wedge 是 Cocklebur 的一个次要型，因此似乎意味着 Wedge 这个次要型的额外染色体缺失了 A、a 点位。如果 A′ 表示缺失后的染色体，则一株 Wedge 型的染色体可以表示为 AA′a。减数分裂时，A 与 a 分别移至细胞两极，形成的配子为 A+a+AA′+aA′。正是这样的染色体行为促成了相关三体型比率的形成（表 10）。若 A′缺失的是因子 A，则配子 aA′将不会携带因子 A，由此形成‘Amred’与‘Inermis’二体型比率（表 10 中未体现）。当因子 A 和 a 偶尔同时移至细胞的同一极时，形成的配子应为 A′（可能死亡）和 Aa，后者将形成一个 Cocklebur 主要型，即 Wedge 这个次要型中偶尔会出现的主要型。

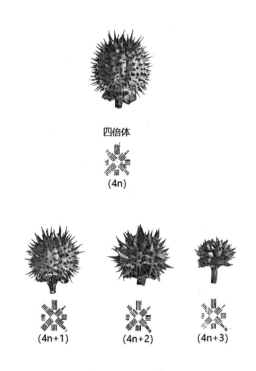

图 103　四倍体蓢果（上排）及 4n+1、4n+2 和 4n+3 型蓢果（下排）（取材于 Blakeslee 实验，摘自《遗传学期刊》）

　　"贝林博士的细胞学研究发现，佐证了次要型额外染色体的缺失假说。但真正使我们得以窥见事物全貌的，是他提出的逆交换假说。该假说认为，染色体的一部分加倍，剩下的部分同时发生缺失。"

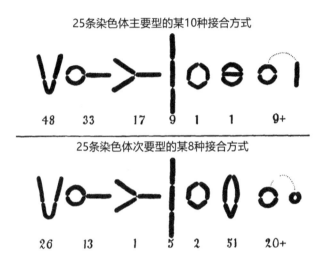

图 104　一种三体型曼陀罗的三条染色体接合方式

（取材于 Belling 和 Blakeslee 实验）

　　带有一条额外染色体的四倍体曼陀罗，目前也已有相关报道（图 103）。其中一种曼陀罗中，同一群中有五条相同的染色体，另一群中有六条相同的染色体。

　　贝林与布莱克斯利研究了三体型曼陀罗主要型与次要型中三条染色体的接合方式，并从中发现了某些差异，使我们得以更好地探明主要型与次要型之间的关系。图 104 上半部分展示的是主要型三条染色体的不同接合方式，下方标注的相应数字表示这种接合方式出现的频率。其中，"V"型是最常见的接合方式（48次），环棒型次之（33次），然后依次是"Y"型（17次）、直链型（9次）、环型（1次）与双环型（1次），此外还有两条成环而另一条独立型（多于9次）。由于两条染色体理应在相同的端点接合，因此我们有理由假设，在上述所有接合方式中，同样的端点（a 对 a、Z 对 Z）仍是相接触的（见图104上排）。

　　图104下半部分展示的是次要型三条染色体的不同接合方式。整体而言，这些接合方式与主要型的接合方式基本相同，只是出现频率不同。其中，最后两种接合方式（图104下半部分最右侧）是次要型染色体接合的最显著特征：一种是三条染色体连成一个长圆环，另一种是两条染色体连成一个圆环，第三条染色体自身卷成一个小环。这两种接合方式表明，某条染色体的一端发生了某种变化。针对这种发生于三倍型亲本或主要型三价染色体形成前期的变化，贝林和布莱克斯利就其可能的发生过程做出了以下解释：假设两条染色体首尾相对，并排接合（图105），再假设它们在中间部分发生交换，相同基因只有在这一平面上才能并列，结果，两条染色体中的每条都有两个相同的端，即一条染色体的两端为 A 和 A，另一条染色体的两端为 Z 和 Z。下一代中，这样的一条染色体如果成为三价染色体中的一员，将有可能采取图106所示的接合方式。由图106可知，Z-Z 染色体与两条正常染色体联合时，相同的两端互相接合。

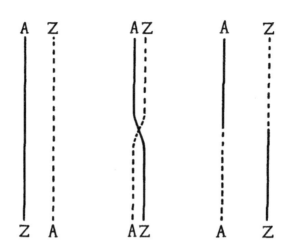

图 105 两条染色体潜在的首尾相接方式示意图

如果次要型特有的这些环状结构真如以上假设的那样，那么在三价染色体中，一条染色体有半截是复制的，从而与其他两条染色体不同。因此，次要型与主要型有一个基因组合不同。

据桑田（Kuwada）报道，玉米通常有 20 条染色体，但一些甜玉米品种有 21、22 甚至 23 或 24 条染色体。桑田推断，这些杂种玉米的亲本之一为墨西哥野玉米。杂种玉米的染色体中，有一条染色体比其配对染色体长一截。在桑田看来，这条长染色体就来自于墨西哥野玉米，与其配对的染色体则来源于某个未知品种。长染色体有时会裂成两段，由此导致甜玉米中有时会出现额外的染色体。倘若这种说法是正确的（近期有人提出质疑），那么这些带有 21、22 或 23 条染色体的型就不能算作严格意义上的三体型。

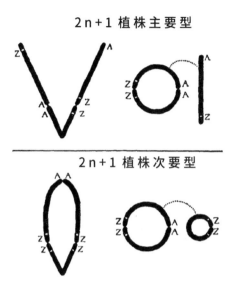

2n+1 植株主要型

2n+1 植株次要型

图 106　三体型三条染色体的潜在接合方式示意图

（取材于 Belling 和 Blakeslee 实验）

德弗里斯关于拉马克月见草额外染色体型的结论，对于他解读进行性突变的起源有着重要意义，并由此影响着他对突变与进化间关系的理解。三体型植株个体经常被观察到存在无数微小的性状变化，这点印证了德弗里斯早期就"一个初级物种为何像是瞬间引出了两个初级物种"而下的定义。

应该看到，就种质而言，新增一整条染色体带来的性状突变效应，涉及遗传单位实际数量的巨大改变。这种改变几乎不能与某一个化学分子发生的变化混为一谈。只有当我们把染色体视为一个单元，这样的比较才有意义。从基因的角度来看，染色体的构成很难适用这样的比较。

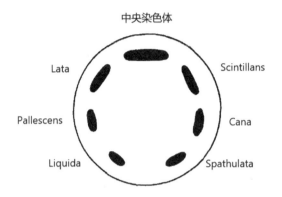

图 107　德弗里斯设想的拉马克月见草与三体突变型七条染色体间的关系示意图（取材于 de Vries 和 Boedijn 实验）

在我看来，异倍体的重要意义在于，它们源于细胞减数分裂中偶尔发生的染色体异常行为机制，却因此提供了一种奇特而有趣的遗传情境。不稳定的型产生后，它们为了维持下去，采用的办法是继续保持不稳定，即带有一条额外的染色体。在这方面，它们显然不同于正常的类型与物种。此外，大多数证据显示，这些异倍型虽然来自平衡型，其存活力却不及平衡型，由此表明异倍型很少能在不同的环境下取代平衡型。

尽管如此，异倍体的出现必须被视为一件重大的遗传学事件。通过解释异倍体的产生机制，我们有望触类旁通，理解其他许多因为缺少染色体研究而使人相当困惑的情形。

德弗里斯发现的三体突变型不只有六个，实际上还有第七个。第七型与前六型在遗传性状上的差异，远大于前六型彼此间的差异。德弗里斯认为，这七个三体型分别对应月见草的七条染色体。下方列出了其中六条染色体的信息，相应的染色体组示意见图 107。

有 15 条染色体的突变型如下：

1．宽型群（Lata group）

a) 半宽型（Semi-lata）

b)Sesquiplex 突变型：Albida, flava, delata

c)Subovata, sublinearis

2．Scintillans 群

a)Sesquiplex 突变型：Oblonga, aurita, auricula, nitens, distans

b)Diluta, militaris, venusta

3．Cana 群：Candicans

4．Pallescens 群：Lactuca

5．Liquida

6．Spathulata

上述 15 条染色体的突变型列表还包括了一些次要型，分别列在相应的主要型下。主要型与相应次要型之间，不仅在性状上相似，还存在一定的互相转化频率。其中两种次要型 Albida 与 Oblonga 有两种卵子，但只有一种精子，因此被称为 Sesquiplex（一倍半）型。还有一种次要型 Candicans，也属于一倍半型。染色体群的中央染色体，即最大的一条染色体（图 107）携带着 velutina 或 laeta 的一些"因子"。基于夏尔发现的证据，德弗里斯还列入了 Funifolia 和 Pervirens 两个新突变型。

因此，在夏尔看来，拉马克月见草其他五个突变型 [1] 的因子似乎也属于这一群。同样属于这一群的，还有使这些因子处于平衡致死状态的若干致死因子。夏尔认为，这些隐性性状之所以出现，是因为一对染色体（这里暂定是那条中央大染色体）发生了交换。

---

1. 即 Rubricalyx buds（红萼芽体）及其四个等位型，包括红 Red stem（加强型）、Nanella(矮小型)、Pink-coned buds(桃色锥状芽)和Sulfur colored flowers(硫色花)。——作者注

第 13 章　种间杂交与
　　　　染色体数变化

　　杂交物种呈现不同的染色体数，从而揭示了一些有趣的关系。有时，一个种的染色体数可能正好是另一个种的两倍或三倍。其他时候，一个种的染色体数很大，却未必是另一个种染色体数的倍数。

图 108　圆叶茅膏菜的二倍体与单倍体染色体群
（取材于 Rosenberg 实验）

　　1903—1904 年间，罗森伯格对两种茅膏菜进行的杂交实验堪称经典。

　　如图 108 所示，长叶茅膏菜有 40 条染色体（n=20），而圆叶茅膏菜有 20 条染色体（n=10）。两种茅膏菜杂交后所得杂种有 30 条染色体（20+10）。减数分裂过程中，杂种生殖细胞有10 条接合染色体（通常被称为双子染色体或二价染色体）和 10条单染色体（单价染色体）。罗森伯格认为，这种情况表明，10 条长叶茅膏菜染色体与 10 条圆叶茅膏菜染色体两两接合，留下 10 条未配对的长叶茅膏菜染色体。生殖细胞第一次减数分裂时，接合的染色体分开，两条染色体分别移至细胞两极。同时，10 条单染色体不分裂，在细胞两极不规则分布，并传至分裂后的子细胞中。不幸的是，长叶与圆叶茅膏菜的杂种不育，无法进一步被用作遗传学研究。

古德斯皮德（Goodspeed）与克劳森（Clausen）对两种烟草（红花烟草、美花烟草）进行了广泛的杂交实验研究，但他们直到最近才测定了两种烟草的染色体数。红花烟草有 24 条染色体（n=12），美花烟草有 48 条染色体（n=24）。这种染色体数上的差异尚未被证明与遗传结果相关，减数分裂过程中的染色体行为也未见报道。

上述两种烟草的杂种与作为亲本的红花烟草在各方面相似，即使亲本基因对于红花烟草的正常因子呈纯隐性作用时（即与红花烟草的一些变种杂交）依然如此。古德斯皮德与克劳森认为，该结果意味着红花烟草基因在整体上较美花烟草基因呈显性。对此，他们的表述为：在杂种的胚胎发育过程中，红花烟草的"反应系统"占优势，或"两个系统的要素必然在很大程度上互不兼容"。

虽然杂种烟草高度不育，但仍可形成少量功能正常的卵子。繁育结果显示，这些功能正常的卵子清一色（或绝大多数）将发育成纯种的红花烟草或美花烟草。由此看来，杂种中功能正常的卵子似乎仅限于（或在很大程度上限于）那些有一整组（或近乎一整组）红花或美花染色体的卵子。这种观点可通过以下实验结果加以证实。

杂种烟草的卵子与美花烟草的精子结合后，产生了许多型。其中，相当大比例的型将发育成美花烟草的纯种植株，并呈现美花烟草的所有性状。这些植株的繁育功能正常，将继续繁育出美花烟草后代。它们必然来自带有一组美花烟草染色体的卵子，这样的卵子再与美花烟草的精子结合。还有一些植株酷似美花烟草，但同时含有其他遗传要素，这些要素或许源自红花烟草的染色体组。这些植株是不育的。

人工回交杂种烟草与红花烟草的尝试没有成功，但田间出现了少量自然授粉的杂种。它们的外观与红花烟草类似，因此无疑是红花烟草向这些杂种贡献了花粉。其中一些杂种有正常的繁育功能，其后代从未表现出美花烟草的性状。无论这些杂种体内究竟存在哪些红花烟草基因，这些基因都在杂种生殖细胞的减数分裂过程中发生了分离。另一些杂种不育，与红花烟草及美花烟草的 F1 代杂种情况相似。

上述显著结果的重要性还体现在另一方面。红花烟草与美花烟草的 F1 代杂种可通过两种方式获得：一是由红花烟草提供卵子，二是由美花烟草提供卵子。由此可以推出，即使细胞原生质由美花烟草提供，但只要有红花烟草的基因组，就能完全决定个体性状。这项证据强有力地证明，基因在极大程度上能够决定个体性状，因为上述结果是在原生质属于一种极为不同的物种时得出的。

克劳森与古德斯皮德提出了"反应系统"的概念。这一概念尽管创新，但在本质内容上并不与有关基因的普遍观念冲突。它只意味着，在红花烟草的单倍基因组面前，美花烟草的单倍基因组完全处于失势或无能的状态。不过，美花烟草的染色体依然保持着自身身份。它们既没有消失，也没有受损。因为在杂种体内，一组功能正常的美花烟草染色体，可以通过让杂种与美花烟草亲本回交的方式重新获得。

巴布考克（Babcock）与科林斯（Collins）对不同种的还阳参开展了广泛的杂交实验。曼恩（Mann）女士对这些杂种的染色体进行了研究。

经科林斯和曼恩测算，刺毛还阳参有 8 条染色体（n=4），绒毛还阳参有 6 条染色体（n=3）。两者杂交产生的杂种有 7 条染色体。生殖细胞成熟阶段，其中一些染色体彼此接合，另一些染色体单独成条存在，散布于花粉母细胞中，2 ～ 6 条染色体形成细胞核。第二次减数分裂时，所有（或至少成群存在的）染色体彼此分离并移至细胞两极。细胞质通常分给四个子细胞，但有时也会分给 2、3、5 或 6 个小孢子。

这种含 7 条染色体的杂种无法产生功能正常的花粉，但能产生一些功能正常的卵子。当杂种充当母本，被刺毛或绒毛还阳参授粉后，产生了五株含有 8 或 7 条染色体的后代。对其中一棵含 8 条染色体的植株进行研究后发现，其生殖细胞成熟阶段有 4 条二价染色体，可正常分裂。该植株与刺毛还阳参的性状相似，并有同型的染色体。也就是说，其中一种亲株的型被恢复了。

另一项杂交实验以粗糙还阳参和刺毛还阳参为对象。粗糙还阳参有 40 条染色体（n=20），刺毛还阳参有 8 条染色体（n=4）。两者杂交产生的杂种有 24（20+4）条染色体。生殖细胞成熟阶段，至少存在 10 条二价染色体，还有少量单染色体。由此推断，粗糙还阳参的一些染色体必然是彼此接合的，因为刺毛还阳参仅贡献 4 条染色体。第二次减数分裂时，有 2 ～ 4 条染色体虽然在行动上较其他染色体存在一定滞后，但大多数情况下最终还是会进入子细胞核。

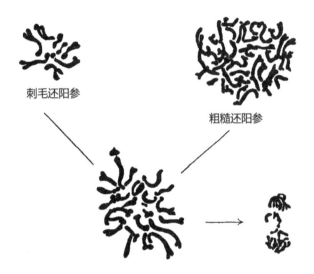

刺毛还阳参

粗糙还阳参

图 109　刺毛还阳参与粗糙还阳参的染色体群（取材于 Collins 和 Mann 实验）

上述杂种与粗糙还阳参和刺毛还阳参回交的杂种不育。杂种之间产生的孙代（F2 代）植株有 24 或 25 条染色体。由此似乎可能产生带有新染色体数的稳定型，含有来自贡献较小染色体数物种的一对或多对染色体。杂种中存在 10 条接合染色体，表明粗糙还阳参是多倍体，具体可能是八倍体。F1 代杂种中的同源染色体成对结合，其中包含粗糙还阳参的半数染色体。F1

代杂种为一年生植株,而粗糙还阳参为二年生。染色体数的减少,
造成 F1 代杂种生长习性的改变。它们发育成熟所需的时间,
是粗糙还阳参所需时间的一半。

图 110　减数后的染色体群: a.多年生墨西哥野玉米; b.玉米杂种;
c.玉米杂种生殖细胞的减数分裂过程（取材于 Longley 实验）

　　朗利记述了两种墨西哥野玉米,一种为一年生,有 20 条染
色体（n=10）;另一种为多年生,有 40 条染色体（n=20）。两
种植物的生殖细胞均有正常的减数分裂过程。当二倍体野玉米
（n=10）与印第安玉米（n=10）杂交时,所得杂种有 20 条染色体。
减数分裂时,杂种生殖细胞中有 10 条二价染色体。对此,通常
的理解是 10 条墨西哥二倍体野玉米染色体与 10 条印第安玉米
染色体发生了结合。

　　多年生野玉米（n=20）与印第安玉米（n=10）杂交后,产
生的杂种有 30 条染色体。第一次减数分裂时,花粉母细胞内可
见一些松散结合的三价染色体、一些二价染色体及一些单染色
体。不同的花粉母细胞,三价、二价与单染色体的数量比有所

不同，如 4:6:6、1:9:9、2:10:4 等（见图 110b）。第一次减数分裂时，二价染色体分裂，并分别移至细胞两极。三价染色体也会分裂，两条去到细胞的一极，剩下一条去到细胞的另一极。单染色体行动滞后，虽然不分裂，但不规则地分布于细胞两极（图110c）。最终的染色体分配结果相当不均。

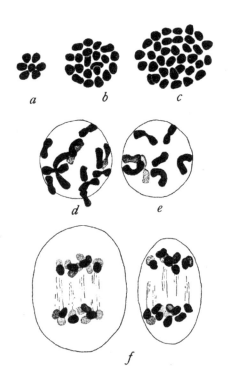

图 111 两种罂粟的杂交实验，其中野罂粟（a）有14 条染色体（n=7），另一种罂粟（c）有 70 条染色体（n=35），所得杂种（b）有 42 条染色体（n=21）。d ～ e 为胚母细胞，f 为杂种生殖细胞第一次减数分裂后期（取材于 Ljungdahl 实验）

据最近的一则实验报道，两个染色体数相差极大的物种杂交后，可获得一种生殖功能正常的新稳定型。1924 年，永达尔（Ljungdahl）杂交了野罂粟和另一种罂粟（Papaver Striatocarpum），前者有 14 条染色体（n=7），后者有 70 条染色体（n=35）（图 111）。所得杂种有 42 条染色体。减数分裂时，杂种生殖细胞中原有的 21 条二价染色体（图 111b, c ~ e）分裂，并分别移至细胞两极。杂种生殖细胞中不存在单染色体，也没有任何染色体滞后于纺锤体。这样的结果必然意味着，野罂粟的 7 条染色体与另一种罂粟的 7 条染色体进行了配对，另一种罂粟剩下的 28 条染色体两两接合，形成 14 条二价染色体。这样，共有 21 条二价染色体被观察到。由此，我们自然可以假设，那种有 70 条染色体的罂粟或许是一个十倍体，即每种染色体都有 10 条。

新出现的型（F1 代）产生的生殖细胞有 21 条染色体。这个型不仅平衡、稳定，还具有正常的生殖功能，或许有希望继续产生一种新稳定型。让这个型与野罂粟回交，应当能产生一种四倍体（21+7=28）。让这个型与另一种罂粟回交，则应当能产生一种八倍体（21+35=46）。这里，通过二倍体与十倍体的杂化现象，后续几代中有可能出现稳定的四倍体、六倍体及八倍体。

费德利的尺蛾杂交实验（见第 9 章）却揭示了一种截然不同的关系。在这个实验中，由于杂种生殖细胞中的染色体无法成功接合，才使双倍的染色体数得以保留下来。通过回交，双倍染色体数或许可以持续下去，但因杂种高度不育，这样的染色体组合将无法在自然条件下永远存在。

CHAPTER

14

第 14 章　性别与基因

目前我们对性别决定机制的了解来自两个方面。一方面，细胞学家已经发现了某些染色体在性别决定中扮演的角色；另一方面，遗传学家进行了更深入的研究，发现了有关基因决定性别的重要事实。

当前已知的性别决定机制主要有两种。它们虽然乍看之下好像相互矛盾，实际上却涉及同样的原则。

第一种机制称为"昆虫型"，因为目前关于该机制最好的细胞学和遗传学证据来自昆虫实验。第二种机制称为"禽类型"，因为我们目前已在禽类身上同时找到了这类机制的细胞学和遗传学证据。除禽类外，"禽类型"也发生在蛾类身上。

昆虫型（XX—XY）

在昆虫型机制中，雌虫有两条性染色体，称为"X染色体"。雌虫卵子成熟时（即每个卵子已经释放出两个极体），其染色体数减半。每个成熟卵子因此仅包含一条X染色体及一组常染色体。雄虫仅有一条X染色体（图112）。某些物种中，X染色体无配对，但在另一些物种中，一条X染色体与一条"Y染色体"配对（图113）。第一次减数分裂时，X染色体和Y染色体分别去到细胞两极（图113）。一个子细胞获得X染色体，另一个子细胞获得Y染色体。第二次减数分裂时，无论X染色体还是Y染色体，均分裂成两条子染色体。减数分裂后形成的四个细胞可发育成精子，其中两个含有一条X染色体，另外两

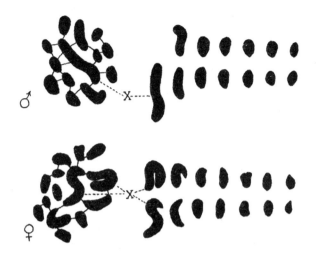

图 112 雌雄蓝凤蝶的染色体组。雄蝶有一条 X 染色体，
无 Y 染色体；雌蝶有两条 X 染色体（取材于 Wilson 实验）

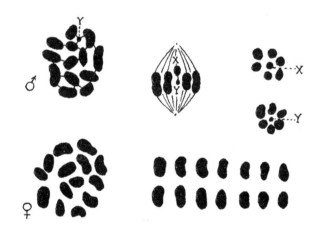

图 113 雌雄红长蝽的染色体组。雄虫有一条 X 染色体和一
条 Y 染色体，雌虫有两条 X 染色体（取材于 Wilson 实验）

个含有一条 Y 染色体。

任何卵子与含有一条 X 染色体的精子结合后（图 114），
都将产生一只含有两条 X 染色体的雌性个体。任何卵子与含有
一条 Y 染色体的精子结合后，都将产生一只雄性。由于卵子与
两种精子的受精的可能性相同，因此预期半数后代将为雌性，
半数为雄性。

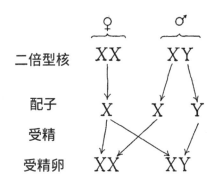

图 114 XX—XY 型性别决定机制示意图

基于这种机制，某些遗传类型变得可以理解。有的遗传类
型乍看之下好像不符合孟德尔遗传定律，即不会出现 3:1 的比
率。但细想之下，明显例外的比率反而证明这些遗传类型符合
孟德尔第一定律。例如，一只白眼雌蝇与一只红眼雄蝇交配后，
产生的雌性后代为红眼，雄性后代为白眼（图 115）。相关解释
是显而易见的：X 染色体携带着特定的差异性基因，即促生红
眼或白眼的基因。雄性后代从白眼母亲那里获得一条 X 染色体，
雌性后代也这样获得一条 X 染色体，但同时从红眼父亲那里获
得一条 X 染色体。红眼为显性性状，因此雌性后代表现为红眼。

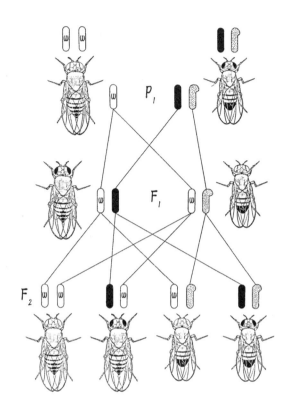

图 115　果蝇白眼性状遗传方式。X 染色体携带白眼
基因，以空心棒状图形（w）表示。白眼基因的正常
等位基因为红眼基因，由实心棒状图形携带。Y 染色
体以点阵棒状图形表示

　　如果让上述雌雄后代个体自交，产生的下一代在雌雄、眼
色上的分配比率为 1:1:1:1。如图 115 中部所示，这种结果由 X
染色体的分配所致。

　　说到这里，不妨提及一下相关的细胞学和遗传学证据。尤
其是相关遗传学证据，表明人类属于 XX—XO 或 XX—XY 遗传

类型。直到最近，人类的染色体数才被更加精确地测定出来。早期观察到的人类染色体数偏低，但事实证明这是错误的，因为细胞在人为保存状态下，染色体有集结成群的趋势。经德·维尼瓦特（De Winiwarter）测算，人类女性有48条染色体（n=24），男性有47条染色体（图116a）。这一测算结果后来被佩因特（Painter）加以证实。佩因特近期发表研究结果，称男性体内还有一条小染色体，与更大的X染色体配对（图117）。他认为，这两条性染色体共同组成一对XY染色体。如情况属实，则人类两性各有48条染色体，只不过男性的一对XY性染色体大小不同。

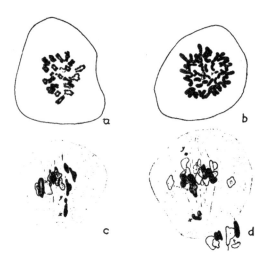

图116 a. 减数后的人类男性染色体组（来自De　Winiwarter
研究）；b. 人类男性染色体组（来自Painter研究）；c、d. 第
一次减数分裂期间，X染色体与Y染色体分离过程的侧面观
（来自Painter研究）

最近，尾熊（Oguma）确证了德维尼瓦特的测算结果，却表示未在人类男性体内发现 Y 染色体。

相关遗传学证据已然相当清晰。血友病、色盲等疾病的遗传，以及其他两三种人类性状的遗传，都与果蝇的白眼性状一样遵循相同的遗传方式。

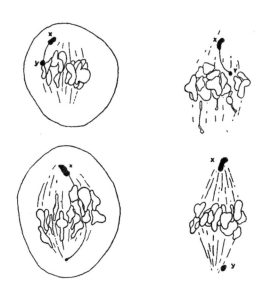

图 117　人类男性生殖细胞的减数分裂，图中展示的是 X、Y 染色体的分离过程（取材于 Painter 实验）

以下介绍的动物均遵循 XX—XY 型遗传，或变相遵循这型遗传（即 XX—XO 型遗传）。后者中的"O"指的是缺失 Y 染色体，或没有 X 染色体。据称，除人类外，遵循这种遗传机制的还包括其他几种哺乳动物，如马、负鼠和豚鼠。两栖动物和真骨鱼类也有可能遵循这种遗传机制。大多数昆虫属于这一型，但鳞翅目昆虫（蛾类与蝶类）除外。不过，膜翅目昆虫遵循的是另一种性别决定机制（见下文）。线虫与海胆均为XX—XO型。

禽类型（WZ—ZZ）

另一种性别决定机制是禽类型，如图118所示。雄性有两条相同的性染色体，称为ZZ。这两条染色体在其中一次减数分裂时彼此分离，因此每个成熟的精子细胞都包含一条Z染色体。雌性有一条Z染色体和一条W染色体。每个成熟的卵细胞都有一条Z染色体或一条W染色体，两种情况的卵子各占一半。任何包含W染色体的卵子与包含Z染色体的精子结合后，将产生WZ雌性个体。任何包含Z染色体的卵子与包含Z染色体的精子结合后，将产生ZZ雄性个体。

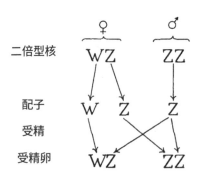

图 118 WZ—ZZ 型性别决定机制示意图

这里，我们再次发现了一种自动产生两种同等数量雌性个体的机制。同上一种机制一样，受精卵染色体的组合方式造就了 1:1 的性别比。细胞学和遗传学都在禽类身上发现了有关这种机制的证据，尽管细胞学证据还无法让人完全信服。

据史蒂文斯（Stevens）称，公鸡有两条大小相同的大染色体（图 119），疑似 X 染色体。母鸡仅有一条这样的大染色体。日瓦戈（Shiwago）与汉斯（Hance）均证实了这种关系的存在。

禽类的遗传学证据无疑证实它们遵循性连锁遗传。一只雄性乌鸡与一只雌性芦花鸡交配，产生的雄性子代均为芦花鸡，雌性子代均为乌鸡（图 120）。这种现象应该是源于 Z 染色体携带着不同的性状决定基因，因为雌性子代从父亲那里获得了一条 Z 染色体。如果让 F1 代自交，则四种孙代类型的数量比为 1:1:1:1。

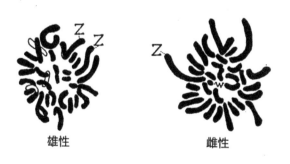

图 119 家禽雄性与雌性的染色体组（取材于 Shiwago 实验）

蛾类也遵循类似的遗传机制，其中相关的细胞学证据更加确凿。一只体色更深的野生型雌性金星尺蛾，与一只体色较浅的突变型雄蛾交配，所得雌性子代都继承了父亲的浅色，雄性子代都继承了母亲的深色（图121）。雌性子代和雄性子代均从父亲那里获得一条Z染色体，但雄性子代还同时从母亲那里获得一条Z染色体。这条来自母亲的Z染色体上携带着决定深体色的显性基因，因此使相应的雄性子代都继承了母亲的深色。

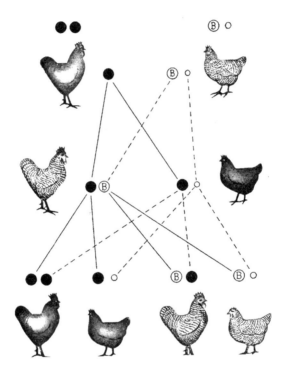

图120 乌鸡与芦花鸡杂交的性连锁遗传机制示意图

田中（Tanaka）在蚕蛾体内发现了一种性连锁性状，即幼虫的透明皮肤，也通过Z染色体上携带的相关基因进行遗传。

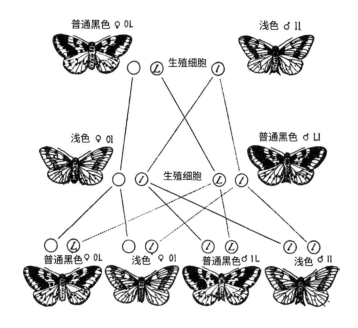

图 121 金星尺蛾的性连锁遗传机制

　　还有一种名为 Fumea casta 的蛾类，雌蛾有 61 条染色体，雄蛾有 62 条染色体。雌蛾卵母细胞内的染色体接合后，形成 31 条二价染色体（图 122a）。第一次分出极体时，其中的 30 条二价染色体彼此分开，并分别移至细胞两极。第 31 条单染色体不分裂，完整地移至细胞的其中一极（图 122b、122b′）。由此形成的子细胞中，半数卵子将含有 31 条染色体，剩下半数卵子含有 30 条染色体。第二次分出极体时，卵子内的所有染色体分裂，每个卵子仅剩下一半的染色体，即 31 或 30 条染色体。精子的成熟过程同理，染色体接合后，原本存在 31 条二价染色体。每条二价染色体在第一次减数分裂时彼此分离，并在第二次减数分裂时继续分裂，最后使每个精子包含31条染色体。这种蛾的受精卵可产生以下组合：

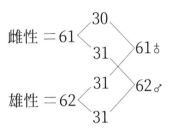

在另一种名为 Talaeporia tubulosa 的蛾类身上，塞勒（Seiler）发现雌蛾有59条染色体，雄蛾有60条染色体。还有一种名为 Solenobia pineta 的蛾类，无论雌蛾还是雄蛾体内均不见任何未配对的染色体。同样的情况也出现在其他几种蛾类身上。另一方面，亚麻篱灯蛾体内有一条复合型染色体，其中包括一条性染色体。雄蛾体内有两条这样的复合型染色体，雌蛾体内只有一条。此时，W染色体与Z染色体并非独立存在，这种情况也未尝不可能存在于其他蛾类体内。

费德利对杨扇舟蛾与灰短扇舟蛾开展的杂交实验，同样展现了性连锁遗传方式。这则实验的有趣之处在于，每种舟蛾的雌雄幼虫外观相似，但两种舟蛾的幼虫之间存在特定差异。当杂交"循着一个方向"进行时，虽然同种舟蛾的内部没有性二态（Sex Dimorphism）现象，却造就了F1代幼虫的性二态。如实验结果显示，这是因为两种舟蛾幼虫之间的主要遗传差异集中在Z染色体上。以杨扇舟蛾为母本、灰短扇舟蛾为父本，所得杂种的幼虫在第一次蜕变后变得显著不同。其中，雄性杂种幼虫与母本物种（杨扇舟蛾）高度类似，而雌性杂种幼虫则与父本物种（灰短扇舟蛾）相像。

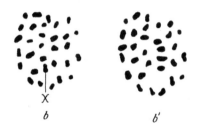

图 122　a.Fumea casta 蛾类卵子内减数后的染色体组；b、b′.卵子第一次减数分裂时的外极和内极；唯一的 X 染色体仅存在于一极（取材于 Seiler 实验）

回交产生的后代也都具有相似的外观。假设杨扇舟蛾的 Z 染色体上携带着一个（或多个）基因，且该（这些）基因较灰短扇舟蛾 Z 染色体上的相应基因为显性时，上述实验结果就变得容易解释了。这则实验之所以特别，是因为一个物种某条染色体上的基因较另一个物种同一染色体上的等位基因呈显性。考虑到后代的三倍体性质（见第 9 章），无论让 F1 代雄性个体与灰短扇舟蛾还是灰短扇舟蛾的雌性个体回交，产生的孙代都将遵循同样的分析结果。

目前，我们还没有理由认为 XX—XY 及 WZ—ZZ 型性别决定机制涉及相同的染色体。相反，我们很难想象一种类型的机制可以直接变为另一种类型的机制。但从理论上讲，我们可以假设的是：即使两种类型的机制实际上涉及相同或近乎相同的基因，与性别决定相关的平衡变化也可以独立于两种类型的机制而发生。

雌雄异株显花植物的性染色体

1923 年，学术界发生了一件令人称奇的事：四名研究人员同时宣称，一些雌雄异株的显花植物遵循 XX—XY 型的遗传方式。

桑托斯（Santos）发现，伊乐藻的雄株有 48 条染色体（图123），具体包括 23 对常染色体及一对大小不等的 XY 染色体。生殖细胞减数分裂时，X 染色体与 Y 染色体分离。由此形成两种类型的花粉粒，一种含有 X 染色体，另一种含有 Y 染色体。

木原、小野（Ono）这两位细胞学家发现，酸模的雄株有15 条染色体，具体包括 6 对常染色体及 3 条异染色体（m_1、m_2 和 M）。生殖细胞减数分裂时，这三条异染色体结成一群（图123）。M 染色体去到细胞一极，两条 m 染色体去到另一极。由此形成两种类型的花粉粒，一种可表示为 6a+M，另一种可表示为 $6a+m_1+m_2$。其中，后者决定雄性。

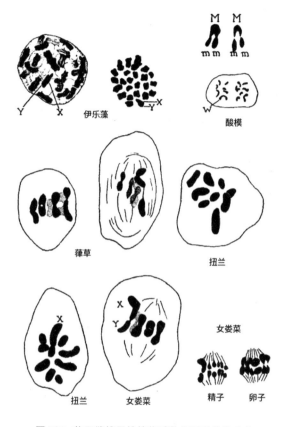

图 123　若干雌雄异株植物减数分裂时的染色体
（取材于 Belar 实验）

　　温厄（Winge）在两种葎草（H. lupulens 与 H. japonica）中发现了一对 XY 染色体。雄株体内有 9 条常染色体和一对 XY 染色体。他还发现，扭兰的雄株体内有一条未配对的 X 染色体，染色体数可用 8a+X 表示。

　　科伦斯从繁育研究中得出结论，女娄菜的雄株可形成两种胚细胞。温厄称，这种植物的雄株染色体数可表示为22a+X+Y，由此证实了科伦斯的推理。

布莱克伯恩女士同样表示在女娄菜的雄株体内发现了一对大小不同的染色体。但她还为整个证据链添上了极为重要的一环。女娄菜的雌株有两条大小相同的性染色体，其中一条对应于雄株的一条性染色体（图123）。雌株生殖细胞成熟时，两条性染色体原本彼此接合，然后进行减数分裂。

我认为，基于以上证据，我们可以有把握地得出这样的结论：至少有一些雌雄异株的显花植物，采用与许多动物一样的性别决定机制。

苔藓植物的性别决定机制

早在上述显花植物研究结果发表的若干年前，马歇尔父子就已证明，雌雄异株（即配子体分雌雄两种[1]）的苔藓植物形成孢子时，同一孢子母细胞形成的四个孢子中，其中两个孢子发

1.　苔藓、蕨类及地钱类植物的单倍体（配体子）世代（或称配子体世代）有雌雄两种性别，二倍体(孢子体)世代却无性别之分，或者说是中性的。花卉植物本身相当于苔藓植物的孢子体，其配子体世代好像蕴藏在雌蕊和雄蕊之中。因此，当我们使用"雌雄"这个名称时，既可指苔藓植物的单倍体世代，又可指花卉植物的二倍体世代，由此产生了一种前后矛盾。但这个矛盾主要不是二倍体和单倍体的问题，而是有性世代和无性世代共用了一种称呼，因为即使在某些动物（如蜜蜂、轮虫等）的同一世代里，也遭遇了同样的矛盾。不过，知道了这些以后，未来继续沿用这一传统叫法将不会是一件难事。——作者注

育为雌性配子体，另外两个孢子发育为雄性配子体。

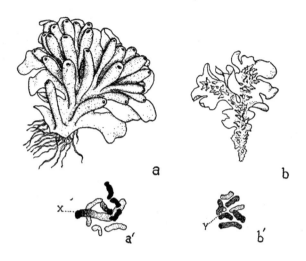

图 124 a. 地钱的雌性配子体，有一条大的 X 染色体
(a′)；b. 地钱的雄性配子体,有一条小的Y染色体(b′)
（取材于 Allen 实验）

此后，阿伦（Allen）在近缘的地钱物种中发现，单倍型雌性配子体有八条染色体，其中包括一条 X 染色体，比其他七条染色体都要大（图 124）。单倍型雄性配子体也有八条染色体，其中包括一条 Y 染色体，比其他七条染色体都要小（图 124b′）。每个卵子都含有一条 X 染色体，每个精子都含有一条 Y 染色体。受精后的孢子体将有 16 条染色体，包括 X、Y 染色体各一条。孢子形成时，将进行减数分裂，X、Y 染色体分开。形成的单倍型孢子中，一半包含一条 X 染色体，由此发育成雌性配子体，另一半包含一条 Y 染色体，由此发育成雄性配子体。

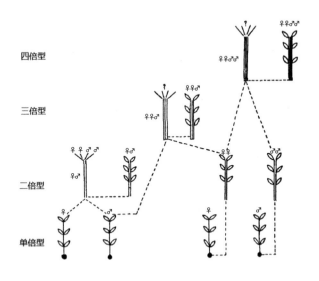

图 125 不同染色体组合的二倍型与三倍型苔藓植
物示意图（取材于 Wettstein 实验）

最近，维特斯坦对雌雄异株的苔藓植物开展了一些关键实验，进一步分析了这类植物的性别决定机制。在马歇尔父子此前发现的基础之上，维特斯坦合成了同时含有雌雄染色体组的配子体（图 125 左）。例如，依照马歇尔父子的方法，维特斯坦剪下若干含有孢子的叶柄组织（其细胞为二倍体）。这个组织切片后来发育成一个二倍型配子体。就这样，他获得了雌雄型（FM）配子体。

接着，维特斯坦用另一种方法合成了二倍型的雌雄苔藓植物，分别为双雌型（FF）和双雄型（MM）。具体操作方法如下：

用水合氯醛及其他药物和试剂处理原丝体，在染色体已经分离后，抑制单个细胞分裂。由此产生雌雄同株物种，即二倍型巨型细胞，内部同时包含双倍的雌性或雄性染色体。这样的二倍型细胞可发育成原丝体或苔藓植物。接下来，用人工手段制造一些新的染色体组合，其中一些为三倍型，另一些为四倍型。最有意思的一些组合如图 125 右方所示。

来自雌性原丝体的二倍型细胞将发育成二倍型苔藓植物（FF），这样的植物可产生二倍型卵细胞。同理，来自雄性原丝体的二倍型细胞将发育成二倍型苔藓植物（MM），这样的植物可产生二倍型精子细胞。FF 型卵子与 MM 型精子结合时，将产生四倍型孢子体（FFMM）。

FF 型卵子与正常精子 M 结合时，将产生三倍型的孢子体（FFM）。因此：

无论从 FFM 型还是 FFMM 型孢子体，均可再生出一个配子体。每株这样的植物，将在发育过程中同时携带雄性和雌性要素，因此可同时产生卵子和精子。但雌性器官（颈卵器）与雄性器官（精子器）的数量不同，两者出现的时间也呈现典型差异。

如前所述，在维特斯坦使用的同一物种中，马歇尔父子已经获得了二倍型 FM 配子体，并证明这样的配子体既可产生雌性器官，也可产生雄性器官。维特斯坦证实了这个发现，并报道称雄性器官先于雌性器官出现。

对 FM、FFM 及 FFMM 三型进行比较，可从中发现一些有趣的点。FM 型植株的雄蕊先成熟。刚开始时，雄性器官（精子器）的数量显著多于雌性器官（颈卵器）。雌性器官在后期才发育成熟。

如维特斯坦所言，FFMM 型植株雄蕊先成熟的概率是 FM 型植株的两倍。刚开始时，只有精子器出现。年尾将近时，原先的精子器已经凋亡，才长出了少量稚嫩的颈卵器。有的植株甚至完全不会长出颈卵器。再过一段时间，雌性器官才有可能进入旺盛发育期。

三倍体植株的雌蕊先成熟。至少，当 FFMM 型四倍体植株还只有雄性器官（时间为七月）时，三倍体植株只有雌性器官。直到后来（九月），三倍体植株才同时具备雌性和雄性器官。

上述实验的有趣之处在于，它们揭示了正常情况下有性别之分的物种，可以通过人工组合两性染色体组的方式变为雌雄同株的个体。实验结果还显示，性器官的发育顺序由植株年龄决定。更重要的是，两种性器官实际出现的时间先后顺序，因为遗传构成的反向改变而发生了颠倒。

CHAPTER

15

第 15 章　涉及性染色体的
　　　　　其他性别决定方法

除前一章介绍的方式外，部分动物生殖细胞中的性染色体
还有其他一些再分配方式，这些方式也可以决定性别。

X 染色体附着于常染色体

少数生物体内的性染色体附着于其他染色体上，由此遮盖
了 X 染色体与 Y 染色体的不同性状。这样的性染色体偶尔会与
附着点分离（如图 126 蛔虫的例子所示），并因此被观察到。
另一些时候，由于雄性体细胞内的 X 染色体与其他染色体有着
不同的染色特性，或如塞勒（Seiler）研究发现的那样，某些蛾
类胚胎体细胞内的复合染色体会正常分散成若干小染色体，均
可使原本附着于其他染色体上的性染色体被观察到。

图 126 蛔虫卵子中的两条小 X 染色体与常染色体
的分离过程（取材于 Geinitz 实验）

　　性染色体附着于常染色体时，往往牵涉到性连锁遗传机制。尤其在雄性体内，有 X 染色体附着的常染色体与没有 X 染色体附着的配对常染色体之间发生了交换时更是如此。下面以蛔虫为例说明这一点。如图 127 所示，黑色端表示附着于常染色体上的 X 染色体。雌虫体内有两条 X 染色体，各附于同一对的两条常染色体上。成熟卵子各有一条这样的复合染色体，即也有一条 X 染色体。雄虫体内有一条 X 染色体，附于相应的常染色体上，但另一条配对的常染色体上却没有 X 染色体附着。一半的成熟精子将有一条 X 染色体，另一半成熟精子将没有任何 X 染色体。显然，这里涉及的性别决定机制与 XX—XO 型相同。

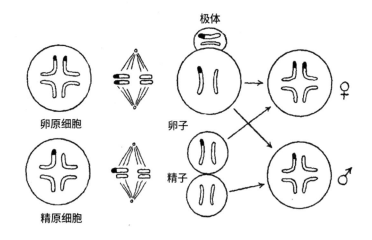

图 127　雄性与雌性蛔虫附着型 X 染色体的分布
情况示意图（取材于 Boveri 实验）

　　雌虫体内发生交换的既可能是两条 X 染色体，也可能是两条相应的常染色体。但对于 XO 型雄性而言，情况是不同的：复合染色体中的 X 染色体没有对应的 X 染色体，自然也无从发生交换，由此使性别决定基因及相应机制呈现连续性。与此同时，复合染色体中的常染色体有可能与配对的常染色体发生交换，但这种交换不影响性别决定机制。位于复合染色体中 X 染色体上的基因，其控制的性状将为性连锁遗传，即隐性性状只出现在雄性后代身上。然而，如果某性状受复合染色体中常染色体上的基因控制，则该性状将仅在一定程度上表现为性连锁，并且与前述 X 染色体控制的性状仅有部分关联[1]。

在上述假设的例子里，对于雄性个体而言，没有 X 染色体附着的那条常染色体（即与复合染色体配对的常染色体），表面上却看似与普通的 XX—XY 型中的 Y 染色体是一对（因为 Y 染色体仅限于雄性个体）。正如前文指出的那样，唯一的不同之处在于，这条没有 X 染色体附着的常染色体，与复合染色体相应部分携带着相同的基因。近期的确出现了一些报道，称某些基因似乎由 Y 染色体携带。从这些报道来看，Y 染色体本身有时的确可能会携带基因。

依照上述解读，这样的提法无疑不会招致异议，但若这些

---

1. 麦克隆（McClung）表示，尽管一只雄性蝗虫（Hesperotettix）体内的 X 染色体总是附着于某一条常染色体，但不同雄性个体的 X 染色体未必都附着于同一条常染色体。对于部分雄性个体而言，其体内的 X 染色体可能单独存在，即不附于任何常染色体上。如果已知这样的个体存在性连锁性状，则由于 X 染色体与常染色体持续存在上述关系，这些性状的遗传机制或将因此而复杂化。——作者注

报道还有其他深意，那么前面的提法显然将遭到质疑。因为，如果雄性的 X 与 Y 染色体普遍发生交换，则将使染色体的性别决定机制无以为继。若真是这样，那么经过一段时间后，X 与 Y 染色体将变得一模一样，产生不同性别的那种平衡也将不复存在。

Y 染色体

两种生物的遗传证据显示，Y 染色体上可能也存在一些基因，且这些基因及其性状的遗传符合孟德尔定律。施密特（Schmidt）、会田（Aida）和温厄已经证明，两种不同鱼类的 Y 染色体均携带基因。从不同种舞毒蛾的杂交实验中，古德施密特（Goldschmidt）也得出了同样的结论（此处对应的是 W 染色体）。后者的实验结果涉及雌雄间性问题，我们将在后面的相应章节中加以讨论。但对于前者的实验结论，我们这里可以做一探讨。

小型淡水鱼虹鳉是西印度群岛和南美洲北部地区的本土鱼类。雄鱼色彩鲜艳，与雌鱼的外表截然不同（图 128）。不同种的雌鱼彼此高度相似，雄鱼却分别带有标志性的颜色。施密特发现，当一个种的雄性与另一个种的雌性交配时，产生的子代像父亲。让这些子代杂种（F1）自交，产生的孙代（F2）仍然像自己的父亲，且没有任何一个 F2 个体表现出母系祖母种的雄性性状。同理，F3 与 F4 代雄性也都与父系的祖父具有相似的性状。这里，对于可能来自母系祖母方的任何性状，似乎都不遵照孟德尔定律进行分离。

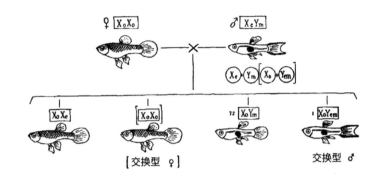

图 128 鱼类一种性连锁性状的遗传示意图，该性状的调控
基因同时位于 X 染色体和 Y 染色体上（取材于 Winge 实验）

正反交的结果亦是如此，所有雄性子代和孙代个体都与父系雄鱼相似。

日本的小溪和稻田中生活着另一种鱼类——青鳉。目前人们已在自然界中发现了若干种不同颜色的青鳉，还人工饲养出了其他几个品种。但无论哪个品种，都有雌雄之分。会田已经证实，青鳉的若干种性状通过性染色体（包括 X 和 Y 染色体）进行传递。这些性状的遗传传递可以用一种假说来解释，即基因有时位于 Y 染色体上，有时又位于 X 染色体上，而且 X、Y 染色体之间可以发生交换。

例如，青鳉的白色体色就符合性连锁遗传，对应的性状为红色体色。当一条纯种的白色雌鱼与一条纯种的红色雄鱼交配时，产生的子代（F1）雄鱼和雌鱼均为红色。让子代自交，可进一步得出以下孙代的数量分布：

红 ♀	红 ♂	白 ♀	白 ♂
41	**76**	**43**	**0**

　　假设在雌鱼体内，控制白色体色的基因位于两条 X 染色体上，并将这两个基因表示为 X^w（图 129）。假设在雄鱼体内，控制红色体色的基因同时位于 X 染色体和 Y 染色体上，并将这两个基因分别表示为 X^r 与 Y^r。这两条雌鱼和雄鱼交配后，依照 XX—XY 型遗传公式推演，得出的后代组合情况应如图 129 所示。如果红色（r）较白色（w）为显性，则雄性和雌性子代（F1）将全为红色。让这些子代自交，所得孙代情况如下一张图（图 130）所示。根据预期，白色与红色的雌性子代数量均等，红色仅限于雄性子代，在数量上与白色、红色雌性子代的总数相同。

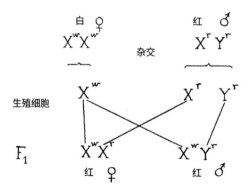

图 129　一种性状的遗传示意图，相关基因同时
位于 Y 染色体和 X 染色体上

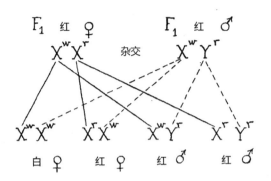

图 130 两个 F1 代杂种雄鱼和雌鱼的体色遗传示
意图，Y 染色体和 X 染色体可能同时携带控制红色
体色（r）的基因

因此，一条红色雄鱼与一条白色雌鱼肯定不会产生白色的
孙代，除非 F1 代出现了一只表型为 X^wY^r 的红色雄鱼，且 X 与
Y 染色体之间发生了交换，并由此产生了一条 Y^w 染色体（图
131）。当这样的染色体遇到某个卵子中的 X^w 染色体，将产生
一条表型为 X^wY^w 的白色雄鱼。事实上，这正是某个实验中出
现的结果。该实验用 F1 代的杂种红色雄鱼（X^wY^r 型，通过前
述实验获得）与一条纯种的白色雌鱼回交，所得孙代的数量分
布如下所示：

红♀	白♀	红♂	白♂
2	197	251	1

这里出现了 2 条红色雌鱼（左）与 1 条白色雄鱼（右）。
它们的出现其实是可以解释的，因为在 F1 代雄性体内，X^w 与

Y^r 发生了概率约为 1/451 的交换（图 131）。让白色雌鱼与棕色雄鱼杂交，也可获得类似结果，但没有交换型。当红斑雌鱼与白色雄鱼杂交时，结果依然如此。在回交产生的 172 条孙代个体中，共出现了 11 个交换型。

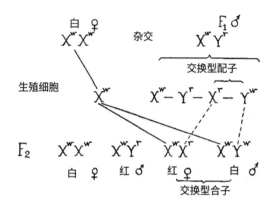

图 131　一只 F1 代雄鱼 X 与 Y 染色体上的红体与白体基因交换示意图，红体与白体基因被认为是等位基因

1922—1923 年间，温厄在虹鳉身上进一步拓展了施密特的实验，并在 Y 染色体方面独立得出了与会田此前结论相同的结论。图 128 展示了一个族的雌鱼（XoXo）与另一个族的雄鱼（XeYm）的杂交结果。对于所得的杂种雄鱼而言，其成熟生殖细胞可分为 Xe、Ym 两种非交换型，以及 Xo、Yme 两种交换型。相应地，这些生殖细胞可发育成两种类型的雄鱼：XoYm 与 XoYme。其中，后者极为罕见，每 73 个子代雄鱼中约可出现 1 个。[1] 但从温

——————————

1. 据另一项实验记录，68 个雄性子代中，产生了 4 个交换型。——作者注

厄的数据来看，我们无从得知雌鱼体内是否也发生了交换，因为温厄的实验中没有提及任何 XeXm 型雌鱼。此外，温厄将一种类型的雌鱼表示为 Xo，暗示这条 Xo 染色体缺失某些基因。当有两条 X 染色体时，必须同时存在两对基因，才有可能发生交换。事实上，温厄用 Xo 表示与 Ym 发生了交换后的 Xe，却没有指明等位基因之间发生的变化。完整的表达式应当指明，X 染色体上同时有 M 和 e 基因，而 Y 染色体上同时有 m 和 E 基因。经过交换，X 染色体包含 M 和 E 基因，同时 Y 染色体包含 m 和 e 基因（图 132）。发生了交换的 X 染色体不再是 Xo，而是 XME，Y 染色体变为 Yme。若 m 和 e 基因为显性，M 和 E 基因为隐性，则应当有相应的实验结果记录，除非还发生了另一次交换，即出现了 Xme 交换型。如果 X 染色体上位于 M 基因左侧的部分（即图 132 中的粗线部分）包含性别决定基因，那么实验中之所以没有观察到交换作用，或许正是因为 M 基因十分靠近 X 染色体的粗线部分。

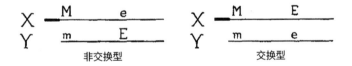

图 132 雄鱼复合染色体中的常染色体部分与另一条常染色体（此处称 Y 染色体）发生了交换，本图展示了附着 X 型染色体与前述交换作用的潜在关系

1927 年，温厄再次发表论文，称虹鳉 Y 染色体上的 9 个基因与 X 染色体上的 3 个基因至今仍未发生过交换。他认为，之所以出现这种现象，要么是因为这些基因靠近 Y 染色体上的雄性决定基因，要么是因为它们本身就是雄性决定基因。温厄的研究还显示，X 和 Y 染色体之间发生了另外 5 个基因的交换，且其中一个基因位于常染色体上。他认为雄性决定基因是单一、显性的基因，却未能界定 X 染色体上等位基因的性质，并因此将它表示为"o"。

成雄精子的退化

根瘤蚜与普通蚜虫是两种近缘昆虫，均采用 XX—XO 型的性别决定机制。但它们的成雄精子退化（无 X 染色体）（图 133），由此仅剩下成雌精子（有 X 染色体）。进行有性生殖的卵子（XX）释出两个极体后，内部只剩下一条 X 染色体。这样的卵子与成雌精子结合后，受精卵仅可发育成雌性（XX）。这些雌性被称为"干母"（Stem Mother）。它们进行孤雌生殖，并成为后续一系列孤雌生殖个体的起点。一段时间后，其中一些雌性可产生雄性后代，另一些雌性可产生进行有性生殖的雌性后代。后者继承了母体的二倍型特质，但其体内的染色体两两接合，因此数量减半。前者经过某个过程才产生雄性后代，具体内容我们将在下文展开描述。

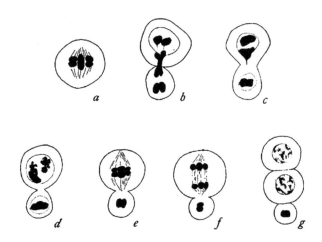

图 133　熊果蚜生殖细胞的两次减数分裂过程。第一次减数
分裂时（a～c），较大的 X 染色体进入一个细胞。第二次
减数分裂时（e、f、g），该细胞再次分裂成两个功能正常
的成雌精子，残余的发育不良细胞（d）将不再继续分裂

二倍型卵子排出一条 X 染色体以产生雄性后代

如前所述，根瘤蚜孤雌生殖周期接近尾声时，会出现一种
雌虫，其卵子比更早出现的雌虫卵子更小。这种小卵子进行减
数分裂前，其中的 X 染色体（共 4 条）聚集在一起。减数分裂
过程中，其中两条 X 染色体从卵子分离出去，进入卵子释出的
唯一极体（图 134）。同时，每条常染色体一分为二，各自排出
其中一条。这样，卵子内只剩下一组二倍型常染色体和此前一

半数量的 X 染色体。通过孤雌生殖,这样的小卵子将发育为雄性。

普通蚜虫也有类似的过程。虽然目前尚未观察到卵子实际排出一条 X 染色体的情形,但是由于卵子随着唯一极体的释出而少了一条染色体,因此无疑证明普通蚜虫同根瘤蚜一样,卵子的确排出了一条染色体。

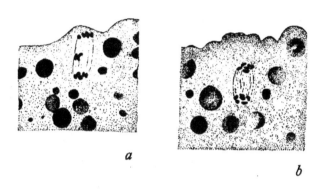

图 134 a. 根瘤蚜"成雄卵子"的第一次减数分裂,有 2 条染色体滞留于纺锤体上,但最终被排出卵子,留下 5 条染色体在卵核里;b. 根瘤蚜"成雌卵子"的第一次减数分裂,6 条染色体全部分裂,留下 6 条染色体在卵核里

虽然其他昆虫也有雄性决定机制,但上述两种蚜虫的雄性决定机制不同。可即使是同样的机制,也在两种蚜虫身上以不同的方式引起了同样的最终结果。

蚜虫实验还有一项更让人饶有兴味的事实。根瘤蚜的雌虫既可产生成雄卵子,也可产生比其孤雌生殖前辈更小的卵子。因此,后者这类卵子的命运,在 X 染色体被排出卵子之前就已注定。这里,性别可能由卵子的大小决定,即可能由卵子细胞质的多少决定。但仅从实验证据还不足以得出这样的结论,因为卵子仅在其半数 X 染色体被排出后才会发育成雄性。当所有 X 染色体都能留存下来时，我们不知道这样会发生什么——或许卵子会发育成雌性。无论如何，我们的确观察到母体发生了某种变化，这种变化使小卵子得以形成，小卵子又反过来减少 X 染色体的数量以产生雄性。但到目前为止，我们还不了解母体这种变化的本质是什么。[1]

精子形成过程中偶然丢失一条染色体的性别决定机制

研究发现，雌雄同体的动物没有性别决定机制。它们也不需要这样的机制，因为所有个体都一样，每个个体都有一个卵巢和一个睾丸。有一种名为 Angiostomum nigrovenosum 的线虫，呈现雌雄同体与雌雄异体的代际交替现象。波维里和施利普（Schleip）已经证实，当这种线虫的生殖细胞在单性生殖代成熟时（图 135），经常出现一条 X 染色体丢失的现象（但正好在分裂面上被捕捉观察到），从而导致有两种类型的精子生成。这两种精子分别有 5 条和 6 条染色体。同一雌性个体的卵子成熟时，12 条染色体发生接合，形成 6 条二价染色体（图

---

1. 一种名为雌性轮虫（Dinophilus apatrls）的虫类，每只雌虫要产生两种大小的卵子。这两种卵子均可释出两个极体，由此形成单倍型的原核（Pro-uncleus）。两种卵子也均可受精。较大的卵子将发育成雌虫，较小的卵子发育成雄虫。至于这种虫类为何会产生两种大小的卵子，目前我们还完全不了解。——作者注

136）。第一次减数分裂时，6 条染色体进入第一极体，剩下 6 条染色体留于卵子。这 6 条染色体一分为二，分裂出来的 6 条染色体进入第二极体，在卵子中留下 6 条染色体。这样，每个卵子都包含 1 条 X 染色体。一个卵子与一个有 6 条染色体的精子结合后，受精卵将发育成雌性；一个卵子与一个有 5 条染色体的精子结合后，受精卵将发育成雄性。这里，细胞分裂中的一次意外事件，却正好成了这种线虫的性别决定机制。

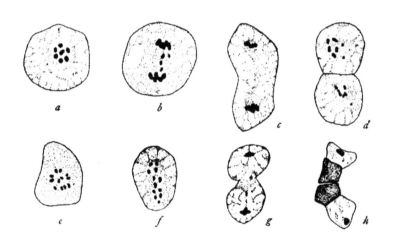

图135 这种线虫生殖细胞的第一次和第二次减数分裂过程。第二次减数分裂时（底部一排），一条即将丢失的 X 染色体正好在分裂面上被捕捉观察到（取材于 Schleip 实验）

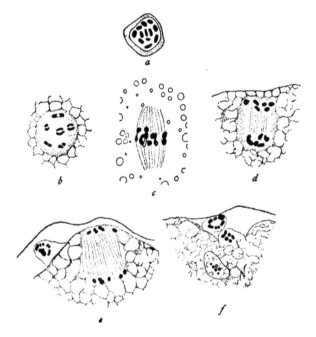

图 136　这种线虫卵子的两次减数分裂过程。卵核
中留下 6 条染色体（取材于 Schleip 实验）

二倍体雌性与单倍体雄性

　　首先需要明确的是，轮虫有许多代的雌性可进行孤雌生殖，
这些雌虫都有二倍型染色体，其卵子释出一个极体时，不会伴
随减数分裂的过程。在某些特殊的营养条件下，这些孤雌生
殖的雌性显然可以一代又一代地无限循环下去。但正如惠特尼

（Whitney）证实的那样，这些孤雌生殖的雌性可以因为饮食方面的变化（如食用绿鞭毛虫）而终止于某一代。在变化后的饮食环境下，雌性可继续通过孤雌生殖产生雌性子代，但这些雌性子代同时具备发育为雌性和雄性的双重潜能。如果一个这样的雌性子代受精，其每个卵子在成熟前都会被一个精子进入。随后，卵子在卵巢中继续变大，表层增厚（图 137）。它会释放出两个极体。精核（单倍型）与单倍型的卵核结合，使染色体恢复成二倍型。此时，卵子进入休眠期，其中含有二倍型的染色体。一段时间后，这个卵子可发育成干母，并由此开启一个新的孤雌生殖系。

另一方面，若上文中的那个雌性个体没有受精，那么它产生的卵子在体积上要小于正常孤雌生殖的卵子。卵子中的染色体发生接合，随着两个极体的释出，卵子内剩下一组单倍型染色体。这组染色体在数量不变的情况下产生一个雄性个体。目前我们还不了解单倍型雄性精子形成的过程中发生了什么。无论是 1918 年惠特尼的研究工作，还是陶森（Tauson）于 1927 年做出的研究发现，均未能就过程中发生的具体变化提出有信服力的说法。

从表面上看，上述证据似乎表明：单倍数量的染色体产生了雄性，而双倍数量的染色体产生了雌性。我们几乎无法判断性染色体存在，因此不能假设存在某些特定的性别决定基因。即使确定不存在这类性别决定基因，我们也无从断定为何单倍数量的染色体就能产生雄性，而双倍数量的染色体就能产生雌性，除非这里的性别决定因素与两种卵子的细胞质及所含染色体的数量有关。可即使例外情形的确存在，这种说法也仍然无法解释蜜蜂的情况（见下文）。蜜蜂的二倍型卵子产生雌性，单倍型卵子产生雄性，但两种卵子的大小相同。无论轮虫还是蜜蜂，两者之间有着一项重要的共同点：单倍数量的染色体与雄性有关。但对轮虫而言，还有其他因素决定其单倍型卵子能否发育成雄性。

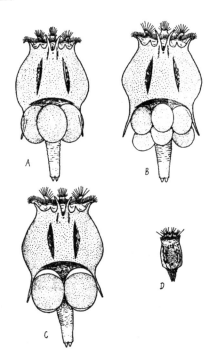

图 137　A. 轮虫雌性个体，其孤雌生殖的卵子可发育
为雌性；B. 轮虫雌性个体，其孤雌生殖的卵子可发
育为雄性；C. 轮虫雌性个体及其有性生殖卵子；D. 轮
虫雄性个体（取材于 Whitney 实验）

　　我们有理由提出一种关于性染色体的解释。这里可能存在两种不同的 X 染色体，其中一种 X 染色体在减数分裂过程中随着成雄卵子的极体而排出，另一种 X 染色体由有性生殖的卵子排出（两者均留在孤雌生殖的卵子中）。但我们必须承认，目前或许还没有理由或需要进一步验证上述猜测。

　　蜜蜂及其近亲物种（黄蜂、蚂蚁）的性别决定机制，也与卵核的单倍型及二倍型有关。虽然事实铁证如山，但目前人们做出的解释还比较模糊。蜂后同时在母蜂房、雄蜂房和工蜂房产卵。在蜂后体内发育时，这些卵原本一模一样。工蜂房与母蜂房中的卵，在产下时就会受精，但是雄蜂房中的卵，在产下时还未受精。所有卵都会释出两个极体。卵核里剩下单倍数量的染色体。受精卵中，精子带来一组单倍型染色体，这些染色体与卵核中的染色体融合，形成二倍型染色体。这样的二倍型卵子将继续发育成雌蜂（蜂后或工蜂）。蜂后房中的幼虫若能获得更充分的食物供给，这样的幼虫将发育为蜂后。蜂后幼虫享用的这种食物与工蜂幼虫获得的食物不同。如前所述，雄蜂是单倍型。[1]

　　在蜜蜂的例子中，性别决定机制不可能发生在生殖细胞成

1.　目前我们已经知道，未受精的成雄卵子进行分裂时，每条染色体都会断裂成两部分（卵核中的染色体可能除外，这些染色体会进入胚迹）。这一过程看上去不像是每条染色体"纵裂"，而像是染色体直接断裂或分成两块。如果这种说法无误，则意味着基因数量实际上并没有增加。这种基因碎裂过程的发生（同样见于某些线虫），对于解决有关性别决定的问题也没有任何帮助。——作者注

熟前。没有证据显示卵子中的精核能够影响染色体的减数分裂。此外，也没有证据证明环境（雄蜂房或工蜂房）对受精卵发育有任何影响。事实上，没有证据显示这里有任何一组染色体单独作为性染色体而存在。我们只知道，雌雄两种个体的唯一差别在于拥有的染色体数量不同。目前，我们只能仰赖这点关系，认为它与某种未知的性别决定机制有关。虽然这点关系现在还没能很好地解释其他昆虫的情况，即性别由染色体上的基因平衡决定，但它仍有可能源于染色体（基因）和细胞质间的平衡。

蜜蜂的性别决定机制还与另一项事实有关。雄性生殖细胞成熟时，第一次减数分裂失败，分出一个没有染色体的小细胞（图86）。待到第二次减数分裂时，染色体彼此分离，一半进入一个小细胞，另一半留在一个较大的细胞内。前者的小细胞将在后期退化，后者的大细胞未来将成为功能正常的精子，并包含单倍数量的染色体。精子将单倍型染色体带入卵子，受精卵随后发育为雌性个体。

纽维尔（Newell）对两种蜜蜂进行了数次杂交实验，并记录了杂种后代及孙代的情况。据称，雄性孙代表现出其中一个原始种的性状。如果两种蜜蜂的区别只是同一对染色体上两个基因的差异，那么这样的结果也在预料之中，因为这两个基因将随着减数分裂过程而分开，其中一个基因将在单倍型的成雄卵子中保留下来。然而，如果两种蜜蜂的区别在于不同对染色体上的基因，则孙代预期将不会分成对比鲜明的两个族。

工蜂（及工蚁）偶尔也会产卵。通常来说，这些卵子会发育成雄性个体，因为工蜂无法被雄蜂授精。据记载，在极罕见的情况下，工蚁产下的卵也有可能发育成有性生殖的雌性个体。之所以出现这种现象，可能是因为二倍型染色体留在了工蚁的卵子中。据称，有一种"海角蜜蜂"，其工蜂的卵子经常可以发育为雌性个体（蜂后）。我们不妨继续沿用上文提出的解释，来说明为何雌性工蚁在某些特殊条件下能产下成雌卵子。

怀廷夫妇（Whitings）研究了寄生习性的小茧蜂，进一步证实了母蜂直接将性状传给了单倍型的雄性子代。普通小茧蜂为黑眼，人工培养过程中出现了一只橙眼的雄性突变型。让这只突变型橙眼雄蜂与正常的黑眼雌蜂杂交，经过单性生殖，得到415 只黑眼雄蜂。同时，从受精卵得到 383 只黑眼雌蜂。

四只这样的 F1 代雌蜂被隔离后，经过单性生殖，得到 268 只黑眼雄蜂和 326 只橙眼雄蜂，但没有产生任何雌蜂。

另外八只这样的 F1 代雌蜂（从第一只橙眼雄蜂受精而来）与其同代雄蜂自交，得到 257 只黑眼雄蜂、239 只橙眼雄蜂及 425 只黑眼雌蜂。

第一只突变型的橙眼雄蜂与其 F1 代的雌蜂杂交，得到 221 只黑眼雄蜂、243 只橙眼雄蜂、44 只黑眼雌蜂及 59 只橙眼雌蜂。

如果假设雄蜂为单倍体，且由未受精的卵子发育而来，则上述结果的出现便在预料之中。杂种母亲的生殖细胞成熟时，橙眼基因与黑眼基因分离。因此，半数配子含有橙眼基因，半数配子含有黑眼基因。任何一对染色体上的任意一对基因，都将产生同样的结果。

怀廷夫妇也对小茧蜂进行了正反交实验，即让一只橙眼雌蜂与一只黑眼雄蜂交配。如预期的一样，其中 11 次这样的交配共产生了 183 只黑眼雌蜂和 445 只橙眼雄蜂。但还有其他 22 次这样的交配，除产生 816 只黑眼雌蜂和 889 只橙眼雄蜂外，竟然还产生了 57 只黑眼雄蜂。这些黑眼雄蜂的出现，要求我们做出另外的解释。它们显然来自那些与成雄精子结合的卵子。一种可能的解释是，单倍型精核在卵子中发育，而且至少产生了控制眼色的基因。随后，卵子的剩余部分或许从单倍型卵核那里获得了核。事实上，已有一些证据显示这种解释是正确的，因为怀廷夫妇已经证实，在这种特殊的黑眼雄蜂中，有一部分可以正常繁殖，仿佛它们全部的精子只携带了母亲的橙眼基因似的。但还有其他事实表明，对于这些特殊的黑眼雄蜂而言，上述解释未免过于简化，因为大多数这样的雄蜂没有繁殖能力，即使一些黑眼雄蜂（嵌合型雄蜂）能产生少量雌性后代，这些后代也仍是不育的。[1] 无论黑眼雄蜂的特殊情形最终适用于哪种解释，以上杂交实验的主要结果都证实了雄性是单倍体。

---

1. 1925 年，安娜·R·怀廷（Anna R. Whiting）写道："性状偏父的黑眼雄蜂，出现形态异常的概率高于普通的雄蜂和雌蜂。经过测试，性状偏父的黑眼雄蜂绝大多数不育；一些这样的黑眼雄蜂具有一定程度的生育力，可产生黑眼后代；还有少量的嵌合型黑眼雄蜂具有完全正常的生育力，可产生橙眼雌性子代。这样的橙眼雌性子代，其形态和生育力均正常。性状偏父的黑眼雄蜂，其黑眼雌性子代数量极少，且很大部分存在形态异常问题，此外还几乎完全不育。"小茧蜂当中出现的特殊黑眼雄蜂，或可解释蜜蜂中出现的一些反常情形。——作者注

单倍体的性别

1919 年，阿伦证实，地钱植物囊果苔的雌性单倍体配子细胞有一条大 X 染色体，而雄性单倍体配子细胞相应有一条小 Y 染色体。该发现使我们得以解释这种植物的配子体之间为何存在差异。类似地，马歇尔父子、维特斯坦及其他人的实验结果均证实，对于雌雄异株的苔藓植物而言，每个孢子母细胞都会产生四个孢子，其中两个孢子发育为雌性配子体，另外两个孢子发育为雄性配子体。该发现与前述阿伦有关地钱植物的研究结果一致。我们习惯将两种配子体分别称为雌性和雄性，因为它们中的一种会产生卵子细胞，而另一种会产生精子细胞。卵子受精后，下一代（即孢子体）有时据说是无性的，但有一条 X 染色体和一条 Y 染色体。

目前对苔藓及地钱植物使用的一些术语，与描述雌雄异株显花植物所用的术语造成了一些不必要的混淆。后者中，"雌""雄"两词适用于孢子体（二倍体）世代，而不适用于卵细胞（位于胚囊中，是单倍体代的一部分）和花粉粒（也是单倍体代的一部分）。乍看之下，苔藓及地钱植物中的"雌""雄"好像有不同的含义，但其实除了与系统发生相关的语义冲突外，它们在使用上并没有实质性的冲突。如果在基因层面上讨论"雌""雄"，则我们预想的困难就会消失。以地钱为例，同样是基因平衡的状态下，含有大 X 染色体的单倍型配子体将生成卵细胞，含有小 Y 染色体的单倍型配子体将生成精子细胞。

这里，卵细胞的载体为"雌性"，精子细胞的载体为"雄性"。但对雌雄异株的显花植物而言，二倍体世代的雄株有一对大小不同的染色体。二倍体世代的常染色体与两条 X 染色体达成基因平衡，将产生"雌性"（即产生卵子的个体）；二倍体世代的常染色体与一对 XY 染色体达成基因平衡，将产生"雄性"（即产生精子的个体）。无论在地钱还是显花植物中，雌雄性别都由基因组间的平衡决定。地钱类植物和显花植物可能拥有相同的基因组，也有可能只有部分基因相同，还可能拥有不同的基因组。关键点在于，无论哪种植物，基因平衡的差异可导致两种个体的产生。这两种个体称为"雌性"和"雄性"，因为它们分别产生精子和卵子。

或许有人会批评，以上说法只是在复述事实，却没有解释事实。诚然，我们以上所做的一切尝试都只是希望指出，在两类植物中，事实能够以没有明显冲突的方式被复述。对于不同的基因平衡产生两种个体的这类情形，或许我们有朝一日能够确定相关基因的数量与本质。但与此同时，我们没必要因为现状而焦虑，也确实没有什么可以驳斥近期在性别决定机制上取得的进展。

动物体的配子都是单倍体。植物体内不存在单倍体和二倍体世代交替的现象。但至少在另外两三种情形中，一种性别是二倍体，另一种性别为单倍体。例如，膜翅类及其他少数几种昆虫中，雌性为二倍体，雄性为单倍体，至少在发育初期如此。再如轮虫，雌性为二倍体，雄性为单倍体。无论以上哪种生物，都没有证据证明存在性染色体。目前，我们还不具备实验证据以解释上述关系为何存在。在获得这样的证据之前，现有的潜在理论解释并不是很有说服力。

另一方面，我们已经知道了果蝇的性别决定机制，且有实验证据证明果蝇的性别决定机制与基因平衡问题有关。布里吉斯近期的发现可谓意义重大。他发现了两只嵌合型果蝇的遗传学证据，即这两只果蝇的一部分身体是单倍体，另一部分身体是二倍体。其中一只果蝇的单倍体区域为次级性器官，即性梳（正常雄蝇有，但雌蝇没有）。另一只果蝇在单倍体的区域则完全没有性梳。换言之，单倍型染色体组由三条常染色体和一条 X 染色体构成，其预期产生的结果与六条常染色体和两条 X 染色体的结果相同。尽管嵌合型果蝇的单倍体区域仅有一条 X 染色体，但每只这样的果蝇都像正常雄性果蝇一样达到了基因平衡。只不过在正常雄性果蝇中，与两条 X 染色体起抵消作用的是六条常染色体而已。

维特斯恩报道了一则反例。借助人工手段，他使苔藓植物产生二倍型配子体。单倍型雌株的配子体细胞将发育成雌性，而单倍型雄株的配子体细胞将发育成雄性。但无论何种情况下，两者也都达到了基因平衡。显然，在这些情况下，性别决定机制与染色体数无关，而是由基因组间的相对关系或染色体彼此之间的关系所决定。

性别及其在低等植物中的定义

关于某些伞菌（或担子菌）的研究结果，使性别术语方面的问题显得尤为突出。汉娜（Hanna）最近表示："性别问题已经让真菌学家思考了 100 多年。"本萨德（Bensaude）、克尼普（Kniep）、孟恩思（Mounce）、布勒（Buller）与汉娜先后于 1918、1919—1923、1921—1922、1924 及 1925 年的研究发现，共同揭示了一种格外有趣的情况。为简化叙述，这里仅探讨汉娜近日发表的文章内容。借助某种改良的新技术，汉娜得以从伞菌的菌褶中分离出单个孢子。在粪 - 琼脂培养基中，每个孢子能长成一株菌丝体。让每株这样的单孢子菌丝体与其他菌丝体一一接触，并对它们的结合情况进行检测。结果显示，某些菌丝体可以结合，形成一种"锁状联合"（Clamp Connection）态的次级菌丝体，由此表明菌丝体存在"性别之分"。接下来，这些次级菌丝体会长成子实体。另一方面，其他的菌丝体组合不会形成前述那样处于锁状联合态的次级菌丝体，因而也一般不会长出子实体。遇到这种情况，我们认为这些菌丝体是同性的。

现在，检测来自同一地理株（即所处地理位置相同的植物）的单孢子菌丝体，结果如表 11 所示。若两个单孢子菌丝体以锁状联合的形式存在，在表中以"＋"表示。非这种状态的单孢子菌丝体，以"－"表示。如表所示，菌丝体可分为四组（属于同一组的菌丝体已被放在一起）。结果显示，白绒鬼伞（具体研究的伞菌物种）的一个子实体，其产生的孢子属于四群不同的性别。

		AB			ab				Ab		aB
		51	52	54	55	57	58	59	50	56	53
AB	51	−	−	−	+	+	+	+	−	−	−
	52	−	−	−	+	+	+	+	−	−	−
	54	−	−	−	+	+	+	+	−	−	−
ab	55	+	+	+	−	−	−	−	−	−	−
	57	+	+	+	−	−	−	−	−	−	−
	58	+	+	+	−	−	−	−	−	−	−
	59	+	+	+	−	−	−	−	−	−	−
Ab	50	−	−	−	−	−	−	−	−	−	+
	56	−	−	−	−	−	−	−	−	−	+
aB	53	−	−	−	−	−	−	−	+	+	−

表 11　白绒鬼伞同一地理株菌丝体性别情况

克尼普首次证实，上述四群性别的出现，可以用两对孟德尔遗传因子（以 Aa 和 Bb 表示）来解释。孢子在各个担子中形成时，如果两对因子发生分离，将形成四种孢子 AB、ab、Ab 和 aB，每种孢子产生的菌丝体在遗传构成上相同。如表 11 所示，只有两个因子均不同的菌丝体才会发生结合，并形成锁状联合态。也就是说，虽然菌丝体共有四种性别，但只有那些拥有不同性别因子的菌丝体方可结合。

一项细胞学证据充分印证了以上遗传学假设。单孢子菌丝体的核只存在于原生质中。两个菌丝体成功结合后，次级菌丝体有一对核。因此，我们有理由假设，这两个核分别来自不同的菌丝体。四个孢子即将开始发育时，应该会发生减数分裂，好让每个孢子最后仅含有一个核。每个孢子将产生一个减数后的新菌丝体。这个过程与更高等动植物的减数分裂过程一致，从而使这些霉菌有了与二倍染色体减数至单倍时相同的遗传结果。诚然，我们还没有证明鬼伞类及其近缘物种是"二倍 - 单倍"关系，但就目前掌握的信息来看，这种解释也不无可能。若真是如此，那么菌丝体中遗传因子的分离，与其他动植物中遗传因子的分离在本质上是相同的。

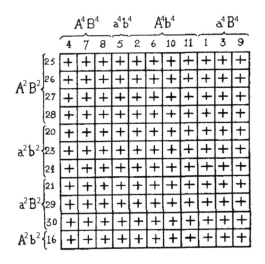

表 12　白绒鬼伞不同地理株菌丝体性别情况

　　前述关系适用于任何地点的同一个地理株。但对于不同地点的地理株而言，实验结果是非比寻常的：一个株的单孢子菌丝体与其他株的所有单孢子菌丝体均可发生结合，即在锁状联合态下产生菌丝体等。如表 12 所示，一个位于加拿大埃德蒙顿的地理株，以及一个位于加拿大温尼伯的地理株，前者一个子实体的 11 个单孢子菌丝体，与后者的 11 个单孢子菌丝体都发生了结合。无论怎样配对两个不同的地理株，都会再现同样的结果。汉娜在实验中组合了不同的白绒鬼伞地理株，一共得到 20 种性别的菌丝体。毫无疑问，参与配对的不同地理株越多，所得菌丝体的性别数量也将越大。

汉娜不仅开展了地理株杂交实验，还通过实验进一步验证了前述的遗传因子假说。不妨将不同地理株的因子视为等位基因，将一个地理株的因子表示为 Aa 和 Bb，另一个地理株的因子表示为 A^2a^2 和 B^2b^2。这两个地理株的菌丝体结合后，将产生 16 种可能的杂种组合。这些杂种的每个菌丝体都将与来自纯种的菌丝体表现出一样的行为，因为两个菌丝体仅在不携带任何相同因子的条件下方可发生锁状联合。

当我们把相关因子理解为传统意义上的性别决定因子时，就会看到大规模出现的性别现象。如果这样有利于界定雌雄性别的话，那么这里使用"性别"一词也未尝不可。我个人认为，沿用伊斯特对其烟草实验结果的解释方法来解释上文介绍的伞菌实验结果，或许更加简单。同时，我们不妨将相关因子称为"自交不育性因子"（见下文）。但无论采用怎样的描述方式，相应的解释原则上都是一样的。

哈特曼恩（Hartmann）近日发表了题为《相对性别的研究》（*Research on Relative Sexuality*）一文，介绍了一种海藻（长囊水云）的实验结果。这种海藻植物可释放出具有运动能力的游动孢子。这些孢子外观相同，但按后续行为的不同可分为"雌性"

与"雄性"两类。雌性孢子很快静止下来，雌性孢子则继续成
群游动一段时间，并围绕着一个雌性孢子（图137a）。最后，
只有其中一个雄性游动孢子与那个静止的雌性孢子融合。哈特
曼恩将亲代植株一个一个地分离出来，待每株亲代植株释放出
游动孢子后，再对所有亲代植株一起进行检测。

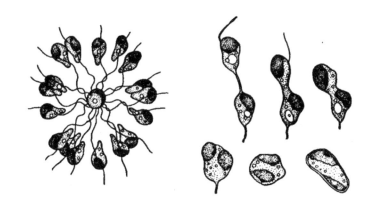

图137a 游动的雄性配子围绕着一个雌性配子（左），
一个雄性配子与一个雌性配子融合（右）（取材于
Hartmann 实验）

典型的实验结果如表13(左)所示。其中，"+"表示结合成功，
"－"表示结合失败。每种孢子都与其余各种孢子进行配对检测。
大多数情况下，一个海藻个体释放出的游动孢子，后来将持续
表现出雄性孢子或雌性孢子的行为。但在少数情况下，一些配
对组合下的游动孢子原本表现出雌性孢子的行为，但在另一些
配对组合下会转而表现出雄性孢子的行为。例如，4号孢子（表

13 左）及 13 号孢子在一些配对组合下的反应，与在另一些配对组合下的反应不同。再如，35、38 号孢子（表 13 右）在遇到其他编号的孢子时都表现为雄性孢子，但只要这两者相遇，就会分别表现为雄性和雌性孢子。哈特曼恩认为，某些海藻依据"群落"数量的多寡（即能够释放的不同孢子组合数），可分为所谓的"强雌孢子"和"弱雌孢子"。他得出结论，称"弱雌孢子"遇到"强雌孢子"时，会改为起到雄性孢子的作用；当"弱雌孢子"遇到"强雄孢子"时，则将继续起到雌性孢子的作用。至于这些关系在多大程度上受到年龄因素（如静止下来）或环境因素的影响，目前我们还未完全探明。但按照哈特曼恩的说法，他在实验期间每天都会检测那些游动孢子，因此前述关系也应当是日复一日稳定存在的，由此似乎排除了年龄或环境因素影响的可能。只可惜，哈特曼恩的实验材料不适合进行遗传学分析，因而也无从研究有关因素的真实影响。目前，我们既不能充分证明更快静止下来是判断孢子"性别"的标准，也还没有弄清"弱雌孢子"转为雄性孢子时会发生哪些变化。但毋庸置疑的是，同一植株的配子有时无法结合，这种现象似乎也属于"自交不育"及相关"杂交不孕"类别的范畴。以此作为判断性别的标准，目前看来很大程度上还只是一种个人选择或定义。就我个人而言，如果"性别"一词指的不是普通人理解的性别现象，而是指代配子的结合或不结合，那么这种用词非但无益于解决问题，反而让人更加困惑。

	3♂	4♀	5♀	7♀	11♂	13♀	14♀
3♂	−	+	+	+	−	+	+
4♀	+	−	−	−	+	+	−
5♀	+	−	−	−	+		−
7♀	+	−	−	−		+	+
11♂	−	+	+	+	−		−
13♀	+	+	−	+	+	−	+
14♀	+	−	−	−	−	+	−

	31♀	32♀	33♂	35♂	38♂	40♂
31♀	−	−	+	+	+	+
32♀	−	−	+	+	+	+
33♂	+	+	−	+	−	−
35♂	+	+	−		+	−
38♂	+	+	−	+	−	−
40♂	+	+	−	−	−	−

表 13　长囊水云游动孢子性别情况

　　由此引出的问题是：无论是白绒鬼伞的菌丝体，还是长囊水云的游动孢子，为了表达简单、避免混淆，我们能否将这些菌丝体或孢子之间的结合称为"自交不育因子"，而非"性别因子"呢？近期伊斯特围绕烟草发表的重要研究结果，针对显花植物自交不育及杂交不孕这两项经常被研究的问题，第一次奠定了坚实的遗传学基础。显花植物的这些现象，与白绒鬼伞、长囊水云的配子结合现象存在诸多相似点。同时，尽管有关过程的具体工作机制未必一模一样，我们仍然比较有信心地认为，这些过程或许有着本质上相同的遗传学和生理学背景。

　　在一篇简要的论文中，围绕两种烟草（花烟草、福尔吉特氏烟草）杂交过程中出现的自交不育遗传现象，伊斯特和曼格尔斯多夫（Mangelsdorf）综述了过去数年间的研究成果。限于篇幅，这里仅介绍最具一般性的几项研究结论。两位学者借助特殊的人工操作，把自交、不孕的植株培育成若干自交、纯合的品系，并且连续繁殖了 12 代，以获得合适的实验材料。作为示例，我们看看其中一个品系的实验结果如何。研究发现，该品系的植株包括 a、b、c 三种个体。无论哪种个体，其中的每株植物都是不育的，无法被另外两种个体的任何一棵植株授粉。但如果对这些植株进行正反交实验，子代的结果将变得不同：雌 a 与雄 c 交配，子代仅有 b、c 两种个体；而雌 c 与雄 a 交配，子代仅有 a、b 两种个体。无论哪种情形，子代总是出现数量均等的两种个体，但母本所属类型从不在子代里出现。这种现象的解释如下。假设这个品系中存在三个等位基因 S1、S2、S3，由此，a 型植株可表示为 S1S3，b 型植株可表示为 S1S2，c 型植株可表示为 S2S3。如果一棵植株的雌蕊柱头仅可刺激一种异类自交不育花粉的生长，即这种花粉带有除自身不育因子以外的不育因子，那么前述现象就总是解释得通了。例如，c 型植株（S2S3）的雌蕊柱头只能刺激不带有 S2、S3 因子的花粉生长，即只有携带 S1 因子的花粉才能通过花柱并使卵子受精。相应产生的子代将为 b 型（S1S2）和 a 型（S1S3），且两者数量相等。反过来，让 a 型雌株（S1S3）与 c 型雄株（S2S3）交配，只有携带 S2 因子的花粉方可通过花柱并使卵子受精，由此产生 b 型（S1S2）和 c 型（S2S3）子代。以上结果虽然仅涉及一个烟草品系，却能代表其他各个品系的典型结果。我们因此得以解释为何正反交实验的结果会如此不同，并解释为何父本无论是其他两种类型中的哪一种，子代中始终不出现母本所属的类型，以及为何两种类型的子代数量总是均等。

有若干种方法可以检验上述假说的正确性。已经有人做了这些检验，并确认假说内容属实。这些检测是精心设计的遗传学实验，得出了令人信服的分析结果。面对一个困扰了生殖学家至少75年的问题，该分析结果为解决这个问题做出了首屈一指的贡献。但它并不只是敏锐的遗传学分析，还使我们因此了解到单倍型花粉管与二倍型雌蕊组织间的生理学反应。直接观察结果显示，雌蕊组织中的花粉管实际上有着不同的生长速率。这种关系的本质暂且不明，但我们可以合理推测它是化学性的。或许，相同或类似的化学反应，连同其遗传学基础，正好能解释我们在低等植物上观察到的、遗传构造不同的菌丝体联合时的自交不育性现象。如果这种说法成立，那么遗传学问题将主要与自交不育因子有关，而这些因子又可能是符合孟德尔遗传定律的基因。从传统意义上说，性别因子至少适用于有性别之分或两性存在躯体差异的雌雄异体生物。硬要把那些自交不育因子说成是性别因子，似乎没有多大的价值。诚然，在雌雄异体生物中，两性差异的表现之一的确是分别产生以彼此结合为主要功能的卵子和精子，但正如普遍理解的那样，这样的功能比起那些与雌雄个体体质相关的功能来说，并没有那么突出。

第 16 章　雌雄间性

近年来，有性别之分的物种中出现了一些令人好奇的个体。它们在不同程度上集雌性与雄性性状于一身。当前，这些雌雄间性个体最主要有四个来源：（a）性染色体与其余染色体之比发生变化；（b）与染色体数变化无明显关联的基因变化；（c）野生型杂交导致的变化；（d）环境变化。

三倍体果蝇中的间性体

三倍体雌性果蝇的一些后代，是最早被观察到的间性体。这类雌蝇的卵子成熟时，其中的染色体呈不规则分布。极体释出后，卵子内剩下不同数量的染色体。一只这样的雌蝇与一只正常雄蝇交配，其中雄蝇的精子携带一组染色体，两者的后代将有好几种（图138）。我们有理由认为，许多卵子之所以完全不发育，是因为它们缺少合适的染色体组合，因而无法产生新个体。但在幸存下来的卵子中，有一些是三倍体，更多的是二倍体（正常型），还有少量是间性体。这些间性体（图139）有三组常染色体与两条性染色体（图138），用公式可表示为 $3a + 2X$（或 $3a + 2X + Y$）。因此，尽管间性体与正常雌蝇的染色体数相同，但间性体还有一组额外的正常染色体。照此来看，性别显然不是由实际存在的 X 染色体数量决定的，而是由 X 染色体与其他染色体的数量比决定的。

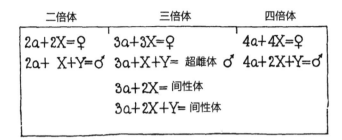

图 138　正常二倍体、三倍体、四倍体及间性体黑腹果蝇的染色体构成示意图。其中,四倍体雄蝇（4a+2X+Y）仅为假设。除上述几种类型外,三倍体雌蝇还可能产生超雌体（2a+3X）（取材于 Bridges 实验）

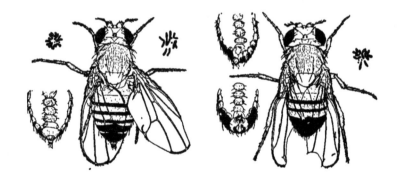

图 139　左为雌蝇间性体上面和下面观。其染色体组包含 2 条 X 染色体,以及更大的常染色体（第二、第三染色体）各 3 条,且通常还有较小的第四染色体（这里有 2 条）。右为雄蝇间性体上面和下面观。其染色体组包含 2 条 X 染色体,第二、三染色体各 3 条,且通常仅有 2 条第四染色体（这里有 3 条）

布里吉斯从上述异乎寻常的染色体关系中得出结论:性别

是由 X 染色体与其他染色体之间的平衡决定的。X 染色体或许更应被想象成一种包含更多促雌基因的载体，其余的染色体则更多地承载着促雄基因。正常雌蝇（2a+2X）体内，两条 X 染色体的存在使个体朝偏向雌性的方向发展。正常雄蝇体内仅有一条 X 染色体，这种染色体的平衡情况使个体朝偏向雄性的方向发展。三倍体（3a+3X）和四倍体（4a+4X）雌蝇与正常雌蝇具有相同的染色体平衡情况，因此性状几乎一模一样。四倍体雄蝇（4a+2X+Y）目前还未从实验中获得，但预期将与正常雄蝇相似，因为两者的染色体平衡情况相同。

上述有关三倍体果蝇的证据没能给出性别决定基因出现频率的具体信息。如果我们将染色体与基因视为同等事物，那么想必基因也参与了性别决定过程。但有关证据并未显示这一过程的细节。即使基因的确参与其中，我们也不知道参与的究竟是 X 染色体上一个雌性基因，还是数百个这样的基因。同理，有关证据也没有告诉我们雄性基因（如果有的话）是否存在于所有染色体中，还是仅存在于一对染色体中。

但有朝一日，我们有望通过两种方式发现性别决定基因的存在。一是 X 染色体可能变得碎片化，由此揭示出性别决定基因的具体所在位置。二是 X 染色体可能发生基因突变。既然其他基因可以突变，我们也有理由怀疑性别决定基因同样可能发生突变。但无论如何，以上两种方式可行的前提，都是性别决定基因真的存在。

事实上，果蝇第二染色体的一次突变，的确引发了某个间性体的出现。1920 年，斯特蒂文特在研究中发现，造成这个间性体出现的原因正是第二染色体上的基因突变。原先的雌性个体由此成了一个间性体。无奈，这项证据仍未证实受影响的是否只有一个基因。

　　显然，从上述内容来看，尽管我们可以用基因的概念来解读性别决定机制，却没有直接证据可以证明存在特定的促雄或促雌基因。或许这样的基因真的存在，也有可能性别实际上由所有基因的整体数量平衡决定。但既然已知不同基因产生的影响显著不同，因此我个人认为，似乎有可能存在某些基因，它们就是比其他基因更能影响性别的走向。

舞毒蛾中的间性体

　　古德施密特广泛开展了一系列十分有趣且重要的实验，探索不同种舞毒蛾杂交过程中出现的间性体。

　　一只常见的欧洲舞毒蛾雌性个体与一只日本舞毒蛾雄性个体杂交（图 140a、b），产生同等数量的雌雄后代。反过来，让一只欧洲舞毒蛾雄性个体与一只日本舞毒蛾雌性个体杂交，产生的雄性后代全部正常，但雌性后代全为间性体，或者可以说是像雄性的雌性（图 140c、d）。

　　后来，古德施密特对几种欧洲舞毒蛾和几种日本舞毒蛾进行了精心设计的杂交实验，还让不同种的日本舞毒蛾之间进行了杂交。实验结果可以从两个系列加以解读。第一个系列中，雌蛾最终都变为雄蛾；第二个系列中，雄蛾最终都变为雌蛾。前者发生的这种变化被称为"雌间性"，后者称"雄间性"。接下来，我们不会回顾古德施密特漫长的实验过程，而是以尽可能简要的表述，回顾他的理论推导过程。

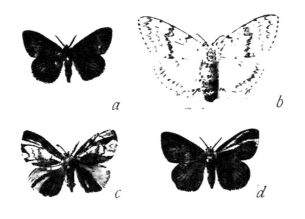

图 140　a、b. 舞毒蛾的雄性与雌性个体；c、d. 两个间性体（取材于 Goldschmidt 实验）

古德施密特以"MM"表示雄蛾，以"Mn"表示雌蛾，即本书前文介绍的禽类型（WZ—ZZ）性别决定机制。但除此之外，古德施密特还新增了一组性别决定因子。他起初将这组因子称为"FF"，从字面意思上可见对雌性的指代性。与孟德尔因子的普遍行为一样，雄性因子应该也会发生分离。但 FF 因子并不会发生分离，而是仅通过卵子传给下一代。古德施密特一开始认为 FF 因子应该存在于细胞质中，但他后期倾向于认为 FF 因子位于 W 染色体上。

通过为 M 和 FF 因子赋予相应的数值（m 因子无赋值），古德施密特建立起一套方法，以展示正向杂交实验为何会产生均等数量的雄性与雌性后代，以及反向杂交实验又为何会产生间性体。

借助同样的方式，古德施密特为其他每个杂交实验中涉及的各个因子字母都赋予了合适的数值，由此得出大致稳定的实验结果。

在我个人看来，古德施密特的方法有一项独特之处：不是为各个因子赋值（因为赋值这一行为未免有武断之嫌），而是它表明实验结果只能用一项假设来解释，即促雄因子要么在细胞质中，要么在 W 染色体上。在这方面，古德施密特的观点有别于布里吉斯在三倍体果蝇身上发现的情况。在三倍体果蝇实验中，X 染色体与常染色体起着反向的影响。

近期（1923 年），古德施密特报道了几则在他看来能证明雌性因子位于 W 染色体上的异常情形，其中一则涉及某个族间杂交实验。实验中，因为"不分离"（Non-disjunction）现象的出现，一个雌性个体从父亲那里获得一条 W 染色体（在古德施密特的公式中表示为 Y），并从母亲那里获得一条 Z 染色体。这种情况与这些染色体的正常传递方式恰好相反。相关遗传结果表明，促雌因子与 W 染色体同在。这项证据在逻辑推演上看似令人满意，但另一方面，唐卡斯特（Doncaster）与塞勒都报道了几则有关雌蛾 W 染色体有时缺失的异常情形。这些雌蛾在各方面均为正常雌性，且能正常繁育后代。[1]在古德施密特看来，如果雌性因子真的在 W 染色体上，那么这些蛾子照理来讲不可能是雌性。

在结束讨论古德施密特的理论前，我们还得提及他对间性体嵌合性状的有趣解释。间性体由雌性部分与雄性部分共同构成——仿佛各个部分拼合起来似的。对此，古德施密特认为，间性体之所以会这样，源于其胚胎发育期间雄性和雌性部分的起始时间不同。换句话说，在蛾子的杂种间性体内，性别因子以某些组合存在，使胚胎刚开始时为雄性。胚胎首先发育的器官因此与雄性相关。随着时间的推移，雌性因子逐渐占据上风，压制了雄性因子。因此，发育后期的胚胎与雌性相关。就这样，间性体最终才出现了嵌合性状。

在反交实验中，胚胎刚开始在雌性因子的影响下发育，因此首先发育的部分与雌性相关。到了后期，随着雄性因子逐渐占据上风，压制了雌性因子及其造成的雌性生长趋势，胚胎才开始发育雄性器官。

整体而言，古德施密特把基因视为酶，尽管他有时也承认酶可能是基因的产物。后者这样的观点，似乎与基因的本质更加契合。除非我们能够确定所有基因一直活跃，或是所有或部

1. 正常雌蛾与雄蛾体内均有 56 条染色体。对于雌蛾而言，其中一条染色体很可能是 W 染色体。这一点从唐卡斯特的研究发现中可见一斑：某个品系的雌蛾仅有 55 条染色体。一条染色体的缺失（或许就是 W 染色体），对于雌蛾的性状没有造成明显影响。由于缺失一条染色体的总是雌蛾，因此我们才推断那条缺失的染色体很有可能其实是一条性染色体，而非常染色体。——作者注

分基因仅在胚胎经历某些发育阶段时才会变得活跃，否则我们目前只能猜测究竟发生了什么。

雄化雌犊

　　人类很久以前就知道，双胞胎牛犊出生时，其中一只为正常雄性，另一只为"雌性"且通常不育，即所谓的"雄化雌犊"。"雄化雌犊"一般有着雌性的外生殖器，或比起雄性的外生殖器更偏向于雌性，但它们的性腺又与雄性的睾丸更加类似。1911 年，坦德勒（Tandler）与凯勒（Keller）发现，双胞胎牛犊（其中一只为"雄化雌犊"）由两个卵子发育而来。1917 年，利里（Lillie）确证了这一事实。坦德勒与凯勒还证实，在母牛的子宫内，两个牛犊胚胎之间通过绒毛膜建立了血管上的联系（图 141）。1918 年，玛格努森（Magnussen）描述了大量不同年龄段的"雄化雌犊"，并且通过组织学研究证实，年龄越大的"雄化雌犊"，其睾丸状器官的发育程度越高，即睾丸标志性的管状结构（包括管网、精索及附睾）越完整。查平（Chapin）与维里尔（Willier）相继于 1917、1921 年证实了上述观察发现。尤其是维里尔，还详细描述了"未分化阶段"的卵巢向睾丸状结构的转变过程。

　　玛格努森（此人误以为"雄化雌犊"本质上是雄性）发现，"雄化雌犊"的"睾丸"中没有精子。他认为，这一现象出现的原因是"雄化雌犊"的睾丸滞留于腹腔内，即所谓的隐睾症。我们已经知道，一些哺乳动物的雄性发育成熟时，其睾丸正常

情况下会掉入阴囊中。否则，睾丸滞留在腹腔内，将无法产生
精子细胞。可即便如此，早期发育的胚胎仍可生成生殖细胞。
但据维里尔描述，"雄化雌犊"所谓的"睾丸"中，连原始的
生殖细胞也没有。

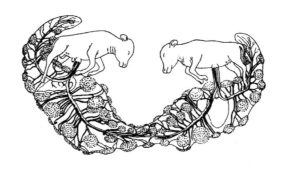

图 141 两个胎盘连通的牛犊胚胎，其中一个将发育成
"雄化雌犊"（取材于 Lillie 实验）

　　利里认为，"雄化雌犊"的本质是性腺已经睾丸化的雌性。
维里尔的研究发现充分佐证了利里的这一结论，甚至到了几乎
无可辩驳的程度。但至于"雄化雌犊"效应是雄性血液构成的
结果，还是如利里本人认为的那样，是血液中睾丸激素的作用，
都还有待商榷。毕竟，目前还没有证据可以证明，雄性胚胎性
腺产生的任何特定物质能够促使幼龄卵巢出现"雄化雌犊"现
象。由于雄性胚胎的所有组织都有雄性组合的染色体，因此其
血液也可能有着与雌性不同的化学构成，从而影响性腺的发育。
我们通常认为，幼龄性腺同时拥有卵巢和睾丸的原基，或正如
维里尔所言，"雄化雌犊"性腺内发育出来的每个雄性结构原基，

在性别分化时就已存在于卵巢之中。上述观察中最显著的事实是，"雄化雌犊"体内没有雄性生殖细胞。其双胞胎雄性兄弟的血液，虽然可能造成一定的影响，却并没有促使原始卵细胞转变为生精细胞。

包括人类在内的哺乳动物，也经常出现同一个体存在雌雄两性器官的现象。这样的个体以前被称为"阴阳人"，但现在有时被称为"间性体"或"雄化雌犊"。促成这类个体的条件暂时不明。克鲁（Crew）报道了 25 则山羊的例子，以及 7 则猪的例子。[1] 他认为，它们都只是变种的雄性，因为它们体内都有睾丸。巴克尔（Baker）近期报道称，雌雄间性的猪竟然在新赫布里底的一些岛上十分常见。他写道："你可以在几乎每个小村庄里找到它们。"在巴克尔报道的一些例子中，这种性畸形的趋势仅在雄性之间遗传。巴克尔于是认为，这样的雌雄间性猪或许是转化了的雌性。[2]

---

1. 更早的时候，皮克（Pick）等人就已对这类个体有过描述，包括 2 匹马、1 只绵羊及 1 头牛的例子。——作者注

2. 普朗格（Prange）介绍了四只雌雄间性山羊的例子。它们有着雌性的外生殖器，但乳房发育不全。无论在性行为还是毛色方面，均与雄性相同。它们的体内同时存在着雄性和雌性的管道，但性腺都是睾丸。哈尔曼（Harman）女士描述了一只"雌雄同体"的猫，其身体左侧有睾丸，右则有卵精巢。左侧的生殖系统与正常雄性无异，但是右侧的生殖系统与雌性相似，只不过输卵管的大小等方面不太符合常规。——作者注

CHAPTER

17

第 17 章　性反转

早期有关性别决定的文献总是秉持这样一种观念，即胚胎的性别由其所在的环境条件决定。换句话说，幼龄胚胎没有性别，或者说是中性的，其命运由环境决定。此处，我们没必要再次回顾这种观念产生的历史证据，因为事实已经证明，所有这些证据都在某一方面有缺陷。

近年来出现了一些关于"性反转"现象的讨论。性反转，顾名思义，指的是一个原本已被定性为雄性的个体又变成了雌性，反之亦然。有人认为，如果能证实这种现象真能发生，那么遗传学上对于性别的解释就将变得不可信，甚至可以因此被推翻。不言而喻，性别理论主张性别由性染色体或基因决定，但这并没有否认其他因素同样可影响个体发育，进而改变或甚至扭转正常情况下的基因平衡。如果不能理解这一点，就不能透彻掌握基因论的基本观念；因为基因论仅仅假设，在某个环境下存在的基因，才会造成这样或那样的效应。

身处某个异常环境中，即使一个遗传学意义上的雄性变为雌性（或雌性变为雄性），也没有什么好惊讶的。这就好比一个个体可能在某个发育阶段表现出雄性的功能，却在后期改为表现出雌性的功能。但我们要解决的完全是一个事实性的问题，即是否有证据能够证明，拥有雄性遗传构成的个体将在一组不同条件下转变为功能正常的雌性，或反之。近年来，已经出现了几则这样的例子，值得我们进一步不带偏见地展开细致剖析。

环境变化

1886 年，贾尔德（Giard）证实，当雄蟹被其他甲壳动物（如蟹奴、蛞蟹奴）寄生时，将发育出类似于雌蟹的性状。图 142a 展示的是一只成年雄蟹及其大型螯足；a′ 为这只雄蟹腹底的仰面观，图中还可见其交配附器。b 展示的是一只成年雌蟹及其小型螯足；b′ 为这只雌蟹的腹部底面，以及其负责承载卵子的附器（分叉刺毛）。c 展示的是一只发育早期就被寄生的雄蟹，螯足小，与雌性蟹钳类似；腹部广阔，同样类似于雌性。c′ 是被寄生雄蟹的腹部底面，同样可见类似于雌性的分叉附器。

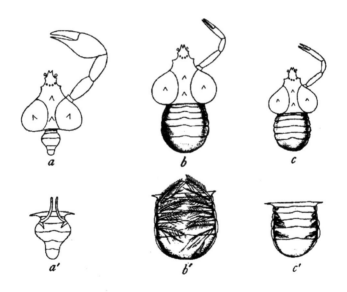

图 142　蛛蟹：a. 正常雄蟹；a′. 正常雄蟹腹部仰面观；
b. 正常雌蟹；b′. 正常雌蟹腹部仰面观；c. 被寄生的雄蟹；
c′. 寄生雄蟹腹部仰面观（取材于 Geoffery Smith 实验）

寄生动物将长长的根状突起插进作为宿主的蟹体，靠吸食宿主体内的汁液为生，或许反过来还会在宿主体内建立起某些生理过程。宿主的精巢起先不受影响，但后来会发生退化。至少在一则例子中，杰弗里·史密斯（Geoffery Smith）发现，寄生动物从宿主脱落后，宿主退化的精巢中有大型生殖细胞正在发育。对于这些细胞，史密斯认为是卵子。

至于蟹体内发生的上述变化究竟是因为宿主的精巢被吸收掉了，还是宿主本身受到了更直接的影响，贾尔德并没有做出定论。但他提出了一些与血脂有关的证据，并通过论证赞同这样一种观点：蟹体内之所以会发生上述变化，是因为寄生动物对宿主造成了一些生理效应。但目前尚无证据证明，寄生甲壳动物一旦破坏宿主性腺，将影响宿主的第二性征。

有人已经证实，移除昆虫的精巢或卵巢后，并不会改变昆虫的第二性征。正因如此，科恩豪瑟（Kornhauser）此前描述的一则例子才显得尤为重要。1919年，他在一种昆虫（角蝉）身上发现，这种虫子被常足螯蜂寄生后，雄虫表现出了雌性的第二性征，或至少没能成功表现出雄性的第二性征。

尽管大多数十足类甲壳动物有雌雄两性之分，但仍有少数几种这类动物的一种或两种性别体内同时存在卵巢和精巢。同时，还有少量动物的幼龄雄性精巢中存在较大的类卵子细胞。几种小龙虾也被人发现存在间性体，但目前还未完全探明它们当中是否存在性反转现象。[1]

虽然几位学者（Kuttner、Agar、Banta 等）都已观察到水蚤及其近缘物种的中间体例子，但目前还没人发现彻底的性反转体。近期，塞克斯通（Sexton）与赫胥黎（Huxley）报道称，在钩虾中发现了一些所谓的"雌间性体"。它们"成熟后与雌性大致相同，但会逐渐变得越来越像雄性"。

大多数藤壶是雌雄同体。但在某些属中，除了固定的大型雌雄同体类型外，还存在小型的雄性起补充作用。另有少数其他几个物种，只有固定的雌性个体和补充性的雄性个体。固定个体一般是真正的雌性，但杰弗里·史密斯提出，如果一条自由游动的幼虫变得固定，它将长出完整的个头，超越雄性阶段，并最终发育成一个雌性。但如果一条自由游动的幼虫附于雌性个体上，它将发育到雄性阶段为止。由此看来，一个潜力个体究竟是发育成雌性，还是将止步于雄性发育阶段，似乎是由环境决定的。

最后一个例子与巴尔茨（Baltzer）描述的后蟥的例子相似。一条自由游动的后蟥幼虫，如果附于雌性的管状长嘴上，将保持极小的个头并发育出精巢。但如果这样一条自由游动的幼虫独立发育，将长成个头较大的雌性。虽然这项证据无法完全排除一种可能，即有两种个体分别朝相反的方向分化，但巴尔茨给出的解释似乎很有可能。

---

1. 相关文献见 Faxon, Hay, Ortman, Andrews, Turner。

如果上述关于藤壶与后螠的解释属实，就意味着这些生物的性别由环境条件决定。从基因层面上讲，所有个体都是相同的。[1]

与年龄相关的性别转变

动植物中，个体由起初的雄性转变为后来的雌性，或由起初的雌性转变为后来的雄性，这种例子对于生物学家来说并不陌生。某些性反转例子真正的特殊性在于，一些生物的性别最早由其染色体构成决定，但据说在极少见的情况下，这些生物能在不改变染色体构成的条件下转变性别。

南森（Nansen）与康宁汉姆（Cunningham）称，盲鳗幼时为雄性，后来才变成雌性。但施莱纳（Schreiners）的后续观察结果显示，尽管幼时的盲鳗的确为雌雄同体（其性腺前端为精巢、后端为卵巢），却没有真正行使雌雄同体的机能。发育后期，每条盲鳗必然会向雌性或雄性分化。

剑尾鱼（一种观赏鱼）的饲养者们多次报道，雌鱼会变成雄鱼。遗憾的是，尽管至少有一例报道称在变性而来的雌鱼体内发现了成熟精子，但关于这样的雌鱼会产生怎样性别的后代，目前还未见描述。近期，艾森伯格（Essenberg）研究了剑尾鱼

---

1. 据古尔德（Gould）称，东方白舟螺的幼螺若在靠近雌性的地方定居，将首先发育成雄性，并永远保持这种状态；但如果幼螺在远离大型个体的地方定居，则将无法发育出精巢，并将在后期发育成雌性。——作者注

幼鱼的性腺发育情况。他发现，幼鱼刚出生时，体长仅 8 毫米，其性腺处于"未分化期"，腺体内包含两种源自腹膜的细胞。待幼鱼长到 10 毫米时，性别开始变得分明：雌性体内，原始生殖细胞逐渐变为幼龄的卵子；雄性体内，腹膜细胞分化为真正的生殖细胞（即精子细胞）。幼鱼继续生长至介于 10～26 毫米之间，此时仍未成熟。这段时期内，艾森伯格记录了 74 条雌鱼和 36 条雄鱼的发育情况。雌鱼中包括一些退化型，即正处于由"雌性"变为"雄性"过程中的雌鱼。从贝拉米（Bellamy）的记录来看，成鱼的雄、雌性别比为 75:25。雌鱼向雄鱼的转变最常发生于鱼体长 16～27 毫米的阶段，但也可见于更后期的发育阶段。这样，从数据看来，大约有一半的"雌鱼"变成了雄鱼。不过，这种说法并不意味着原本功能正常的雌鱼真的变成了雄鱼，而是说半数"雌性"幼鱼因为有卵巢而被视为雌性，只不过卵巢后来变成了精巢而已。1926 年，哈姆斯（Harms）在剑尾鱼中观察到，一些老年雌鱼失去生育力后会转变为功能正常的雄鱼。这种转性的老年雌鱼，作为雄鱼时仅可产生雌性后代。这表明，如果这种鱼是同型配子，那么其所有功能正常的精子都带有 X 染色体。

最近，云克（Junker）描述了一则关于石蝇的奇怪发现。雄性幼蝇（图 143）在某个发育阶段时体内有卵巢，其中有发育不全的卵子（图 143）。雄蝇携带一条 X 染色体和一条 Y 染色体，雌蝇有两条 X 染色体（图 144）。成年后，雄蝇体内原本存在的卵巢消失，精巢开始产生正常的精子。从这个例子中我们必然可以推断出，雄蝇在幼年阶段虽然缺少一条 X 染色体，却不足以抑制卵巢发育。成年后，其染色体构成发挥作用，使之变为真正的雄性。

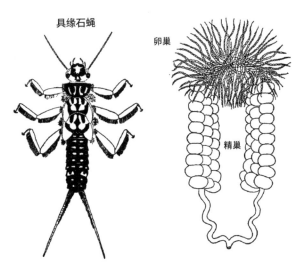

图 143 具缘石蝇（左）及其雄性幼蝇的卵巢和精巢（右）（取材于 Junker 实验）

蛙类的性别与性反转现象

自弗吕格(Pfluger)于1881—1882 年间开展的研究工作以来，我们已经知道幼蛙具有奇特的性别比，以及性腺在蝌蚪到蛙的变态期间往往呈现中间态。至于这种中间态个体应该被划分为雄性还是雌性，已经引发了诸多争议。近年来，已经有人证实，中间态个体往往发育成雄性，且据称许多物种的雄性均会经历这样一个中间态阶段。

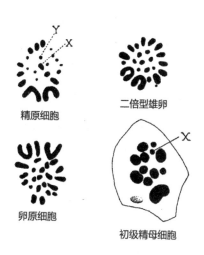

图 144　具缘石蝇精原细胞、卵原细胞和二倍型雄卵的染色体组（取材于 Junker 实验）

理查德·赫特维希（Richard Hertwig）的实验结果显示，如果推迟蛙卵的受精过程，将极大提高后代中的雄性占比。极端情况下，所有后代都成了雄性。有人尝试用染色体变化来解释推迟受精造成雄性占比高的情形，但这样的尝试并不成功。

进一步研究证实，早期实验结果忽略了这样一个事实：不同种类的蛙，其精巢和卵巢的发育情况也不同。维茨基（Witschi）证实，林蛙（一种生活在欧洲的草蛙）一般有两种。其中一种林蛙，主要分布于欧洲的山区及极北部地区，其性腺在发育初期就会分化成精巢或卵巢。还有另一种林蛙，它们栖居于欧洲的山谷和中部地区。对于这种林蛙而言，凡是后来发育为雄性的个体，其性腺发育都会经历一个中间态。在此期间，性腺内有大细胞，被认为是未成熟的卵子。这些细胞后来被一组新的生殖细胞取代，而这些生殖细胞未来将发育成真正的精子。因此，这种林蛙又被称为"未分化种"。

斯温格（Swingle）也发现，美洲牛蛙在广义上可分为两种，其中一种的性腺在发育初期就会分化成精巢或卵巢。但对另一种而言，性腺的分化时间更晚。雌蛙早期性腺中的较大细胞后来会变为真正的卵子。但当雌蛙分化出来以后，雄蛙的早期性腺仍会继续维持现状一段时间，其中的较大细胞可分化为精原细胞，但大多数精原细胞会被吸收掉。剩下一些未分化的较大细胞会变为真正的精子细胞。在斯温格看来，雄蛙早期性腺中的较大细胞并非卵子，而是精母细胞。他表示，这些较大细胞会经历一次失败的减数分裂，接着大多数细胞随之崩解。换言之，雄蛙并不会经历一段雌蛙期，而只是在第一次尝试形成精子时失败而已。后期，雄蛙会成功进行第二次乃至更多次的减数分裂。

无论怎样解释雄蛙早期性腺中的大细胞，当前讨论的重点是：外部或内部条件是否会影响潜在雌蛙的早期性腺，使之产生功能正常的精子细胞？就维茨基关于"未分化种"林蛙的证据来看，上述问题的答案是肯定的。

维茨基汇总了德国及瑞士不同地区观察者报道的林蛙性别比，如下表（表14）所示。右列表示雌性数量占总数的百分比。例如，"50%"表示雌雄数量比为1:1。由图可知，头两组（组

组	地区	作者	被检查的动物数量	雌性百分比
I	乌尔斯普元塔尔 Ursprungtal（Bayr. Alpen）	维茨基（1914 b）	490	50
	赛尔提塔 Sertigtal,Davos（Rätische Alpen）	维茨基（1923 b）	814	50
	斯皮塔尔（布顿）Spitalboden(Grimsel,Berneralpen)	维茨基	46*	52
	里加 Riga	维茨基	272	44.5
	哥尼斯堡 Königsberg	弗吕格（1882）	370	51.5
			500*	53
II	埃尔萨斯 Elsass(Mm)	维茨基	424	51
	柏林 Berlin	维茨基	471	52
	波恩 Bonn	维茨基	290	43
	波恩 Bonn	格里谢姆与弗吕格 (1881-1882)	806	64
			668*	64
	威塞尔 Wesel	格里谢姆（1881）	245*	62.5
	罗斯托克 Rostock	维茨基	405	59
III	格拉洛斯 Glarus	弗吕格（1882）	58	78
IV	洛赫豪森（慕尼黑）Lochhausen(München)	维茨基（1914 b）	221	83
	多尔芬（慕尼黑）Dorfen(München)	施密特（1908）	925*	85
	乌德勒支 Utrecht	弗吕格（1882）	780	87
			459*	87
V	弗里堡（在巴登）Fireburg(in Baden)	维茨基（1923a）	276	83
	布勒斯劳 Breslau	波恩（1881）	1272	95
	布勒斯劳 Breslau	维茨基	213	95
	埃尔萨斯 Elsass(r)	维茨基	237	100
	依尔琴（豪森）Irschenhansen(Isartal südl.München)	维茨基（1914）	241	100
		总计	10，483	

表 14　不同地区各种林蛙在变态期后不久（最多两个月）内的雌雄后代性别比（带 * 号的林蛙在野外捕获）

I、组 II）中的性别比约为 1:1，而最后三组（组 III、组 IV、组
V）中的雌性数量占比更高，有的地区一对雌蛙和雄蛙所生后代
中的雌性比例甚至可高达 100%。这些雌蛙都属于"未分化种"。

维茨基最重要的发现，与"分化种"和"未分化种"之间
的差异遗传有关。赫特维希让分化种与未分化种的雌蛙与雄蛙
进行杂交，所得结果如下：

（1）雌（未分化种）× 雄（分化种）= 69 雌（未分化种）+ 54 雄

（2）雌（分化种）× 雄（未分化种）= 34 雌 + 52 雄

（1）中，雌性子代均为未分化种。（2）中，雌性子代的
性腺在发育早期就已分化。维茨基于是得出结论：比起未分化
种的卵子，分化种的卵子具有更强的雌性决定作用。

在另一项实验中，赫特维希让"雌性决定能力"（Kraft）
强弱不同的未分化种进行杂交。维茨基的结论是，无论是弱卵
子与强精子结合，还是强卵子与弱精子结合，两种情况下的后
代遗传情况一致。他表示："同一类型的卵子或成雌精子，具
有相同的遗传构成。"

人们在蛙的染色体构成问题上已经争论了好几年。争议点
不仅事关蛙类究竟有多少条染色体，还事关雄性或雌性是否有
二性配子。从若干种蛙的数据来看，蛙类最可能有 26 条染色体
（n=13）。不过，也出现了其他染色体数的报道，如 24、25 或
28 条。根据维茨基最近的计算，林蛙体内有 26 条染色体，其中
雄蛙体内有一对大小不同的 XY 染色体（图 145）。若情况属实，
则雌蛙体内有一对 XX 染色体（同型配子），雄性体内有一对

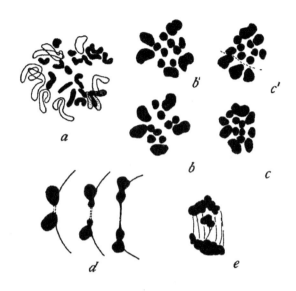

图 145　林蛙的染色体组情况：a. 二倍体雄性的染色体组；
b、b′. 精母细胞第一次分裂后期的赤道板，每个细胞均可
见 13 条染色体；c、c′. 同前；d. 精母细胞第一次分裂时，
XY 染色体的分离；e. 精母细胞第二次分裂时，XY 染色体的
分离（取材于 Witschi 实验）

XY 染色体（异型配子）。

　　弗吕格、赫特维希及此后的库萨克维奇（Kuschakewitsch）
相继于 1882、1905 和 1910 年证实，过于成熟的卵子将明显发
育成更多的雄性个体。不过，由于这些实验没有用同一个雄性
让同样的几组卵子受精，因此实验结果的可靠性还有待商榷。
赫特维希本人指出，低温和过熟对卵子产生的效果存在诸多相
似之处。例如，两种情况下都会有许多畸胎产生。维茨基已经
证实了赫特维希（在德国伊申豪森地区）取得的实验成果。过

熟大约 80 ～ 100 小时的卵子，发育的结果是 74 条雄性、21 条雌性及 20 条未分化蝌蚪。[1]

理查德·赫特维希比较了正常受精卵子与延迟受精卵子（间隔 67 小时）发育结果的性别比，得出的结果如下。由正常受精卵而来的 49 日龄幼虫（变态前），全部发育成 46 个未分化雌性；由延迟受精卵而来的同龄幼虫，发育成 38 个未分化雌性与 39 个未分化雄性。大约 150 日龄的正常蛙中，一些是性腺分化了的雌性，另一些是性腺未分化的雌性，还有一些是雄性（数量不详）；由延迟受精卵而来的同龄蛙中，共有 45 个未分化雌性和 313 个雄性。对于一岁大的蛙而言，正常受精的情况下产生了 6 个雌性和 1 个雄性，延迟受精的情况下则产生了 1 个雌性和 7 个雄性。由此看来，卵子过熟似乎会加速其向雄性分化的进程，并会促使未分化个体（这里被归为未分化雌性）转化为雄性。

至于过熟为何会对卵子造成这样的结果，目前仍然没有明确的解释。从表面上来看，上述结果似乎显示，正常情况下本该发育为雌性的受精卵，因为过熟而改为发育成雄性。到目前为止，还没有人对上述方法所获个体的精母细胞进行遗传学检测，因而也无从知晓这些精母细胞在性别决定方面有哪些特性。从理论上讲，这些精母细胞应该为同型配子。但在自然条件下，这类个体似乎难以生存并发挥正常机能，否则过熟的情形也不

---

1. 蝌蚪死亡率为 20%，幼蛙死亡率为 35%。——作者注

至于如此罕见。不然，我们为何几乎从未见过正常雄性产生100%的雌性呢？维茨基曾指出，过熟的卵子会经历一种非常规分裂，他检测过的少数胚胎中还存在内部缺陷。但至于这些缺陷与雌性向雄性的转变之间有着怎样的关联性，目前我们还不得而知。

以下证据来自维茨基在 1914—1915 年间开展的若干实验。这些证据证明，有着未分化性腺或雌雄同体幼龄性腺的个体，确实有可能在外部条件的作用下变为雌性。

乌尔施普隆地区的蝌蚪可能是一个未分化的族，在 10 摄氏度的温度条件下发育成 23 个雄性和 44 个雌性，15 摄氏度时发育成 131 个雄性和 140 个雌性，21 摄氏度时发育成 115 个雄性和 104 个雌性。显然，该族蝌蚪的性别分化不受气温影响。

另一方面，在 20 摄氏度的饲养条件下，伊申豪森地区的蝌蚪发育成 241 个未分化雌性。但在 10 摄氏度的条件下，六批这一族的蝌蚪发育成 25 个雄性和 438 个雌性。基于以上观察结果，维茨基得出结论：低温是一项雄性决定因素，但同样应当注意的是，许多这些所谓的雌性最后都发育成了雄蛙。后来，维茨基对以上实验结果做了进一步阐述。他表示："低温使雄性变成了雌性先熟的雌雄同体幼龄个体，这对未分化族而言通常可以说是一种正常现象。"

因此，这里可能并不涉及其他因素，似乎只是真正的雄性状态推迟出现了而已。

根据目前能掌握的证据，我们或许可以得出一个暂时性的结论：正常情况下会发育成雌性的未分化族个体，其中半数个体的生殖细胞有可能在外界作用下变成精子细胞，或被另一来源的细胞取代，而这种细胞最终仍将变成精子细胞。换言之，正常情况下足以使蛙类发育为雄性或雌性的基因平衡状态，可能会被环境因素所"凌驾"。此时，一个在基因平衡下本该成为雌性的个体，体内却有精巢开始发育。再换句话说，这或许意味着每只蛙都能同时长出精巢和卵巢。正常条件下，XX型个体仅能长出卵巢，而XY个体可长出精巢。但在异常条件下，即使是XX型的雌性也能长出精巢。不过，这种相互变化的可能性目前还没有证据可以证明。

图 146　三只雌雄同体的蛙（取材于 Crew 和 Witschi 实验）

　　关于"雌雄同体"成蛙的记载有许多（图 146），仅克鲁（Crew）一人近期就列出了 40 则例子。但这些雌雄同体的成蛙之间是否存在前述的性转化关系，目前还不得而知。但或许重要的是，上述实验也报道了少数几个雌雄同体的个体。同时，一些雌雄同体的个体可能有着不同的起源。但由于这些个体中的极少数才有不对称的性腺外附属器官，同时其性腺组织也经常呈不规则分布，因此基于如此有限的证据，再加上这些雌雄同体的个体没有性染色体，所以我们还不能说它们一定是雌雄嵌合体。此外，有证据表明雌雄同体个体的精子和卵子为同型配子。如果这些证据是有效的，那么性染色体缺失将不再能作为一种潜在的解释。

维茨基从一只雌雄同体蛙中成功获得了成熟的精子和卵子。他用这些精子和卵子与另一个已分化族蛙类的精子和卵子进行人工授精，得出以下结果：

（1）已分化卵子配雌雄同体精子，后代全为雌性。

（2）已分化精子配雌雄同体卵子，后代一半为雌性，一半为雄性。

雌雄同体蛙的卵子还与同样来自雌雄同体蛙的精子结合，产生的后代包括 45 个雌性与 1 个雌雄同体个体。由此可得：

（3）雌雄同体精子配雌雄同体卵子，后代为 45 个雌性、1个雌雄同体。

以上结果意味着初始的雌雄同体雌性个体为 XX 型。每个成熟卵子都携带一条 X 染色体。同理，每个能够正常行使功能的精子必然也都有一条 X 染色体。结论似乎只有两种可能，要么是每个精子携带一条 X 染色体，要么是半数精子携带 X 染色体，另外半数精子不含 X 染色体。但像后者这样的精子会在雌性体内死亡（即从未正常行使功能）。[1]

雄性蟾蜍毕德氏器向卵巢的转变

雄性蟾蜍的精巢前部由酷似幼龄卵细胞的圆形细胞构成（图147）。这一特征在幼龄期的雄性蟾蜍中尤其突出，此时就连精巢偏后部的生殖细胞还没有分化。精巢前部的这块区域被称为毕德氏器（Bidder's Organ），历来是动物学家的研究兴趣所在。关于这块区域的潜在功能，动物学家们已经提出了多种观点。最常见的一种说法是，毕德氏器本质上是卵巢。虽然毕德氏器内的细胞酷似卵细胞这一点能够佐证这种说法，但雌性蟾蜍的生理构造却使之显得牵强：雌性蟾蜍有真正的卵巢，但卵巢的前部也有毕德氏器。这样，依照前面那种说法，我们实在解释不通为何雌性蟾蜍有一个或许是祖先遗留来的原始卵巢，但后面还有一个功能正常的真正卵巢。

1923 年古耶诺特（Guyénot）和庞斯（Ponse）的实验研究，以及哈姆斯（Harms）先后于 1923、1926 年开展的实验研究均显示，完全摘除幼龄蟾蜍的精巢后，其体内的毕德氏器仍

---

1. 1921 年，克鲁自称用一个雌雄同体个体的精子使一只正常雌蛙的卵子成功受精。每只蝌蚪的性腺都直接发育。774 个完全发育的后代都是雌性。母蛙或许可以被认为是一个真正的 XX 型雌性，可产生卵子和精子，各带有一条 X 染色体。1928 年，维茨基让林蛙连续 7 周处于 32 摄氏度的条件下，最终使所有雌性蝌蚪的卵巢都转变为精巢（其中有精母细胞）。雄性蝌蚪则没有出现性腺的转化。——作者注

会继续发育 2～3 年，直至最后变成一个产生卵子的卵巢（图 148）。研究人员将这样产生的卵子取出，让它受精，并观察受精卵的发育情况。毫无疑问，精巢摘除后，的确出现了一个雌性个体。但至于这个个体能否被判定为雄性或雌雄同体，可能还得视具体的定义而定。我个人仍然会将这样的个体称为雄性，并认为上述结果意味着一个雄性因为摘除精巢而转化为一个雌性。在我看来，雄性蟾蜍有一个器官，其细胞有发育成卵细胞的潜质，这或许没什么大不了的。性别基本上由染色体构成决定，即便染色体组在正常条件下会产生一个雄性，可一旦条件改变时，个体性腺所在部位的未分化细胞发育成卵细胞也未尝不可。这意味着正常发育条件下，蟾蜍性腺的一部分（前部）开始发育成卵巢，另一部分（后部）却开始发育成精巢。从基因层面上说，此即正常情况下蟾蜍体内基因平衡的表现。随着时间的推移，精巢的发育逐渐占上风，并控制着整个发育过程的持续推进。此时，如果摘除精巢，则精巢对发育过程失去控制，毕德氏器内的细胞则继续发育成功能正常的卵细胞。庞斯从一只发生这种转化的雄性蟾蜍体内取出卵子，并由此培育出 9 个雄性子代和 3 个雌性子代。哈姆斯对一只类似的雄性蟾蜍进行同样操作，得到 104 个雄性子代和 57 个雌性子代。如果假设雄性蟾蜍为 XY 型，则预期转化后的雄性蟾蜍体内的卵子将有同等数量的 X 和 Y 染色体。现在，让这样的卵子与正常精子结合，预期后代的染色体组合将为 1XX + 2XY + 1YY。YY 型个体可能无法发育，从而使雄、雌数量比为 2:1。该预期结果与实际结果基本一致。

图 147　美国加州种半成年雄性蟾蜍精巢前端的毕
德氏器。两侧有脂肪体的叶，下方有肾脏。壁上
有血管网的，即为精巢。毕德氏器位于精巢前侧，
每个均有若干叶

　　钱皮（Champy）描述了一则阿尔卑斯蝾螈"完全性反转"
的例子。一只不育的雄性蝾螈缺少食物来源。在这种条件下，
这只蝾螈不像正常蝾螈那样让自己的精子更新换代，而是保持
着某种"中性状态"。这种状态的标志是精巢里有原始生殖细胞。
这只蝾螈就以这种状态度过了整个冬天。另外两只雄性蝾螈，
也遭受了食物剥夺的挑战。等它们重新得以大量进食时，不仅
体色发生变化，就连性别也从雄性变为雌性。几个月后，钱皮
检测了其中一只蝾螈，由此得出证明蝾螈性反转的证据。由于
这则例子近期被引用为性反转的充分依据，因此或许有必要详
细描述一下钱皮的真实记录。钱皮在蝾螈的卵巢部位发现了一
种长条状的器官，其外观与幼龄卵巢有点类似。切片观察结果

显示,该器官中含有类似于卵子的幼龄细胞(卵母细胞)。同样在变态期的幼年蝾螈体内,也发现了类似这样的细胞。输卵管明显存在,经其白色外观及窦状管道可辨别出。钱皮于是得出结论,这只成年蝾螈有着一个幼龄雌性才有的卵巢。这项证据似乎表明,食物短缺致使精母细胞与精子被蝾螈的身体吸收。但这项证据并不能证明,取而代之的新细胞是膨大的精原细胞、原始生殖细胞或幼龄期的卵细胞。结合前述维茨基、哈姆斯与庞斯在两栖动物上获得的证据来看,这些细胞其实也有可能是幼龄期的卵细胞,因此这里发生的仍然是部分的性反转。

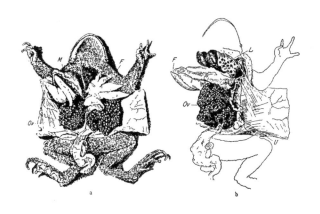

图 148 发育早期即被摘除精巢的三岁龄蟾蜍,其毕德氏器此时已发育成卵巢。右图中,卵巢被翻向一侧,由此可见膨大的输卵管(取材于 Iliarms 实验)

298 基 因 论

瘿蝇的性反转现象

在 Miaster 和 Oligarces 属的瘿蝇中观察到一种现象，即连续多代通过单性生殖产生蛆后，会出现一代通过有性生殖产生的有翅雄蝇和雌蝇。

上述有翅雌蝇产下的卵，应该是与有翅雄蝇的精子结合，形成的受精卵可发育至蛆虫（幼虫）期。但这些蛆虫不会继续进入成年期，而是会产生卵子。卵子再进行单性生殖，并产生新一代的蛆虫，由此重复单性生殖到有性生殖的往复过程。这种过程全年持续，蛆虫在死树皮下生活，某些种的蛆虫还寄居于蘑菇上。待到春季或夏季，有翅的雄蝇和雌蝇从上一代蛆虫的卵中孵化而出。这种现象的出现，似乎与环境中的某种变化有关。近期，哈里斯（Harris）证实，当蛆虫太多而使培养基变得拥挤时，此时如果一直保持适宜的条件，将会有成蝇出现；但当蛆虫在隔绝外界的环境下生长或蛆虫数量较少时，则不会有成蝇出现，蛆虫将继续在幼虫期进行单性生殖。目前，我们还不知道培养基拥挤后究竟带来了哪些有效影响蛆虫的因素。哈里斯发现，如果把一条蛆虫的幼龄后代全部放在一起培养，并将后代的后代继续放在同一个培养基中培养时，每个这样的培养基将会出现一种性别的成蝇。由此看来，似乎每条蛆虫在遗传构成上要么是雄性，要么是雌性，并且能通过单性生殖产生与自身同样性别的后代。假设这一结论无误，那么就能推测出：遗传成分无论是雄性的蛆虫，还是雌性的蛆虫，都能产生功能正常的卵子。但到目前为止，我们还没有找到与瘿蝇性染色体分配的相关证据。

以上是一则有关雄性决定个体的例子。这个个体产生的卵子，既可以在生命周期的一个阶段进行单性生殖，也可以在另一个阶段产生精子进行有性生殖。

禽类的性反转现象

人们很早就知道，老母鸡和卵巢长了肿瘤的母鸡，有可能长出与公鸡第二性征相似的羽毛，有时还会表现出公鸡的典型行为。古德代尔（Goodale）发现，完全摘除一只小母鸡的左侧卵巢后，这只小母鸡成年后将发育出公鸡的第二性征。从这些现象推测，正常母鸡的卵巢应该能分泌某种物质，而这种物质能抑制雄性羽毛的完全发育。当卵巢患病或被摘除时，母鸡就会在遗传构成的影响下完全发挥出雄性的发育潜能。

我们也知道，家禽中同样会出现体内同时存在精巢和卵巢的雌雄同体个体。但一般来说，精巢和卵巢都不会完全发育，且大多数情况下这类个体的性腺中还长有肿瘤。至于是先变为雌雄同体、后长肿瘤，还是正常母鸡的卵巢先长肿瘤、后长精巢，目前还有一定的争议。但没有任何一则例子能够证明家禽中存在性反转现象，即个体在一段时间内相当于雌性，过了一段时间又相当于雄性。不过，克鲁最近报道称，有一只母鸡下蛋孵出小鸡，小鸡中有一只生殖功能正常的公鸡，使两只正常母鸡受精。这只是故事的第二部分，听起来似乎无可厚非，因为实验结果在人为控制条件下获得。但可疑的是那只母鸡的一段历史。显然，这只母鸡是一小群鸡中无记录可查的个体，且没有直接观察或诱捕产卵的证据可以证明这只母鸡能够下蛋。最后，当这只母鸡被宰杀时，被发现卵巢中长满了肿瘤。"团块背侧包含一个外观与精巢非常相像的结构，而在身体另一侧的对应位置，也有一个外观类似的结构。"精子细胞形成过程中的每个状态都能在精巢中找到。左侧"泄殖腔附近最宽的地方，可见一根细而直的输卵管，直径约 3 毫米"。

第二个例子被里德尔（Riddle）记录下来。一只斑尾林鸽最开始有着雌性的功能，连续产蛋。后来，它停止下蛋，并经常像雄性一样向雌鸽展开追求与交配行动。许多个月后，这只鸽子死于非常晚期的肺结核。里德尔解剖了这只鸽子，把它误认为它的配偶（一只雄鸽，17.5 个月前就已死亡），并因此将它记录成一个雄性。后来，当里德尔重新梳理鸽子的编号和记录时，这才发现那只鸽子原来是一个雌性。只可惜鸽子的"精巢"已被扔掉，因此没有记录可以证明所谓"精巢"的器官真的含有精子。

卵巢切除术对禽类的影响

完全摘除雏鸡的左卵巢是一项高难度手术。1916 年，古德代尔成功开展了数次这类手术。接受手术的雏鸡最后长出了雄性特有的全羽。古德代尔还在术后雏鸡的腹腔右侧发现了一种有管道的圆形团块，并将这种团块与早期的生肾组织进行了对比。近期，伯诺瓦（Benoit）也描述了卵巢切除术对幼禽的影响。整体来说，他发现的影响也体现在鸡的羽、冠和距上，与古德代尔发现的影响相同。但除此之外，伯诺瓦还描述了精巢或某个类似于精巢的器官及其发育情况。这个器官位于原始状态的右"卵巢"中，有时在被摘除的左卵巢处也会有一个类似这样的器官出现。在伯诺瓦描述的一则例子中，这样的器官内存在各个成熟阶段的生殖细胞甚至精子细胞。但这则例子值得进一步审慎分析，因为到目前为止，除了它以外，没有其他任何记录显示这种精巢状器官中存在精子或明显的生殖细胞。一只刚孵化出来 26 天的雏鸡被摘除了左卵巢。6 个月大时，这只母鸡的鸡冠鲜红、膨大且直立，与公鸡的鸡冠一样大，还有"一个精巢似的器官在右侧长了出来"。组织解剖结果显示，这个器官内含小管结构，里面有各个阶段的生精细胞。这些细胞都有固缩核，其中精子细胞的数量很少，外观看似异常。一根雄性特有的输出管从这个器官内伸出，连通泄殖腔。器官基底部还有一个管状结构，类似于小公鸡体内的附睾。至于器官内有精子，只出现在这一则记录中。伯诺瓦做过手术的其他雏鸡，虽然都长出了精巢状器官，却没有发现生殖细胞。有没有可能上面那则例子其实是人为错误，那只母鸡实际上是一个雄性呢？应当同样指出的是，伯诺瓦还发现，如果把那只鸡的精巢状器官也摘除后，它将变得像一只阉鸡，鸡冠也随之萎缩。但在其他例子中，没有出现鸡冠萎缩的情况。不过，含有精子的精巢状器

官仍有可能是鸡冠和喉部肉垂完全长出的原因。据伯诺瓦记录，
还有一只雏鸡刚被孵化出 4 天后就被摘除了卵巢。4 个月后，这
只鸡长出了一个不寻常的器官。经检查发现，这只鸡的腹腔右
侧有一个精巢状器官，但器官的内容物未见报道。

伯诺瓦检查了一只正常雌性雏鸡右侧原始卵巢的组织结构。
从他的描述来看，这个结构与一只正常雄性雏鸡的附睾一模一
样，都有带纤毛的输出管和"睾丸网"。他总结道，雏鸡右侧
的这个性腺并非原始卵巢，而是一个原始精巢。当左卵巢被摘
除后，这个原始精巢就会膨大，并发育成一个真正的精巢。我
个人认为，伯诺瓦提出的这项证据未必能支撑这项结论，因为
众所周知，在脊椎动物生殖器官的早期发育阶段中，无论雄性
还是雌性的重要附属器官都是以两种性别的状态同时存在的。
因此，当正常发育过程被打乱时（如左卵巢被摘除），这些原
始器官或将开始发育，并生成精巢状结构。只不过就目前报道
的记录来看，这些结构中的绝大多数都不含精子细胞。左侧球
状器官的出现（古德代尔和多姆均报道过），似乎也支持了这
项观点，而不利于伯诺瓦得出的结论。

近期（1924 年），多姆（L.V. Domm）发表了一份关于雏
鸡卵巢切除术影响的初步报告。这些雏鸡成年后，不仅会在羽、
冠、肉垂和距上呈现雄性的第二性征，还会在行为上与真正的
雄鸡争斗、啼鸣并试图与母鸡交尾。其中一只雏鸡在正常卵巢(已
摘除）的所在部位长了一个"白色的精巢状器官"，该器官还
连着一个正常的小卵泡。右侧部位也有一个精巢状器官。第二

只雏鸡在性腺方面与前面那只雏鸡相似。第三只雏鸡的精巢状器官仅出现在右侧。但没有任何一只雏鸡的精巢状器官中有生殖细胞或精子。

我们无法断定以上情形确实是性反转的例子，除非伯诺瓦声称观察到精子这件事能够得到证实。除此特例外，其他结果看起来能够证实一种外观酷似精巢的结构（只是其中没有生殖细胞）在卵巢被摘除后会发育出来。我认为，动物被阉割后之所以会长出这个器官，至少暂时可以这样解释：雄性器官基底在胚胎期就已存在，只是现在出现了二次生长与膨大。雌性体内始终有一个精巢（哪怕是功能正常的精巢），这件事本身并不让人惊讶，因为我们知道，精巢组织片段一旦移植进雌性体内将继续生长发育，甚至还可能产生精子。

整体而言，母鸡的遗传构成（同时存在于体细胞和幼龄期卵巢中）为卵巢发育创造了有利条件，而不利于精巢的发育。反过来，公鸡的遗传构成有利于精巢发育。但如果公鸡很早就被摘除精巢，其剩下的遗传构成也不足以唤起卵巢结构的发育。

联体双生蝾螈的性别

几位胚胎学家已经借助侧面融合（Side-to-side Fusion）技术，使两只幼龄期蝾螈连体成功。具体操作是从卵子里取出神经褶刚刚闭合的幼胚，截去各个胚胎一侧的部分组织，然后使两个胚胎的截面相接触。很快，两个胚胎的截面就会发生融合。伯恩斯（Burns）研究了这类联体双生蝾螈的性别，发现每一对这样的蝾螈总是性别相同：44 对双生蝾螈中，有 36 对都是雌性。依照随机联合的原则，理应产生 1 对雄性、2 对雌雄异性及 1 对雌性这样比例的结果。但由于现实中未见异性双生蝾螈，因此要么是这样的异性双生蝾螈无法存活，要么是其中一只蝾螈的性别朝着另一只的性别发生了转变。此外，由于同时发现了雄性双生蝾螈及雌性双生蝾螈，可见双生蝾螈之间的影响有时由雄性传给雌性，有时又由雌性传给雄性。除非可以解释上述交互影响间的差异，否则相关结果将不足以支持双生蝾螈间发生了性别转化这种说法。

工业大麻的性反转现象

许多显花植物会同时长出雌蕊（含有卵细胞）和雄蕊（含有花粉）。雌蕊和雄蕊有时在同一朵花上，有时又位于同一植株的不同朵花上。花粉先于胚珠成熟的情况并不少见。其他时候，胚珠也可能比花粉先成熟。另外还有一些植物，一个植株上仅有胚珠，另一个植株上只有花粉，即雌雄两性分开。这样的植物为雌雄异株植物。然而，在某些雌雄异株植物中，异性器官可以未发育的状态出现，且偶尔还有功能。科伦斯（Correns）研究了几种这样的植物，并试图检测生殖细胞在这类特殊情形下的性状。

近期，普里查德（Pritchard）、夏弗纳（Schaffner）和麦克

菲（McPhee）已经通过实验证实，雌雄异株的工业大麻在环境
条件的影响下，原本产生雌蕊的植株（或称雌性）可改为产生
雄蕊，雄蕊甚至还可产生功能正常的花粉。反之同样成立，原
本产生雄蕊的植株也可受环境影响改为产生雌蕊，并产生功能
正常的卵子。

　　如果在正常的早春时节播种工业大麻，将有雄性（雄蕊）
和雌性（心皮）两种植株长出（图 149）。但夏弗纳发现，如果
改为在肥沃的土壤环境下种植工业大麻，同时改变光照持续时
间，则植株将出现两个方向的"性反转"现象。夏弗纳写道："性
反转程度与日光照射时长大致成反比。"乍看之下，同样的环
境竟然能使雌株变为雄株，又使雄株变为雌株，着实令人感到
相当惊讶。因为我们原本预期的是，同样的条件只会让每棵雌
雄异株的植株要么朝着中性或中间态转化，要么只会使一种性
别变为另一种性别。然而，事情确有发生，雌株上长出了雄蕊，
反之雄株上又长出了雌蕊。这大抵就是所谓工业大麻的"性反转"
现象，尽管还有其他一些例子，其中雌株的一条新枝上只长出
了雄蕊，或是雄株的一条新枝上只长出了雌蕊。在这些极端例
子中，"性反转"现象几乎总是出现在环境条件变化下的新生
部位上。麦克菲也研究了不同光照时长对植株性别的影响，并
发现雄株能长出带有雌蕊的新枝，雌株也能长出带有雄蕊的新
枝。但他指出，许多间性的花也会与畸形的花一同出现。他表示，
"许多例子里涉的变化是相对细微的，因此我们不敢断然得
出结论，认为遗传因子肯定与这些物种的性别无关"。

图 149　工业大麻的雌株（左）与雄株（右）（取材于 Pritchard 实验，摘自《遗传学》期刊）

　　至于工业大麻内是否有某个内在的性别决定因子系统（可能由染色体构成），这个问题现在还无法解答。到目前为止，虽然我们还仅有麦克菲口头报道的遗传证据，但这项证据是极其重要的。如果正常的工业大麻雌株为同型配子（XX），雄株为异型配子（XY），则我们可以预计，当一棵雌株变为雄株时（或说得更精确一些，雌株产生了功能性的花粉），所有花粉粒将有相同的性别决定特性，即这样的雄株为同型配子。麦克菲的口头报道[1]支持这种观点。相反，如果一棵雄株（XY）变为雌株，则预期将有两种卵子出现。这种情况似乎也真的出现了。

科伦斯早先报道过其他植物一定程度上的类似结果，但在配子类型相关数据上依旧差强人意。希望很快会有证据面世，以解答前述那个问题。与此同时，即使假设工业大麻有某种内在的性别决定机制（可能是 XX-XY 型），由此得出"性别可以在环境影响下发生转变"这个结论，恐怕也算不上什么革命性的发现，这样的结果肯定也不会与决定性别的性染色体机制产生原则上的冲突。这种机制是一种中介，在一定环境条件下能使性别朝一个或另一个方向发展。这是我们对这种机制从始至终的唯一理解。不过，这种机制也有可能被其他中介因素压制，性别由此发生转化。可即使在这种情况下，这种机制也不会失去其原有的力量。一旦环境条件恢复正常，这种机制又将重新开始发挥其性别决定作用。如果前述的尝试性结论（即同型配子的雌性变为同型配子的雄性）能够获得证实，将为这种关系的存在提供最有力的证明。事实上，这将为我们从遗传学角度解释性别决定机制提供又一项令人信服的证据，而且这项证据将能指导一些人更好地理解遗传学家就该机制及孟德尔遗传现象整体所做出的解释。

还有一种植物山靛，虽然是雌雄异体，但雄株上偶尔会长出带有雌蕊的花。反之亦然，雌株上也偶尔会长出带有雄蕊的花。

---

1. 在 1925 年动物学会（Zoological Society）举办的会议上发表。——作者注

一棵雄株可以开出 25000 朵雄花，雌花却只有 1 ~ 47 朵。同样地，雌株上也可以开出 1 ~ 32 朵雄花。

扬波尔斯基（Yampolsky）报道了山靛自花授粉的后代性别情况。雌株自交后只会产生雌性子代，或以雌性子代占绝大多数。雄株自交后只会产生雌性子代，或以雄性子代占绝大多数。

除非做出相当武断的假设，否则以目前掌握的证据来看，我们还不能以 XX-XY 型公式就上述结果给出满意的解释。例如，若雌株为 XX 型，则其产生的所有花粉粒均应携带一条 X 染色体，由此自交产生的后代理应全为雌性，这与实际情况相符。但若雄株为 XY 型，则其产生的成熟卵子和花粉粒将有一半携带 X 染色体，另一半携带 Y 染色体。这样，雄株自交产生的后代应该为 1XX + 2XY + 1YY。如果 YY 无法存活，剩下的子代应当呈现 1 雌 2 雄的比例。但这与实际情况不符。为了使雄株自交只产生雄性后代，必须假设携带 X 染色体的卵子早在配子期就已死亡，而只有携带 Y 染色体的卵子才有正常功能。但到目前为止，还没有证据支持或推翻这一假说。在相关证据出现前，这个问题都还有待解决。

CHAPTER

18

第 18 章　　基因的稳定性

在前述所有内容中，我们一直默认基因是一种稳定的遗传要素。然而，基因稳定性指的究竟是化学分子意义上的稳定，还是在某个固定标准上下定量浮动式的稳定，却是一个理论问题，并且可能有着根本性的重要意义。

由于无法直接用物理或化学方法研究基因，因此我们关于基因稳定性的结论也只能从基因的效应中推导出来。

孟德尔遗传定律认为基因是稳定的。它假定父母双方分别向杂种后代贡献基因，而这些基因即使进入杂种体内的新环境中依然保持完整。下面的几个例子，将帮助大家回忆这项结论所依据的证据及这些证据的本质。

安达路西亚鸡有白色、黑色与蓝色羽毛的个体。白鸡与黑鸡交配，产生的后代要么是蓝灰色，要么是蓝色。如果让两只这样的蓝鸡交配，产生的后代将包括黑色、蓝色和白色三种，比例为1:2:1。白色和黑色基因在蓝色杂种的体内分离，半数的成熟生殖细胞携带黑色基因，另外半数的成熟生殖细胞携带白色基因。如果让任意卵子与任意精子随机结合，观察结果显示，这样产生的黑色、蓝色和白色后代数量比仍为1:2:1。

上述杂种有两种生殖细胞的假设正确与否，可通过以下过程加以论证。一只蓝色杂种与一只白色纯种回交，后代的一半为蓝色，另一半为白色。两种结果均与蓝色杂种体内基因为纯合子的推测相符。可见，这些基因存在于同一细胞里，并未造成基因污染或互相干扰。

在上面的例子中，杂种后代与父母双方均不像，并在某种意义上介于两者之间。在下面的例子中，杂种后代与父母中的一方外观相似。一只黑豚鼠与一只白豚鼠交配，产生的子代全为黑色。子代自交，产生 3:1 的黑色与白色孙代。其中，白色孙代能够像原始的白色种一样正常繁殖并遗传毛色。可见，即使同时在杂种体内的细胞中存在，白色基因也并未被黑色基因所污染。

再下一则例子中，两个亲本的原始型非常相像。杂种子代虽然一定程度上介于两种原始型之间，但子代间的差异程度很大，以至于在性状表现的两个极端与亲本型发生重叠。这些类型只在一对基因上有差别。

黑檀体果蝇与炭黑体果蝇交配，产生的子代同样介于两个亲本型之间，但子代的型变化很大。子代自交，产生的孙代体色由浅入深，构成一系列连续的体色。不过，我们也有方法来检测这一系列体色。检测结果显示，孙代体色系列由纯种黑檀体、杂种和纯种炭黑体构成，三者数量比为 1:2:1。这里，我们再次获得了基因没有混淆的证据。连续的体色系列仅仅是因为多样化的性状发生了重叠。

以上内容简单明了，因为每则例子都只涉及一对不同的基因。这些例子帮助建立了基因稳定性的原则。

但在现实生活中，实际情况并不总是这么简单。许多型涉及几对不同的基因，每个基因都对同一性状有影响。由此，这些型杂交时，子代将不会呈现出简单的比例分布。例如，短穗玉米与长穗玉米杂交时，子代穗长介于两者之间。这样的子代玉米自交，孙代的穗长各种各样，有的像亲本的短穗一样短，有的又像亲本的长穗一样长。这两种是两个极端，中间还有一系列长短不一的中间型。对孙代玉米的检测结果显示，影响穗长的基因有好几对。

另一个这样的例子是人的身高。一个人个子高，既可以因为腿长，也可以因为体长，或两者皆有。一些基因可影响人体所有部位，但另一些基因着重影响某些部位。由此造成了复杂的遗传情况，且这种情况至今还未被参透。除此之外，环境也有可能在某种程度上影响人体发育的最终结果。

这些都是多因子作用的例子，遗传学家一直在试图测定每次杂交实验中究竟涉及多少遗传因子。杂交结果之所以非常复杂，仅仅是因为几对或许多对基因同时参与其中。

早在孟德尔的发现被世人所知前，正是这种变异性为自然选择理论的提出提供了依据。这个问题可以留待后面考虑，但首先必须谈谈我们对自然选择理论的局限性有了怎样更进一步的理解。1909 年，约翰逊（Johannsen）在杰出的研究工作中提出了选择理论。

约翰逊的实验对象是四角豆这种园艺植物。这种豆子的繁殖方式只有自花授粉一种。由于长期连续自交，每棵植株都成了同型配子（纯合子）。这意味着每对基因的两个等位基因完全一样。因此，这样的材料非常适用于一些关键性的实验，以测定四角豆呈现的个体差异是否受到选择作用的影响。如果自然选择改变了个体性状，那么它必然在这些条件下改变了基因本身。

　　每棵植株上结出的豆粒大小不一。若将豆粒按大小顺序排列，可知豆粒大小整体呈正态分布。任一植株上的豆粒及其所有后代，在大小上都呈现同样的概率分布曲线（图 150）。无论是连续几代选出大豆粒还是小豆粒，所得结果无一例外。后代总是结出同样的豆粒群。

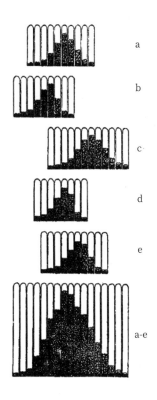

图 150　a-e 群的四角豆代表五个纯系，下方的 a-e 群由五个纯系合并而成（取材于 Johannsen 实验）

约翰逊在实验中发现了 9 种四角豆。他认为，自己的研究结果足以说明某一植株之所以结出大小不同的豆粒，是因为受到了广义上的环境影响。因为当选择作用开始时，实验材料的每对两个基因完全相同，这一点正好可以证明约翰逊得出的结论。结果证明，选择作用没有改变基因本身。

如果有性生殖动植物在自然选择开始时并非纯合子，则会出现不同的直接后果。许多实验都已证实了这一点，如库诺（Cuénot）的斑毛鼠实验、麦克道威尔（MacDowell）的兔耳长度实验，以及伊斯特（East）与海耶斯（Hayes）的玉米实验。其中任何一项实验都能说明选择作用下发生的变化，因此下面仅以一则实验为例。

卡斯尔（Castle）研究了选择作用对一种头巾大鼠的毛色有何影响（图 151）。他以市面上出售的大鼠后代为起点，从中选出条纹最宽和最窄的个体，并将两群大鼠分开饲养。经过几代的繁育后，两群大鼠的外观变得显著不同：较初始的两群而言，一群的背部条纹平均变得更宽，另一群的背部条纹则平均变得更窄。选择作用以某种方式改变了大鼠条纹的宽度。到目前为止，实验结果始终是一致的，都证明这种变化发生的原因并非是自然选择使决定背部条纹宽度的两组遗传因子分离开来。但卡斯尔表示，他研究的是单个基因的效应，因为当条纹鼠与纯色鼠（全黑或全褐）杂交时，所得后代杂种（F1 代）再进行自交，孙代中的纯色鼠与条纹鼠比例为 3:1。事实上，这一遵循孟尔德遗传定律的分布比例表明，大鼠的毛色斑纹受隐性基因调控。但它没有证明的是，这个基因的效应可能不受其他决定条纹宽度的遗传因子影响。这才是真正有争议的问题。

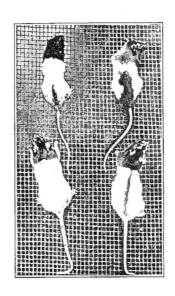

图 151 头巾大鼠的四种类型（取材于 Castle 实验）

　　后来，基于怀特（Wright）设计的实验方案，卡斯尔还执行了另一项实验。实验结果显示，大鼠毛色之所以会出现那样的结果，源于条纹宽度的修饰基因被隔离起来。具体验证过程如下：每个高度选择的群都与野生大鼠（均为纯色鼠）回交，从所得的第二代中选出条纹鼠。再用第二代条纹鼠与野生大鼠回交，如此循环往复两三代后，发现被选择的一群开始变回以前的样子，即回归到原始型。被选择出来的窄条纹群朝着条纹变宽的方向发展，而被选择出来的宽条纹群则朝着条纹变窄的方向发展。换言之，两个被选择的群彼此变得越来越相像，并与它们刚开始被选择出来的原始型相似。

该结果完全证实了野生大鼠体内存在修饰基因，可在既有条纹的基础之上影响条纹宽度。换句话说，原始的选择作用拣选出那些能让条纹变宽或变窄的基因，由此改变了条纹的性状。

卡斯尔甚至一度表示，头巾大鼠的上述实验结果使达尔文最早提出的某项见解重新成立，即选择作用本身使遗传物质朝着选择发生的方向而改变。如果这真是达尔文想表达的意思，那么这种理解变异的方式或许能极大地巩固"进化通过自然选择发生"这一理论。1915 年，卡斯尔说道："从目前掌握的所有证据来看，外界环境中的修饰因子不会导致大鼠斑纹发生实验观察到的变化，大鼠斑纹本身是一个明显符合孟德尔遗传定律的单元。我们不得不做出结论，认为这个单元本身在重复的选择作用下，会朝着选择的方向发生变化。正如我们实验中的'突变'族显示的那样，一个高度稳定的性状有时也会突然发生正向变异；但更多见的是一种循序渐进的变异，在正向与负向的两个选择系列中持续发生。"

次年，卡斯尔又说："目前，许多遗传学家认为单元性状是不可改变的……过去几年来，我一直在研究这个问题，大体得出了以下结论：单元性状既可以改变，也可以重组。许多孟德尔学派的人与我的观点相左，但我认为，这是因为他们没有仔细研究过这个问题。单元性状可以发生定量的变异，这项事实是毋庸置疑的……作为进化的一种媒介，选择作用必须被重新提升至重要地位，就像当初达尔文用它来做估计一样。选择作用这种进化的媒介，能够产生持续、渐进性的种族变化。"

但只要细读达尔文的著作，就会发现达尔文在字里行间从未明确表示自己认为选择过程决定或影响着未来变异的方向。为了找出相关证据，我们得把目光投向达尔文提出的另一项理论，即获得性状遗传理论。

达尔文是拉马克学说的忠实拥护者。每当他在自然选择理论上陷入困境时，就会毫不犹豫地搬出拉克马学说。因此，无论是谁，只要他愿意，都能把两个理论结合起来，并做到逻辑上的自圆其说（尽管达尔文本人或卡斯尔好像都没有这么做过）。这样结合起来的观点便是：每当一个有优势的类型被选择出来，其生殖细胞就会暴露于自身产生的泛子（Pangenes）中并受到影响，从而朝着性状被选择的方向发生改变。这样，每一次新的进展，都会建立在新的基础之上。所有这些细微规模的变异呈离散分布，但每多一次变异，就会在此前边界的基础上产生一个新的众数。由此，在上次进展发生的方向上，将有更进一步的进展出现。换句话说，选择作用将引发进一步的进化，而进化的方向是沿着每次选择作用的方向前进的。

但如前所述，达尔文从未用以上论述支持自己的自然选择理论。不过，我们也可以说他本质上是这么做的。毕竟，每当他发现自然选择理论不足以解释某种情况时，就会向拉马克学说寻求支持。

今天，我们认为，无论自然还是人为选择过程，所能造成变化的程度最多与原有基因重新组合后可能造成的变化程度相当。换句话说，选择过程无法使一个种群（物种）超越自然条件下的极端变异。剧烈的选择作用能使一个群体的全部个体都接近某种极端型，但再往上的话，就超出了选择作用的能力范畴。基于我们目前的认知，只有当某个基因发生某个新的突变，或一群原有基因发生剧变时，才有可能造成某个永久性的进展，但这个进展的方向可以向前，也可以往后。

这个结论不仅是从基因稳定性理论中逻辑推导出来的结果，还是基于许多观察结果之上的总结。这些观察结果显示，每当一个种群受到选择作用的影响，就会开始产生一种相当快速的变化。但这种变化很快又会慢下来，并且在极端型或接近极端型的地方停滞。极端型，就是原始种群少数个体展示出来的变异型。

到目前为止，我们仍在杂种基因污染和选择作用方面探讨基因的稳定性问题。机体本身对基因构成的潜在影响，我们只是有所触及。杂种基因的完全分离，是孟德尔第一定律的基本假设。如果基因真的受到杂种机体性状的影响，则杂种基因将不可能实现完全的分离。

这一结论使我们必须与拉马克学说中关于获得性状的观点正面交锋。试图考虑这种观点的种种变体，或许显得有些多余。但我或许可以贸然请大家注意其中不变的某些关系。根据拉马克学说，生殖细胞会受到机体的影响，即机体性状的变化可以使某些基因发生相应改变。以下通过几个例子来说明这背后的关键事实。

一只黑兔与一只白兔杂交，所得杂种幼崽全为黑色，但其体内的生殖细胞却同时包含同等数量的促黑与促白基因。杂种的黑色皮毛对于包含促白基因的生殖细胞毫无影响。无论黑色杂种携带促白基因多久，促白基因始终是促白基因。

如果把促白基因认为是某种实体，那么在拉马克学说成立的假设下，促白基因理应对其所在个体的机体性状产生某种效应。

但如果把促白基因认为是促黑基因的缺失，那么自然没有理由认为杂种体内的促黑基因能对某个并不存在的东西产生任何影响。对于主张基因存缺理论的所有人而言，用这样的论证过程来反对拉马克学说，是不足以让他们信服的。

不过，或许还有另外一种更恰当的方法。白花紫茉莉与红花紫茉莉杂交，所得杂种为开粉花的中间型（图 5）。如果我们把白花认为是某个基因的缺失，则红花必然是这个基因存在的结果。杂种花的粉色弱于红色，如果性状影响基因，那么杂种体内产生红花的基因理应被粉色这种性状稀释才对。然而，现实中没有任何这样的效应被记录下来。红花基因与白花基因在粉花杂种的体内分离开来，而没有对粉花的躯体造成任何影响。

另一项证据甚至能够更有力地反驳获得性状。有一种果蝇被称为"腹部异常果蝇"，其腹部的黑带图案不像正常果蝇那样规整（图 152）。在食物供应充足、培养基湿润且呈酸性的环境下，第一只孵化出的果蝇会出现最极端的腹部异常现象。随着培养基放置时间越长，水分不断蒸发，期间孵化出的果蝇在腹部外观上也变得日趋正常，直到最后与野生果蝇无异。这里涉及的遗传性状对环境极度敏感。这类性状的存在，使我们得以很好地研究机体对生殖细胞的影响。

　　如果我们一方面培育先孵化出来、腹部高度异常的果蝇，另一方面在相同条件下培育后孵化出来、腹部正常的果蝇，将会发现两种果蝇的子代将在腹部性状上表现得完全相同。先孵化出来的果蝇是腹部异常的，后孵化出来的果蝇是腹部正常的。可见，亲本腹部性状的正常与否，对生殖细胞而言没有区别。

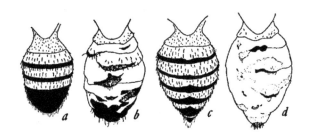

图152 a.正常雄蝇的腹部；b.“异常”雄蝇的腹部；
c.正常雌蝇的腹部；d.“异常”雌蝇的腹部

　　也许有人会说，亲本腹部性状对生殖细胞的影响很小，只是在第一代中还看不太出来。对于这样的说法，我会说，较晚孵化出来的果蝇此前已经连续繁殖了10代，始终没有观察到任何不同的结果。

　　另一个例子同样令人信服。果蝇还有一种无眼突变型（图30）。这种果蝇的眼睛比正常果蝇的眼睛更小，且变化很大。经过选择作用，产生了一种清一色的原种，其中大多数果蝇都是无眼。但随着培养基放置时间变长，孵化出的有眼果蝇越来越多，眼睛也越来越大。现在，如果我们从较晚孵化出的果蝇开始繁育，则其后代将与无眼果蝇繁育的后代完全一样。

　　这里，放置时间较长的培养基中出现的无眼型是一种正性状，或许能比腹部异常性状起到更强的证明作用。在腹部异常性状的例子中，对于较晚孵化出的幼蝇而言，腹部图案的对称和色素形成都不是明显存在的性状。但无论哪种情况下，结果都是一样的。

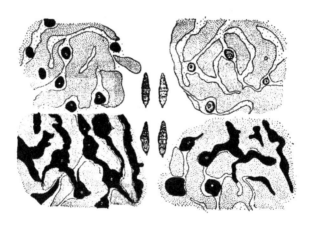

图 153　中央是四个不同颜色的菜粉蝶蛹，周围是
不同体色型蝶蛹表皮色素细胞各自的标志性排列
方式（取材于 Leonore Brecher 实验）

　　近几年来，许多人自以为掌握了获得性状遗传的"证据"。这里，其实完全没必要把这些所谓的证据逐个考察一遍。我只从中选择一个最完备的例子进行分析，因为它给出了得出结论所依据的定量数据。这个例子就是杜尔肯（Dürken）近期开展

的工作。这项实验看似经过缜密设计，好像提供了获得性状遗传的证据。

杜尔肯的实验对象是常见的菜粉蝶及其蝶蛹。自 1890 年以来，人们已经知道，一些蝴蝶的幼虫化蛹时（即从幼虫变为静止的蝶蛹时），其体色一定程度上会受到背景环境或照射光线颜色的影响。

例如，当菜粉蝶幼虫在日光充沛甚至微弱的环境下生活、成蛹，则蛹色很深。但当幼虫在散发黄光或红光的环境中或帘幕后生活，则蛹色发绿。绿色的产生是因为蛹体表面缺少黑色素合成。此时，蛹内的黄绿色透过蛹体表面呈现出来（图153）。

杜尔肯在实验中用橙光（或红光）照射菜粉蝶幼虫，幼虫由此呈现出一种浅色或绿色。蛹化出的蝶被置于开放的笼中饲养，卵子被收集起来。其中一些从这种卵子孵化出的幼虫被放在有色光下饲养，另一些作为对照组，被放在强光或暗处饲养。实验结果摘要见图154。深色蛹的数量以黑带长度表示，绿色或浅色蛹的数量以浅带长度表示。事实证明，菜粉蝶的幼虫可以被分为五个有色群，其中三个可统称为深色群，剩下两个可统称为浅色群。

图 154-1 代表正常的菜粉蝶幼虫颜色。由图可知，无论是随机收集还是在自然环境下收集的蛹，几乎都为深色，仅少数呈浅色或绿色。如图 154-2 所示，来自自然环境的幼虫，放在橙光环境下饲养，很大比例的幼虫化为浅色蛹。此时，拣选出所

有浅色蛹，有的放在橙光下饲养，有的放在白光下饲养，还有的放在暗处饲养，结果如 3a 和 3b 所示。3a 中，浅色蛹出现的比例高于上一代，且由于两代蛹一直在橙光条件下饲养，因此浅色效应增强。但更重要的是 3b 显示的结果。由条带长度可知，比起野生型（图 154-1），在白光或暗处饲养的蛹中出现了更多的浅色蛹。杜尔肯认为这种现象之所以出现，一部分是因为橙光的照射增强了上一代蛹的遗传效应，另一部分是因为新环境同时在反方向起作用。

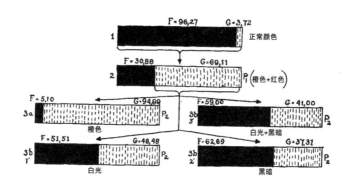

图 154　菜粉蝶深色蛹与浅色蛹的选择作用结果示意图（取材于 Dürken 实验）

从遗传学角度来看，杜尔肯的上述解释并不让人满意。实验结果显示，并非所有幼虫一开始都对橙光有反应。倘若那些有反应的幼虫天生就有不同的遗传构造，则它们（即实验中的浅色蛹）当然会被选入参加第二次橙光实验。同时，对于白光与黑暗环境下的对照组而言，它们的反应本就更强一些，因此也是一群被选择的蛹。预期这些蛹到了下一代时将继续起反应。

事实证明，果然如此。

因此，除非一开始就采用遗传构造上完全相同的实验材料，或设置其他对照组，否则实验证据将无法有效证明环境的遗传效应。

几乎所有这类已经开展的研究都犯了同样的错误。现代遗传学即使在其他方面毫无建树，但在指证这类证据没有价值上仍然绰绰有余。

现在，我们或许可以进入到另一些例子的讨论当中。在这些例子中，生殖细胞本身经过特殊处理后已经直接受到损伤。受损的种质传给后代，可使后代出现畸形。这意味着那些特殊处理并非先导致畸胎，再影响种质，而是同时影响胚胎及其生殖细胞。

斯托卡德（Stockard）开展了一系列实验，以研究长期的酒精处理对豚鼠有何影响。实验豚鼠被置于盛有酒精的密闭箱中。它们吸进饱含酒精的空气，没过几小时就完全失去正常行为能力。这种处理方式持续了很长一段时间。一些豚鼠在酒精处理过程中交配，另一些只在处理结束后交配。但两种情况下的后代结果完全一致：许多幼仔流产或被母体胎盘吸收，还有些幼仔一出生便是死胎，另一些为畸形，尤其以神经系统与眼部受损最为明显（图 155）。只有那些本身未出现缺陷的豚鼠才能继续交配。因此，在它们的子代中，既有异常幼仔，也有其他外观正常的幼仔。在接下来的几代中，异常幼仔持续出现，但仅仅来源于某些个体。

图 155　两只异常幼龄豚鼠，其祖先曾接受酒精处理

（取材于 Stockard 实验）

如果回溯参与酒精系列实验的豚鼠遗传宗谱，发现没有证据显示实验结果遵循任何已知的孟德尔比例。此外，异常个体的缺陷分布于各个部位，并不像是只涉及单个基因的情况。另一方面，异常个体的缺陷在许多方面与我们在实验胚胎学中熟悉的那种变化相似，只不过实验胚胎学用毒剂来处理卵子而已。斯托卡德已经注意到以上问题，认为自己的实验结果证明酒精使生殖细胞遭受了某种损伤，而这种损伤在一定程度上可以遗传。缺陷效应集中发生于某些身体部位。这些部位稍受刺激，就容易偏离正常发育路径。神经系统和感觉器官，是这类部位的典型代表。

最近，利特尔（Little）与巴格（Bagg）开展了一系列实验研究镭对怀孕小鼠及大鼠的影响。如果处理得当，实验中仍在母体子宫内发育的幼鼠胚胎会出现发育异常。在幼鼠出生前对其加以检测，可见其中许多胚胎在脑部、脐带或其他地方（尤其是腿部基底处）有出血（图156）。其中一些胚胎在母鼠分娩前就已胎死腹中，另一些被胎盘吸收，还有一些则是在出生时流产。但仍有一些幼鼠活着出生，其中一些也能存活下来，甚至能生育后代。然而，它们的后代往往表现出严重的脑部或附肢缺陷。两眼可能天生缺失，或仅存一眼，但这只眼睛比正常小鼠的眼睛小许多。巴格繁育了这样一些小鼠，发现它们能产生同样多的异常后代。这些后代普遍存在先天缺陷，且这种缺陷与最初被镭照射后直接诱发的缺陷类似。

那我们该如何解读上述实验结果呢？镭的辐射是否首先影响了发育中的胚胎，造成其脑部缺陷？这种缺陷的出现，是否又使这个胚胎的生殖细胞受到影响？这种解释有一种显而易见的驳斥方式。我们可以预期，如果受影响的只有脑部，那么下一代应当只在脑部表现出缺陷；同理，如果受影响的只有眼部，那么下一代应当只在眼部表现出缺陷。但就目前已有的报道来看，实际结果并非如此：脑部异常但眼睛正常的小鼠，仍可产生眼部缺陷的后代。换句话说，镭的辐射效应并非针对哪个具体部位，而是对小鼠整体造成影响。

另一种解释认为，子宫内幼鼠的生殖细胞受到了镭辐射的影响。反过来，由这些生殖细胞发育而成的下一代个体，它们之所以会出现缺陷，是因为正常发育中最容易受到干扰的器官，就是那些最容易被发育过程中任何变化影响的器官。简而言之，这些器官是胚胎发育过程中最脆弱或最需要小心平衡的，因而也是最容易表现出任何背离正常发育路径、并因此表现出缺陷

效应的对象。我认为，这是目前针对上述及类似实验结果的最
合理解释。

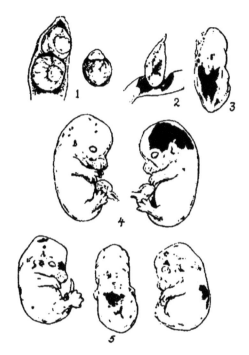

图 156　幼鼠胚胎及其出血部位。此前，胚胎仍
在母体子宫内发育时，母体曾被镭辐射（取材于
Bagg 实验）

第 19 章　整体结论

前述章节主要探讨了两个话题：一是染色体数量变化产生的效应，二是染色体内部变化（点突变）产生的效应。尽管基因论的主要关注点是基因本身，但基因论的范畴之广，足以涵盖这两大类变化。随着使用的日渐频繁，"突变"一词也已包含了两大类变化产生的各种效应。

这些类型的变化对于当代遗传学理论具有重要意义。

染色体数量变化及基因变化产生的效应

染色体数量变为二倍、三倍或任意多倍时，个体的基因种类保持不变，且各种基因间的数量比保持不变。除非细胞质体积随着基因数量的增加而变大，否则并不能假定基因数量的变化会影响个体形状。不管怎样，结果显示三倍体、四倍体、八倍体等多倍体在任何特定性状上（除体型外）与原始二倍体存在显著差异。换言之，染色体数量带来的变化可能多种多样，但与原始型并无显著差异。

另一方面，有几种变化预期会对个体产生更显著的影响，具体包括：整体多出一条染色体、同一对染色体分别多出一条染色体、不同对染色体多出两条及以上数量的染色体，以及缺失一整条染色体。有证据显示，当许多染色体存在或发生变化的只是一条小染色体时，染色体多余或缺失情形将不会造成那么极端的影响。从基因论的角度来看，这个结果可谓意料之中。例如，多出一条染色体意味着大量基因变为一式三份。基因平衡状态发生改变，因为某种基因的数量现在变得比以前更多。但由于没有增加新的基因，因此可以预期，变化产生的效应将分散于众多性状之中，并在一定程度上相应地增加或减弱。这与目前已有报道的事实相符。有意思的是，就目前掌握的信息来看，基因平衡状态变化后产生的效应通常有害无利。但这也在意料之中，因为从生命漫长的进化史来看，正常个体对于内、外部关系的适应是尽可能完善的。

这样的变化对许多部位都有轻微影响。因此，比起单个基因变化引起的一步又一步变化，基因平衡状态变化产生的效应不太可能导致一种新型活体的出现。

此外，新增两条同类染色体虽然可能产生一种新的稳定遗传型，却没有使情况得到改善。据我们所知（相关证据仍有待强化），不良的适应反而有增无减。出于这些原因，要想用这种方式把一个染色体组变为另一个染色体组，虽然可能性不大，但也并非是绝无可能。目前，我们还需要更多证据才能确定这个问题。

尽管说服力可能没那么强，但上述理论同样适用于染色体组中一条染色体的某些部分增加或减少的情形。这种变化产生的效应，与前述效应性质相同，但程度更低，因而更难确定这些效应对存活力的最终影响是好是坏。

近几年来的遗传学研究进展已经表明，尽管近缘物种乃至整个科、目的物种有着相同数量的染色体，但我们不能贸然假设这些物种之间的基因总是一样的。遗传学证据开始表明，染色体内部基因群出现颠倒排列，或不同染色体间的基因段发生易位，均可能使染色体发生重组而不会造成体积上的显著差异。甚至于，整套染色体组都可能在不改变实际数量的情况下重组成不同的群。这些类型的变化将极大地影响连锁关系，由此影响各种性状的遗传方式，但不会改变涉及基因的总数量或类型。因此，除非遗传学研究能够验证细胞学观察，否则就不能贸然假设染色体数量相同总是意味着基因群也相同。

染色体数量有两种变化方式。一种是两条染色体结合成一条，例如果蝇的附着 X 染色体，另一种是染色体偶尔断裂成片，如汉斯在月见草及其他若干种植物实验中观察到的那样。根据塞勒的描述，蛾类某些染色体暂时性的离合也属于这一类。他认为，尤其当分离后的要素有时可以互相重组时，更是证明了这一点。

与大量基因共同产生的效应相比，一个基因的变化所产生的效应乍看之下好像要极端许多。然而，这种第一印象极具误导性。的确，在遗传学家研究的突变性状中，许多最极端的突变性状都与对应的正常性状显著不同。但也正因如此，这些突变性状才往往被选为研究对象，并使遗传学家能够在后代个体中一眼将这些突变性状分辨出来。比起成对性状差异较不明显或有交叠的情形，准确分辨突变性状将使研究结果变得更加可靠。此外，越是奇异、极端的性状变化，哪怕有时甚至可以到"畸形"的地步，越有可能吸引人们的关注和兴趣，由此更容易用作遗传学研究。而那些较不明显的性状变化，则容易被遗漏或忽视。遗传学家都知道，对于任何一个群的研究越深入，就越能发现原本被忽略的突变性状，且这样的突变性状几乎与正常型无异。由此可见，突变过程既涉及很大的改变，也涉及很小的改变。

早期文献将极端的畸形体称为"畸形突变"（Sports）。长期以来，人们认为这些"畸形突变"与所有物种中持续存在的细微或个体差异（即我们常说的"变异"）可以明确区分开来。今天我们知道，这种明确区分是不可能做到的，但"畸形突变"与普通"变异"可能有着同样的起源，并遵循同样的遗传定律。

诚然，许多细微的性状差异由个体发育所处的环境条件引起，流于表面的检查往往无法将这类变异与遗传因子导致的微小变异区别分开。现代遗传学最重要的成就之一，就是承认这一事实，并创造出一些方法来指明细微差异具体来源于哪一种因素。按照达尔文的设想和当前被普遍认同的观点，进化就是微小变异不断积累的缓慢过程。由此，我们可以得出，被进化利用的必然是遗传学变异而非环境效应，因为只有前者能够遗传。

但我们断然不能从上述内容得出，突变仅会使某一个身体部位产生一种显著或细微的变化。相反，果蝇实验与其他所有形式的关键实验证据均显示，即使某个身体部位的变化尤其明显，若干或所有身体部位也经常显现出其他效应。从突变体的活动能力、繁育能力及寿命来看，次级效应不仅涉及身体结构上的改变，还涉及生理功能的改变。例如，丧失向光性是果蝇的一项典型突变，它伴随着一种全身体色的极细微变化。

以上关系反过来必定同样成立。一个突变基因导致的细微变化可以影响生理过程及反应，因而也往往伴随着结构性状的外在改变。如果这类生理变化能够帮助有机体更好地适应环境，那么预期它们将持续下去，有时甚至可导致新型存活下来。与原始型相比，新型的性状表面上看起来稳定，但每个的实际性状又有所不同。由于许多物种间差异都属于这一种，因此我们有理由认为，这些性状表面上看似稳定，并非由于它们能提高物种的存活率，而是它们与另外一些深层次的性状有关，而这些深层次的性状才对物种的存活有着重要意义。

综上所述，我们能够合理解释一整条染色体（或一条染色体部分片段）引起的突变，与仅涉及单个基因的突变有何差异。前一种类型的突变，本质上没有带来任何新的东西。突变涉及的东西差不多均已存在，其产生的效应虽然涉及大量性状，但程度较轻。后一种类型的突变，即单个基因发生的突变，也可以产生广泛但细微的效应，却往往同时伴随一个身体部位明显变化、其他部位变化不明显的现象。如前所述，这类突变是良好的实验素材，已在遗传学研究中广泛使用。如今，正是这些突变占据了遗传学期刊的头版，并催生出了一种普遍的错觉，让人以为每个这样的突变性状都只是一个基因产生的效应，由此引申出更隐匿但危害更大的谬误，即以为每个单元性状在种质中都有一个单独的代表。事实恰好相反，胚胎学研究结果显示，机体的每个器官都是一个最终产物，是一长串过程的顶点。一次变化，只要影响了其中一个过程，往往也会影响最终产物。

我们能看见的只是最后呈现出的显著效应，却看不见具体在哪个节点引起了这种效应。正如我们在前文中已经假设的那样，倘若某个器官的发育涉及很多步骤，且每个步骤都会受到大量基因作用的影响，那么无论这个器官多小或多不重要，都不会在种质中有一个单独代表。举一个极端的例子，假设所有基因对于每个器官的发育都很重要，则所有基因都会产生正常发育所必需的化学物质。现在，如果一个基因发生变化，产生了某种有别于此前的化学物质，那么最终产物也将因此受到影响。如果这个变化对某个器官的影响特别巨大，那么似乎仅凭一个基因就能产生这种效应。从严格的因果关系上说，此话不假，但这种效应只在一个基因与其他所有基因联合作用的情况下才会产生。换言之，所有基因仍像以前一样，共同决定着最终产物。仅仅因为其中一个基因发生变化，最终产物也就有了差异。

从这个意义上说，每个基因都能对某个器官产生某种特定效应。但这个基因绝不会是那个器官的唯一代表，它也同样对其他器官有着某种特定效应。极端情况下，或许这个基因对机体的所有器官或性状均有影响。

现在，回到我们的比较上来。比起基因数量已经是二倍或三倍的情况，单个基因突变产生的效应（如果是隐性基因，必然涉及一对相同基因）往往更加局部，这是因为单个基因的变化更可能破坏所有基因原本建立起的平衡态。延伸一下，这种观点似乎意味着，每个基因都对发育过程有着某种特定效应。这与前述观点并无冲突，即所有或许多基因共同决定着一个确定但复杂的最终产物。

　　一系列多等位基因的存在，是目前最能支持每个基因都有特定效应的论证观点。这里，同一基因位点的各种变化，都显著影响着同样的最终产物。这个最终产物不仅仅是某个器官，还包括了所有受到明显影响的部位。

突变过程是否源于基因退化？

　　在德弗里斯提出的突变论中，他谈及了我们现在称之为"隐性突变"的型，并将这些本质上源于基因缺失或失活的型认为是一种倒退性的变化。差不多同期或稍晚些时候，人们才普遍接受了"隐性性状源于种质中的基因缺失"这种观点。如今，有人认为遗传学家研究的突变型与传统进化论之间存在关联性，这种主张受到了几位主要关注进化论哲学内涵的批评家的猛烈抨击。我们不太关心这种主张正确与否，并且大可将这个问题留给后人评判，但至于说单个基因的突变过程仅限于基因的完全缺失或部分缺失（或者容许我大胆地将这种变化称为一种退化），却是一个颇为重要的理论问题。因为正如贝特森在1914年的一次演讲中阐述的那样，基于上述主张，我们可以进一步推演出：遗传学研究使用的材料都是基因缺失的。从字面意义上看，缺失的是野生型基因的等位基因。如果把该证据应用于进化论中，就会引出一个过于简化的谬论，即这一过程持续消耗着原有的基因库。

针对这个问题，本书第 6 章呈现了目前已有的遗传学证据。我们没必要再次总结已经介绍过的内容，但我想重申一点：许多突变性状的确是缺陷，甚至是部分或完全的缺失，但仅凭这一事实，并不能充分证明突变性状的出现一定是因为种质中缺失了相应基因。到目前为止，缺失假说的武断观点暂且不谈，仅就与该问题相关的直接证据而言，正如我此前尝试证明过的那样，它们都不支持这一观点。

但这里还剩下一个颇有意思的问题，即导致突变性状（不分隐性、中间和显性性状）的基因变化，其中的一部分或许多变化是源于某个基因的断裂，还是源于这个基因改造成另一个基因，从而产生些许不同的效应呢？除非先验知识告诉我们，高度复杂的稳定化合物更可能分解而非生成，否则我们不能假定说，导致突变性状的基因变化一定是在走下坡路，而非生成了一种更复杂的基因。在我们更多地了解基因的化学构成，以及它们的生长与分裂机制前，试图在论证中分出高下是相当徒劳的行为，因为遗传学理论只需要假设任何一种变化足以带来某种观察发现即可。

同理，目前我们也没必要讨论新的基因是否已经独立于旧的基因出现，更没必要讨论最早的基因是如何出现的。尽管现有证据无法证明新的基因是独立出现的，但要想否定这一点，虽说有可能，但难度也极高。在古人看来，河道的淤泥中长出虫子和鳗鱼，布满灰尘的阴暗角落普遍滋生害虫，似乎都合情合理。对于细菌起源于腐烂物质的说法，上一代人还深信不疑，但我们也很难证明细菌另有起源。同样，对于一个坚信基因可以独立出现的人，我们难以说服其改为相信基因不能独立于其他基因出现。但除非遇到非做这种假设不可的情况时，否则研究遗传学理论的人无须因这个问题感到焦虑。目前，我们发现没必要在连锁群内部或两端插入新的基因。假设有同样多的基因存在于白血球和哺乳动物的其他所有体细胞内，且假如白血球只不过是阿米巴虫大小的细胞，而剩下的所有体细胞整体构成了一个人的话，那么硬要假设阿米巴虫的基因更少、人体内的基因更多，将显得毫无必要。

基因是有机分子层面的物质吗？

讨论基因是否为有机分子这个问题，唯一的实际意义可能在于它牵涉到基因稳定性的本质。这里所说的"稳定性"，可能仅仅指的是基因围绕一定的众数而上下变化的倾向，也可以指基因有着和有机分子同样意义上的稳定性。倘若后一种说法成立，则相应的遗传学问题将变得简单。但如果认为基因只是一定数量的遗传物质，那么除非诉诸基因之外的某种神秘力量，否则我们仍将无法满意地解释为何基因在异型杂交（Outcrossing）中经历了大大小小的变化之后依然如此稳定。以我们目前的认知水平，几乎不可能解答这个问题。几年前，我曾试图测算基因的大小，希望借此机会稍微找到一点线索。可直到现在，我们仍然缺少足够精确的测算方法，而只能继续猜测。从既有的测算结果来看，基因的大小似乎与更大一些的有机分子接近。如果这个结果还算有一点儿价值的话，则或许基因还不至于大到可以称之为有机分子的程度。但我们的推论恐怕也只能到此为止。基因甚至可能不是分子，而只是一系列不以化学键相连的有机物质。

综合考虑以上所有内容，我们仍然难以招架这个令人着迷的假设：基因之所以稳定，是因为它代表着一种有机化学实体。这是目前我们所能做出的最简假设。同时，由于这个假设与其他所有关于基因稳定性的已知观点相一致，因此至少我们可以暂时称它是一个好的假说。

参考文献
CANKAOWENXIAN
JI YIN LUN

AIDA,T.1921.On the inheritance of colour in a fresh-water fish,Aplocheilus latipes,etc.Genetics.VI.

ALLEN,C.E.1917.A chromosome difference correlated with sex differences in Sphaerocarpos.Science.XLVI.

—1919.The basis of sex inheritance in Sphaerocarpos.Proc. Am.Phil.Soc.LVIII.

—1924.Inheritance by tetrad sibs in Sphaerocarpos.Ibid.LXIII.

ANDREWS,E.A.1909.A male crayfish with some female organs.Am.Nat.XLIII.

D'ANGREMOND,A.1914.Parthenokarpie und Samenbildung bei Bananen.Flora.CVII.

ARTOM,C.1921.Il significato delle razze e delle specie

tetraploidi e il problema della loro origine.Rivista di Biol.III.

—1921.Dati citologici sul tetraploidismo dell'Artemia salina di Margherita di Savoia(Puglia).R.Accademia Naz.dei Lincei,Roma. XXX.

—1924.Il tetraploidismo dei maschi dell'Artemia salina di Odessa in relazione con alcuni problemi generali di genetica.Ibid. XXXII.

BABCOCK,E.B.,and COLLINS,J.L.1920.Interspecific hybrids in Crepis.I.Crepis capillaris(L.)Wallr.x C.tectorum L.Univ.Calif. Publ.Agri.Sci.II.

BAEHR,W.B.v.1920.Recherches sur la maturation des oeufs parthénogénétiques dans l'Aphis Palmae.La Cellule.XXX.

BAGG,H.J.1922.Disturbances in mammalian development produced by radium emanation.Am.Jour.Anat.XXX.

—1923.The absence of one kidney associated with hereditary abnormalities in the descendants of X-rayed mice.Proc.Soc.Exp. Biol.and Med.XXI.

—1924.The absence of both kidneys associated with hereditary abnormalities in mice.Ibid.XXI.

BAGG,H.J.,and LITTLE,C.C.1924.Hereditary structural defects in the descendants of mice exposed to Roentgen-ray irradiation.Amer.Jour.Anat.XXXIII.

BAKER,J.R.1925.On sex-intergrade pigs:their

anatomy,genetics,and developmental physiology.Brit.Jour.Exp. Biol.II.

BALTZER,F.1914.Die Bestimmung des Geschlechts nebst einer Analyse des Geschlechts-dimorphismus bei Bonellia Mitteil. Zool.Station Neapel.XXII.

—1920, Über die experimentelle Erzeugung und die Entwicklung von Triton-Bastarden ohne mütterliches Kernmaterial. Neuchatel Act.Soc.Helvét.Sci.Nat.XII.

—1922. Über die Herstellung und Aufzucht eines haploiden Triton taeniatus.Verh.Schweiz.Ges.Bern.CIII.

—1924. Über die Giftwirkung weiblicher Bonellia-Gewebe auf das Bonel-lia-Männchen und andere Organismen und ihre Beziehung zur Bestimmung des Geschlects der Bonellienlarve. Natur.Gesell.in Bern.VIII.

BANTA,A.M.1914.One hundred parthenogenetic generations of Daphnia without sexual forms.Proc.Soc.Biol.and Med.XI.

—1916.Sex intergrades in a species of crustacea.Proc.Nat. Acad.Sc.II.

—1916.A sex-intergrade strain of Cladocera.Proc.Soc.Exp. Biol.and Med.XIV.

—1917.A strain of sex intergrades.Anat.Rec.XI.

—1918.Sex and sex intergrades in Cladocera.Proc.Nat.Acad. Sc.IV.BARTLETT,H.H.1915.Additional evidence of mutation in

Oenothera.Bot.Gaz.LIX.

——1915.The mutations of Oenothera stenomeres.Am.Jour.Bot.II.

——1915.Mutations en masse.Am.Nat.XLIX.

——1915.Mass mutation in Oenothera pratincola.Bot.Gaz.LX.

BATESON,W.1913.Mendel's principles of heredity.3d impression.Cambridge.

——1914.Address,Brit.Assn.Adv.Sc.,Part I,Ref.1；Part II,Ref.66.

BATESON,W.,and PUNNETT,R.C.1905.Rep.Evol.Com.II.

——1911.On the interrelations of genetic factors.Proc.Roy. Soc.,B.LXXXIV.

——1911.On gametic series involving reduplication of certain terms.Jour.Genet.I.

BATESON.W.；SAUNDERS,E.R.；PUNNETT,R.C.； HURST,C.C.；et al.1902-1909.Reports(I to V)to the Evolution Committee of the Royal Society.London.

BAUR,E.1911.Ein Fall von Faktorenkoppelung bei Antirrhinum majus.Verh.naturf.Ver.Brünn.XLIX.

——1912.Vererbungs-und Bastardierungsversuche mit Antirrhinum——II.Faktorenkoppelung.Zeit.Abst.-Vererb.VI.

——1914.Einführung in die experimentelle Vererbungslehre. Berlin.BĚLAŘ.K.1923.über den Chromosomenzyklus von parthenogen etischen Erdnematoden.Biol.Zentralb.XLIII.

—1924.Neuere Untersuchungen über Geschlechtschromosomen bei Pflanzen.Zeit.Abst.-Vererb.XXXV.

BELLAMY,A.W.1923.Sex-linked inheritance in the teleost Platypoecilus maculatus Günth.Anat.Rec.XXIV.

—1924.Bionomic studies on certain teleosts(Poeciliinae). Genetics,IX.

BELLING,J.1921.The behavior of homologous chromosomes in a triploid canna.Proc.Nat.Acad.Sc.VII.

—1923.The attraction between homologous chromosomes. Eugenics,Genetics and the Family.I.

—1924.Detachment(elimination)of chromosomes in Cypripedium acaule.Bot.Gaz.LXXVIII.

BELLING,J.,and BLAKESLEE,A.F.1922.The assortment of chromosomes in triploid Daturas.Am.Nat.LVI.

—1923.The reduction division in haploid,diploid,triploid,and tetraploid Daturas.Proc.Nat.Acad.Sc.IX.

—1924.The distribution of chromosomes in tetraploid Daturas. Am.Nat.LVIII.

—1924.The configurations and sizes of the chromosomes in the trivalents of 25-chromosome Daturas.Proc.Nat.Acad.Sc.X.

BENOIT,J.1923.Transformation expérimentale du sexe par ovariotomie précoce chez la Poule domestique.Compt.rend.l'Acad. Sciences.CLXXVII.

—1923.A propos du changement expérimental de sexe par ovariotomie,chez la Poule.Compt.rend.des séances d.la Société d.Biol.LXXXIX.

—1924.Sur la signification de la glande génitale rudimentaire droite chez la Poule.Compt.rend.l'Acad.Sciences.CLXXVIII.

—1924.Sur un nouveau cas d'inversion sexuelle expérimentale chez la Poule domestique.Ibid.CLXXVIII.

BENSAUDE,M.1918.Recherches sur le cycle évolutif et la sexualité chez les Basidiomycetes.Nemours.

BERNER,O.1924.Un coq asexuel.Rev.Fran.d'endocrin.II.

BLACKBURN,K.B.1923.Sex chromosomes in plants.Nature. Nov.10,1923.

—1924.The cytological aspects of the determination of sex in dioecious forms of Lychnis.Brit.Jour.Exp.Biol.I.

—1925.Chromosomes and classification in the genus Rosa. Am.Nat.LIX.

BLACKBURN,K.B.,and HARRISON,J.W.H.1924.A preliminary account of the chromosomes and chromosome behaviour in the Salicaceae.Ann.of Bot.XXXVIII.

—1924.Genetical and cytological studies in hybrid roses.I.The origin of a fertile hexaploid form in the pimpinellifoliae-villosae crosses.Brit.Jour.Exp.Biol.I.

BLAKESLEE,A.F.1921.Types of mutations and their possible

significance in evolution.Am.Nat.LV.

—1921.The globe,a simple trisomic mutant in Datura.Proc. Nat.Acad.Sc.VII.

—1922.Variations in Datura,due to changes in chromosome number.Am.Nat.LVI.

—1924.Distinction between primary and secondary chromosomal mutants in Datura.Proc.Nat.Acad.Sc.X.

BLAKESLEE,A.F.,and AVERY,B.T.1919.Mutations in the jimson weed.Jour.Heredity.X.

BLAKESLEE,A.F.,and BELLING,J.1924.Chromosomal mutations in the jimson weed,Datura stramonium.Ibid.XV.

BLAKESLEE,A.F. ; BELLING,JOHN ; and FARNHAM,M. E.1920.Chromosomal duplication and Mendelian phenomena in Datura mutants.Science.LII.

BLAKESLEE,A.F. ; BELLING,JOHN ; FARNHAM,M. E. ; and BERGNER,A.D.1922.A haploid mutant in the jimson weed,Datura stramonium,Ibid.LV.

BLEIER,H.1925.Chromosomenstudien bei der Gattung Trifolium.Jahrb.wiss.Bot.LXIV.

BOEDIJN,K.1924.Die typische und heterotypische Kernteilung der Oenotheren.Zeit.f.Zell.w.Geweb.I.

BONNIER,G.1922.Double sex-linked lethals in Drosophila melanogaster.Acta Zool.III.

—1923.Studies on high and low non-disjunction in Drosophila melanogaster:Hereditas.IV.

—1923. Über die Realisierung verschiedener Geschlechtsverhä-ltnisse bei Drosophila melanogaster.Zeit.Abst.-Vererb.XXX.

—1923.On different sex-ratios in Drosophila melanogaster. Ibid.XXXI.

—1924.Contributions to the knowledge of intra-and inter-specific relationships in Drosophila.Acta Zool.V.

BORING,A.M.1923.Notes by N.M.Stevens on chromosomes of the domestic chicken.Science.LVIII.

BORING.A.M.,and PEARL,R.1918.Sex studies. XI.Hermaphrodite birds.Jour.Exp.Zoöl.XXV.

BOVERI,TH.1888.Die Befruchtung und Teilung des Eies von Ascaris.Jena.Zeit.Med.Naturwiss.XXII.

—1908. Über die Beziehung des Chromatins zur Geschlechtsbestimmung.Sitz.Phys.-Med.Gesell.Würzburg.

—1909.Die Blastomerenkerne von Ascaris megalocephala und die Theorie der Chromosomen-Individualität.Arch.Zellf.III.

—1909. Über Geschlechtschromosomen bei Nematoden.Ibid.IV.

—1911. Über die Charaktere von Echiniden-Bastardlarven bei Hermaphroditismus.Verh.Phys.-Med.Gesell.Würzburg.XLI.

—1911. Über das Verhalten der Geschlechtschromosomen bei

Hermaphroditismus.Beobachtungen an Rhabditis nigrovenosa.Ibid. XLI.

—1914.Über die Charaktere von Echiniden-Bastardlarven bei verschiedenem Mengenverhaltnis mütterlicher und vaterlicher Substanzen.Ibid.XLIII.

—1915.Über die Entstehung der Eugsterschen Zwitterbeinen. Arch.Entw.-mech.XLI.

BRAUN,H.1909.Die spezifischen Chromosomenzahlen der einheimischen Arten der Gattung Cyclops.Arch.f.Zellf.III.

BRECKER,L.1917.Die Puppenfärbung des Kohlweisslings,Pieris brassicae L.I-III.Arch.Entw.-mech.XLIII.

—1924.Die Puppenfärbungen des Kohlweisslings,Pieris brassicae L.VIII.Ibid.CII.

BREMER,G.1922.A cytological investigation of some species and species hybrids within the genus Saccharum.Arch.van de Suikerindustrie in Nederlandsch-Indië.

—1923.A cytological investigation of some species and species hybrids within the genus Saccharum,I.II Genetica.V.

BRIDGES,C.B.1913.Non-disjunction of the sex-chromosomes of Drosophila.Jour.Exp.Zoöl.XV.

—1914.Direct proof through non-disjunction that the sex-linked genes of Drosophila are borne by the X-chromosome. Science,n.s.XL.

—1915.A linkage variation in Drosophila.Jour.Exp.Zoöl.XIX.

—1916.Non-disjunction as proof of the chromosome theory of heredity.Genetics.I.

—1917.The elimination of males in alternate generations of sex-controlled lines.Anat.Rec.XI.

—1917.An intrinsic difficulty for the variable force hypothesis of crossing over.Amer.Nat.LI.

—1917.Deficiency.Genetics.II.

—1918.Maroon—a recurrent mutation in Drosophila.Proc.Nat. Acad.Sc.IV.

—1919.Duplications.Anat.Rec.XX.

—1919.The genetics of purple eye color in Drosophila melanogaster.Jour.Exp.Zoöl.XXVIII.

—1919.Specific modifiers of eosin eye color in Drosophila melanogaster.Ibid.XXVIII.

—1919.Vermilion-deficiency.Jour.Gen.Physiol.I.

—1919.The developmental stages at which mutations occur in the germ tract.Proc.Soc.Exp.Biol.and Med.XVII.

—1920.White-ocelli—an example of a"slight"mutant character with normal viability.Biol.Bull.XXXVIII.

—1920.The mutant crossveinless in Drosophila melanogaster. Proc.Nat.Acad.Sc.VI.

—1921.Gametic and observed ratios in Drosophila.Amer.Nat.LV.

—1921.Proof of non-disjunction for the fourth chromosome of Drosophila melanogaster.Science,n.s.LIII.

—1921.Current maps of the location of the mutant genes of Drosophila melanogaster.Proc.Nat.Acad.Sc.VII.

—1921.Genetical and cytological proof of non-disjunction of the fourth chromosome of Drosophila melanogaster.Ibid.VII.

—1921.Triploid intersexes in Drosophila melanogaster. Science,n.s.LIV.

—1925.Sex in relation to chromosomes and genes.Am.Nat. LIX.

—1925.Haploidy in Drosophila melanogaster.Proc.Nat.Acad. Sci.XI.

BRIDGES,C.B.,and MORGAN,T.H.1919.The second-chromosome group of mutant characters.Carnegie Inst.Wash. No.278.

—1923.The third-chromosome group of mutant characters of Drosophila melanogaster.Ibid.No.327.

BULLER,A.H.R.1924.Experiments on sex in mushrooms and toadstools.Nature.CXIV.

CAROTHERS,E.E.1913.The Mendelian ratio in relation to certain orthopteran chromosomes.Jour.Morph.XXIV.

—1917.The segregation and recombination of homologous chromosomes as found in two genera of Acrididae.Ibid.XXVIII.

—1921.Genetical behavior of heteromorphic homologous chromosomes of Circotettix(Orthoptera).Ibid.XXXV.

CASTLE,W.E.1912.The inconstancy of unit-characters,Am. Nat.XLVI.

—1914.Size inheritance and the pure line theory.Zeit.Abst.- Vererb.XII.

—1916.Can selection cause genetic change？ Am.Nat.L.

—1916.Further studies on piebald rats and selection with observations on gametic coupling.Carnegie Inst.Wash.No.241,III.

—1919.Studies of heredity in rabbits,rats,and mice.Ibid. No.288.

—1919.Is the arrangement of the genes in the chromosome linear？ Proc.Nat.Acad.Sc.V.

—1919.Are genes linear or non-linear in arrangement？ Ibid.V.

—1919.Does evolution occur exclusively by loss of genetic factors？ Am.Nat.LIII.

CASTLE,W.E.,and HADLEY,P.B.1915.The English rabbit and the question of Mendelian unit-character constancy.Proc.Nat.Acad. Sci.I.

CASTLE,W.E.,and PHILLIPS,JOHN C.1914.Piebald rats and selection.Carnegie Inst.Wash.No.195.

CASTLE,W.E.,and WACHTER,W.L.1924.Variations of linkage in rats and mice.Genetics.IX.

CHAMBERS,R.1912.A discussion of Cyclops viridis Jurine. Biol.Bull.XXII.

CHAMPY,C.1921.Changement expérimental du sexe chez le Triton alpestris.Compt.rend.l'Acad.Sciences.CLXXII.

—1922.Étude expérimentale sur les différences sexuelles chez les Tritons:changement de sexe expérimental.Arch.d.morph.gén.et expér.VIII.

CHAPIN,C.C.1917.A microscopic study of the reproductive system of foetal free-martins.Jour.Exp.Zoöl.XXIII.

CLAUSEN,J.1921.Studies in the collective species Viola tricolor L.I.II.Bot.Tidsskift.XXXVII.

—1924.Increase of chromosome numbers in Viola experimentally induced by crossing.Hereditas.V.

CLAUSEN,R.E.,and GOODSPEED,T.H.1916.Hereditary reaction-system relations—an extension of Mendelian concepts. Proc.Nat.Acad.Sc.II.

—1925.Interspecific hybridization in Nicotiana.II.A tetraploid glutinosa-tabacum hybrid,an experimental verification of Winge's hypothesis.Genetics,X.

CLAUSEN,R.E.,and MANN,M.C.1924.Inheritance in Nicotiana Tabacum V.The occurrence of haploid plants in interspecific progenies.Proc.Nat.Acad.Sc.X.

CLELAND,R.E.1922.The reduction divisions in the pollen

mother cells of Oenothera franciscana.Am.Jour.Bot.IX.

—1924.Meiosis in pollen mother cells of Oenothera franciscana sulfurea.Bot.Gaz.LXXVII.

COLLINS,E.S.1919.Sex segregation in the Bryophyta.Jour. Genet.VIII.

—1920.The genetics of sex in Funaria hygrometrica.Proc.Roy. Soc.XCI.

—1920.Inbreeding and crossbreeding in Crepis capillaris(L.) Wallr.Univ.Calif.Pub.Agri.Sc.II.

COLLINS,J.L.,and MANN,M.C.1923.Interspecific hybrids in Crepis.II.

A preliminary report on the results of hybridizing Crepis setosa Hall.with C.capillaris(L.)Wallr.and with C.biennis L.Genetics.VIII.

CORRENS,C.1902. Über den Modus und den Zeitpunkt der Spaltung,etc.Bot.Zeit.LX.

—1909.Zur Kenntniss der Rolle von Kern und Plasma bei der Vererbung.Zeit.Abst.-Vererb.II.

—1916.Über den Unterschied von tierischem und pflanzlichem Zwittertum.Biol.Centralb.XXXVI.

—1920.Die geschlechtliche Tendenz der Keimzellen gemischtgeschlechtiger Pflanzen.Zeit.f.Bot.XII.

—1921.Versuche Über Pflanzen das Geschlechtsverhältnis zu verschieben.Hereditas.II.

CREW,F.A.E.1921.A description of certain abnormalities of the reproductive system found in frogs,and a suggestion as to their possible significance.Proc.Roy.Phys.Soc.Edinburgh.XX.

——1921.Sex-reversal in frogs and toads.A review of the recorded cases of abnormality of the reproductive system and an account of a breeding experiment.Jour.Genet.XI.

——1923.Studies in Intersexuality.I.A peculiar type of developmental intersexuality in the male of the domesticated mammals.II.Sex-reversal in the fowl.Proc.Roy.Soc.,B.XCV.

——1924.Hermaphroditism in the pig.Jour.Obstetrics and Gyn. Brit.Emp.XXXI.

CUÉNOT,L.1898.L'hermaphroditisme protandrique d'Asterina gibbosa et ses variations suivant les localités.Zool.Anz.XXI.

——1902.La loi de Mendel et l'hérédité de la pigmentation chez les souris.Arch.zoöl.expér.et gén.(3).X.

——1903.L'hérédité de la pigmentation chez les souris(2). I.Hérédité de la pigmentation chez les souris noires.Ibid.(4).I.

——1904.L'hérédité de la pigmentation chez les souris(3).I.Les formules héréditaires.Ibid.(4).II.

——1905.Les races pures et leurs combinaisons chez les souris(4).Ibid.(4).III.

——1907.L'hérédité de la pigmentation chez les souris(5).Ibid. (4).VI.

DAVIS,B.M.1909-1911.Cytological studies on Oenothera. Ann.of Bot.XXIII,XXIV,XXV.

——1910.Genetical Studies on Oenothera.Am.Nat. XLIV,XLV,XLVI,XLVII；Zeit.Abst.-Vererb.XII.

——1913.The problem of the origin of Oenothera Lamarckiana de Vries.New Phytol.XII.

——1924.The behavior of Oenothera neo-lamarckiana in selfed line through seven generations.Proc.Am.Phil.Soc.LXIII.

DELAGE,Y.1903.L'hérédité,et les grands problèmes de la Biologie Générale.Paris.

DELAUNAY,L.1915.Étude comparée caryologique de quelques espèces du genre Muscari Mill.Mém.de la soc.natur.de Kiew.XXV.

——1922.Comparative caryological study of species of Muscari and Bellevalia.Review of the Tiflis Bot.Garden,Series II,No.1.(Russian.)

——1925.The S-chromosomes in Ornithogalum L.Science,LXII.

DELLA VALLE,P.1907.Osservazione de tetradi in cellule somatiche,etc.Atti.Acc.Napoli,XIII.

DETLEFSEN,J.A.1914.Genetic studies on a cavy species cross.Carnegie Inst.Wash.No.205.

DETLEFSEN,J.A.,and ROBERTS,E.1921.Studies on crossing over.I.The effect of selection on crossover values.Jour.

Exp.Zoöl.XXXII.

DIGBY,L.1912.The cytology of Primula kewensis and of other related Primula hybrids.Ann.Bot.XXXVI.

DOMM,L.V.1924.Sex-reversal following ovariotomy in the fowl.Proc.Soc.Exp.Biol.Med.XX.

DONCASTER,L.1908.On sex inheritance in the moth,Abraxas grossulariata and its var.lacticolor.Fourth Rep.Evol.Com.,Roy.Soc. London.

—1914.Chromosomes,heredity,and sex.Quar.Jour.Micr. Sc.LIX.

—1914.The determination of sex.Cambridge.

—1914.On the relations between chromosomes,sex-limited transmission,and sex-determination in Abraxas grossulariata.Jour. Genet.IV.

—1920.An introduction to the study of cytology.Cambridge.

DONCASTER,L.,and RAYNOR,G.H.1906.Breeding experiments with Lepidoptera.Proc.Zool.Soc.London,pp.125-133.

DÜRKEN,B.1923. Über die Wirkung farbigen Lichtes auf die Puppen des Kohlweisslings(Pieris brassicae)und das Verhalten der Nachkommen.Arch.f.Mikro.Anat.u.Entw.-mech.XCIX.

EAST,E.M.1910.Notes on an experiment concerning the nature of unit characters.Science.XXXII.

—1911.The genotype hypothesis and hybridization.Am.Nat.

XLV.

—1913.Inheritance of flower size in crosses between species of Nicotiana.Bot.Gaz.LV.

—1915.The chromosome view of heredity and its meaning to plant breeders.Am.Nat.XLIX.

—1916.Inheritance in crosses between Nicotiana Langsdofii and N.alata.Genetics.I.

EAST,E.M.,and HAYES,H.K.1911.Inheritance in maize.Conn. Exp.Sta.Bull.No.167.

—1912.Heterozygosis in evolution and in plant breeding. U.S.Dept.Agr.,Bureau Plant Ind.Bull.No.243.

—1914.A genetic analysis of the changes produced by selection in experiments with tobacco.Am.Nat.XLVIII.

EAST,E.M.,and JONES,D.F.1919.Inbreeding and outbreeding. Philadelphia.

EAST,E.M.,and MANGELSDORF,A.J.1925.A new interpretation of the hereditary behavior of self-sterile plants.Proc. Nat.Acad.Sci.XI.

EAST,E.M.,and PARK,J.B.1917.Studies in self-sterility. I.Genetics.II.

EMERSON,R.A.1911.Genetic correlation and spurious allelomorphism in maize.Ann.Rep.Neb.Agr.Exp.Sta.No.24.

—1914.The inheritance of a recurring somatic variation in

variegated ears of maize.Am.Nat.XLVIII.

—1917.Genetical studies of variegated pericarp in maize. Genetics.II.

—1924.A genetic view of sex expression in the flowering plants,Science,LIX.

EMERSON,S.H.1924.Do balanced lethals explain the Oenothera problem? Jour.Wash.Acad.Sc.XIV.

ERNST,A.1918.Bastardierung als Ursache der Apogamie im Pflanzenreiche.Jena.

ESSENBERG,J.M.1923.Sex-differentiation in the viviparous teleost Xiphophorus helleri Heckel.Biol.Bull.XLV.

—1926.Complete sex-reversal in the viviparous teleost Xiphophorus helleri.Ibid.LI.

FANKHAUSER,G.1924.Analyse der physiologischen Polyspermie des Triton Eies auf Grund von Schnürungsexperimenten. Jahrb.d.Phil.Fak.II.Universität Bern.V.

FARMER,J.,and DIGBY,L.1910.Cytological features of varietal and hybrid ferns.Ann.Bot.XXIV.

FAXON,W.1881.Bull.Mus.Comp.Zoöl.VIII.

—1885.Mem.Mus.Comp.Zoöl.Harvard College.X.

—1898.Proc.U.S.Nat.Mus.XX.

FEDERLEY,H.1913.Das Verhalten der Chromosomen bei der Spermatogenese der Schmetterlinge Pygaera anachoreta,curtula und pigra sowie einiger ihrer Bastarde.Zeit.Abst.-Vererb.IX.

—1914.Ein Beitrag zur Kenntnis der Spermatogenese bei Mischlingen zwischen Eltern verschiedener systematischer Verwandtschaft.Ofversigt af Finska Vetenskaps-Societetens Förhandlingar.LVI.

FELL,H.B.1923.Histological studies on the gonads of the fowl.I.The histological basis of sex reversal.Brit.Jour.Exp.Biol.I.

FICK,R.1924.Einiges über Vererbungsfragen.Abhand,Preus. Akad.d.Wiss.Jahrg.

GATES,R.R.1907.Pollen development in hybrids of Oenothera lata x O.Lamarckiana,and its relation to mutation.Bot.Gaz.XLIII.

—1913.Tetraploid mutants and chromosome mechanisms.Biol. Centralb.XXXIII.

—1915.On the modification of characters by crossing.Am.Nat. XLIX.

—1915.The mutation factor in evolution.London.

—1916.On pairs of species.Bot.Gaz.LXI.

—1917.Vegetative segregation in a hybrid race.Jour.Genet.VI.

—1923.Heredity and eugenics.London.

—1924.Polyploidy.Brit.Jour.Exp.Biol.I.

—1925.Species and chromosomes.Am.Nat.LIX.

GATES,R.R.,and THOMAS,N.1914.A cytological study of Oenothera mut.lata and Oe.mut.semilata in relation to mutation.

Quar.Jour.Micr.Sc.LIX.

GEERTS,J.M.1911.Cytologische Untersuchungen einiger Bastarde von Oenothera gigas.Ber.Deutsch.Bot.Gesell.XXIX.

GEINITZ,B.1915.Uber Abweichungen bei der Eireifung von Ascaris.Arch.Zellf.XIII.

GELEI,J.1921-22.Weitere Studien über die Oögenese von Dendrocoelum.II.III.Arch.Zellf.XVI.

GIARD,A.1886.De l'influence de certains parasites Rhizocephales sur les caractères sexuels extérieurs de leur hôte. C.R.Acad.Sc.Paris.CIII.

—1887,La castration parasitaire.Bull.Sc.Dép.Nord.XVIII.

—1887.Sur la castration parasitaire chez l'Eupagurus bernhardus et chez la Gebia stellata.C.R.Acad.Sc.Paris.CIV.

—1888.Sur la castration parasitaire chez les Eukyphotes des genres Palaemon et Hippolyte.Ibid.CVI.

—1888.La castration parasitaire(nouvelles recherches).Bull. Sc.Dép.Nord.I.

GOLDSCHMIDT,R.1912.Erblichkeitsstudien an Schmetterlingen.I,1.Zeit.Abst.-Vererb.VII.

—1912.Bemerkungen zur Vererbung des Geschlechtspolymorphismus. Ibid.VIII.

—1916.Experimental intersexuality and the sex problem. Am.Nat.L.

—1917.A further contribution to the theory of sex.Jour.Exp. Zoöl.XXII.

—1917.Crossing-over ohne Chiasmatypie？Genetics.II.

—1919.Intersexualität und Geschlechtsbestimmung.Biol. Zentralb.XXXIX.

—1920.Einführung in die Vererbungswissenschaft.Leipzig.

—1920,1922,1923.Untersuchungen über Intersexualität. I,II,III.Zeit.Abst.-Vererb.XXIII,XXIX,XXXI.

—1923.The mechanism and physiology of sex-determination. London.

GOODALE,H.D.1911.Studies on hybrid ducks.Jour.Exp.Zoöl.X.

—1911.Some results of castration in ducks.Biol.Bull.XX.

—1911.Sex-limited inheritance and sexual dimorphism in poultry.Science.XXXIII.

—1913.Castration in relation to the secondary sexual characters of brown leghorns.Am.Nat.XLVII.

—1916.A feminized cockerel.Jour.Exp.Zoöl.XX.

—1916.Gonadectomy in relation to the secondary sexual characters of some domestic birds.Carnegie Inst.Wash.Pub.No.243.

—1917.Crossing over in the sex-chromosome of the male fowl.Science,n.s.XLVI.

GOODSPEED,T.H.1913.On the partial sterility of Nicotiana hybrids made with N.sylvestris as a parent.Univ.Calif.Pub.Bot.V.

—1915.Parthenogenesis,parthenocarpy and phenospermy in Nicotiana.Univ.Calif.Pub.Bot.V.

—1923.A preliminary note on the cytology of Nicotiana species and hybrids.Svensk.Bot.Tidsk.XVII.

GOODSPEED,T.H.,and AYRES,A.H.1916.On the partial sterility of Nicotiana hybrids made with N.sylvestris as a parent. II.Univ.Calif.Pub.Bot.V.

GOODSPEED,T.H.,and CLAUSEN,R.E.1917.The nature of the F1 species hybrids between Nicotiana sylvestris and varieties of Nicotiana tabacum.Univ.Calif.Pub.Bot.V.

—1917.Mendelian factor differences versus reaction system contrasts in heredity.I and II.Am.Nat.LI.

—1922.Interspecific hybridization in Nicotiana.I.On the results of backcrossing the F1 sylvestris-tabacum hybrids to sylvestris. Univ.Calif.Pub.Bot.XI.

GOODSPEED,T.H.,and KENDALL,J.N.1916.On the partial sterility of Nicotiana hybrids made with N.sylvestris as a parent.III. Ibid.V.

GOULD,H.N.1917.Studies on sex in the hermaphrodite mollusc Crepidula plana.I.History of the sexual cycle.Also II.Jour. Exp.Zoöl.XXIII.

GOWEN,J.W.1919.A biometrical study of crossing over. On the mechanism of crossing over in the third chromosome of

Drosophila melanogaster.Genetics.IV.

GOWEN,M.S.,and GOWEN,J.W.1922.Complete linkage in Drosophila melanogaster.Amer.Nat.LVI.

GREENWOOD,A.W.1925.Gonad grafts in embryonic chicks and their relation to sexual differentiation.Brit.Jour.Exp.Biol.II.

GREGORY,R.P.1909.Note on the histology of the giant and ordinary forms of Primula sinensis.Proc.Cambridge Phil.Soc.XV.

—1911.Experiments with Primula sinensis.Jour.Genet.I.

—1911.On gametic coupling and repulsion in Primula sinensis.Proc.Roy.Soc.,B.LXXXIV.

—1912.The chromosomes of a giant form of Primula sinensis. Proc.Cambridge Phil.Soc.XVI.

—1914.On the genetics of tetraploid plants in Primula sinensis.Proc.Roy.Soc.,B.LXXXVII.

GUDERNATSCH,J.F.1911.Hermaphroditismus verus in man. Am.Jour.Anat.XI.

GUYÉNOT,E.,and PONSE,K.1923.Inversion expérimentale du type sexuel dans la gonade du crapaud.C.R.Soc.Biol.V.

HALDANE,J.B.S.1919.The combination of linkage values,and the calculation of distances between the loci of linked factors.Jour. Genet.VIII.

HANCE,R.T.1918.Variations in the number of somatic chromosomes in Oenothera scintillans.Genetics.III.

—1924.The somatic chromosomes of the chick and their possible sex relations.Science.LIX.

HANNA,W.F.1925.The problem of sex in Coprinus lagopus. Ann.Bot.XXXIX.

HARGREAVES,E.1914.The life history and habits of the greenhouse white fly.Ann.App.Bot.I.

HARMAN,M.T.1917.Another case of Gynandromorphism. Anat.Rec.XIII.

HARMS,W.1921.Untersuchungen über das Biddersche Organ der männlichen und weiblichen Kröten.I.Die Morphologie des Bidderschen Organs.Zeit.f.d.ges.Anat.LXII.

—1921.Verwandlung des Bidderschen Organs in ein Ovarium beim Männchen von Bufo vulgaris.Zool.Anz.LIII.

—1923.Untersuchungen über das Biddersche Organ der männlichen und weiblichen Kröten.II.Die Physiologie des Bidderschen Organs und die experimentellphysiologische Umdifferenzierung vom Männchen in Weibchen.Zeit.f.d.ges.Anat. LXIX.

—1923.Die physiologische Geschlechtsumstimmung.Verh. d.Deutsch.Zool.Gesells.E.V.XXVIII.

—1923.Körper und Keimzellen.Berlin.

—1924.Weitere Mitteilungen über die physiologische Geschlechtsumstimmung.Verh.d.Deutsch.Zool.Gesells.E.V.XXIX.

—1926.Beobachtungen über Geschlechtsumwandlung reifer Tiere und deren F1—Generation.Zool.Anz.LXVII.

HARRIS,R.G.1923.Occurrence,life-cycle,and maintenance,under artificial conditions,of Miastor.Psyche.XXX.

—1924.Sex of adult Cecidomyidae(Oligarces sp.)arising from larvae produced by Paedogenesis.Ibid.XXXI.

HARRISON,J.W.H.1919.Studies in the hybrid Bistoninae.III. The stimulus of heterozygosis.Jour.Genet.VIII.

—1919.Studies in the hybrid Bistoninae.IV.Concerning the sex and related problems.Ibid.IX.

HARRISON,J.W.H.,and BLACKBURN,K.1921.The status of the British rose forms as determined by their cytological behavior. Ann.Bot.XXXV.

HARRISON,J.W.H.,and DONCASTER,L.1914.On hybrids between moths of the geometrid sub-family Bistoninae,with an account of the behavior of the chromosomes in gametogenesis in Lycia(Biston)hirtaria,Ithysia(Nyssia)zonaria and in their hybrids. Jour.Genet.III.

HARTMAN,C.G.1920.The free-martin and its reciprocal. Science.LII.

HARTMAN,C.G.,and HAMILTON,W.F.1922.A case of true hermaphroditism in the fowl.Jour.Exp.Zoöl.XXXVI.

HARTMANN,M.1923.Über sexuelle Differenzierung und

relative Sexualität.Studia Mendeliana.Brünn.

—1925.Untersuchungen über relative Sexualität.I.Versuche an Ectocarpus silicuiosus.Biol.Zentralb.XLV.

HARVEY,E.B.1916.A review of the chromosome numbers in the Metazoa.I.Jour.Morph.XXVIII.

—1920.A review of the chromosome numbers in the Metazoa. II.Ibid.XXXIV.

HEILBORN,O.1922.Die Chromosomenzahlen der Gattung Carex.Svensk.Bot.Tidskr.XVI.

—1924.Chromosome numbers and dimensions,species-formation and phylogeny in the genus Carex.Hereditas.V.

HENKING,H.1892.Untersuchungen über die ersten Entwicklungsvorgänge in den Eiern der Insekten.Zeit.f.wiss.Zool. LIV.

HERIBERT-NILSSON,N.1912.Die Variabilität der Oenothera Lamarckiana und das Problem der Mutation.Zeit.Abst.-Vererb.VIII.

—1920.Zuwachsgeschwindigkeit der Pollenschläuche und gestörte Mendelzahlen bei Oenothera Lamarckiana.Hereditas.I.

—1920.Kritische Betrachtungen und faktorielle Erklärung der Laeta-Velutinaspaltung bei Oenothera.Ibid.I.

HERTWIG,G.1911.Radiumbestrahlung unbefruchteter Froscheier und ihre Entwicklung nach Befruchtung mit normalem Samen.Arch.Mikr.Anat.LXXVII.

—1912.Das Schicksal des mit Radium bestrahlten Spermachromatins im Seeigelei.Ibid.LXXIX.

—1913.Parthenogenesis bei Wirbeltieren,hervorgerufen durch artfremden radiumbestrahlten Samen.Ibid.LXXXI.

HERTWIG,O.1911.Die Radiumkrankheit tierischer Keimzellen.Bonn.

—1911.Mesothoriumversuche an tierischen Keimzellen,ein experimenteller Beweis für die Idioplasmanatur der Kernsubstanzen.Sitz.-ber.Akad.Wiss.Berlin.XL.

—1911.Die Radiumkrankheit tierischer Keimzellen.Ein Beitrag zur experimentellen Zeugungs-und Vererbungslehre.Arch. Mikr.Anat.LXXVII.

—1913.Versuche an Tritoneirern über die Einwirkung bestrahlter Samenfäden auf die tierische Entwicklung.Ibid. LXXXII.

HERTWIG,O.and G.1923.Allgemeine Biologie.6and7,Aufl. Jena.

HERTWIG,P.1920.Haploide und diploide Parthenogenese. Biol.Centralb.XL.

HERTWIG,R.1905. Über das Problem der sexuellen Differenzierung.Verhandl.Deutsch.Zool.Ges.XV.

—1906.Eireife und Befruchtung.O.Hertwig Handbuch d.Vergl. und Experim.Entwickelungslehre.I.Jena.1909.

—1907.Weitere Untersuchungen über das sexualitätsproblem. III.Verh.d.Deutsch.Zool.Gesells.XVII.

—1912. Über den derzeitigen Stand des Sexualitätsproblems nebst eigenen Untersuchungen.Biol.Centralb.XXXII.

—1921. Über den Einfluss der Überreife der Eier auf das Geschlechts-verhältnis bei Fröschen und Schmetterlingen. Sitzungsb.d.k.bayer Akad.Wiss.(Math,-phys.Kl.)XXII.

HINDLE,E.1917.Notes on the biology of Pediculus humanus. Parasitology,IX.

HIRATA,K,1924.Sex reversal in hemp.(Preliminary report.) Jour.Soc.Agri.and forestry,XVI.

HOVASSE,R.1922.Contribution a l'étude des Chromosomes. Variation du nombre et régulation en parthénogenèse.Bull. Biologique de la France et de la Belgique.LVI.

HURST,C.C.1925.Experiments in Genetics.Cambridge University Press.

HUXLEY,J.S.1920.Note on an alternating preponderance of males and females in fish,and its possible significance.Jour.Genet.X.

HUXLEY,J.S.,and CARR-SAUNDERS,A.M.1924.Absence of prenatal effects of lens-antibodies in rabbits.Brit.Jour.Exp.Biol.I.

JANSSENS,F.A.1905.Evolution des auxocytes mâles du Batrachoseps attenuatus.La Cellule.XXII.

—1909.La théorie de la chiasmatypie.Nouvelle interprétation

des cinèses de maturation.Ibid.XXV.

JEFFREY,E.C.1925.Polyploidy and the origin of species. Am.Nat.LIX.

JENNINGS,H.S.1911.Pure lines in the study of genetics in lower organisms.Am.Nat.XLV.

—1918.Disproof of a certain type of theories of crossing over between chromosomes.Ibid.LII.

—1923.Crossing over and the theory that the genes are arranged in serial order.Proc.Nat.Acad.Sc.IX.

—1923.The numerical relations in the crossing over of the genes,with a critical examination of the theory that the genes are arranged in a linear series.Genetics.VIII.

JOHANNSEN,W.1909.Elemente der exakten Erblichkeitslehre. Jena.

—1911.The genotype conception of heredity.Am.Nat.XLV.

JONES,D.F.1917.Dominance of linked factors as a means of accounting for heterosis.Genetics.II.

JUNKER,H.1923.Cytologische Untersuchungen an den Geschlechtsorganen der halbzwitterigen Steinfliege Perla marginata.Arch.Zellf.XVII.

JUST,G.1925.Untersuchungenüber Faktorenaustausch.Zeit. Abst.-Vererb.XXXVI.

KAHLE,W.1908.Paedogenesis bei Cecidomyiden.Zoologica.

Leipzig.LVIII.

KARPETSCHENKO,G.D.1925.Karyologische Studien über die Gattung Trifolium L.Bull.Applied Bot.and Plant Breeding,XIV.

—1927.The production of polyploid gametes in hybrids. Hereditas,IX.

KIHARA,H.1919. Über cytologische Studien bei einigen Getreidearten.I.II.

Chromosomenzahlen und Verwandtschaftsverhältnisse unter Avena-Arten.Bot.Mag.Tokyo.XXXII.XXXIII.

—1921.Über cytologische Studien bei einigen Getreidearten. Ibid.XXXV.

—1924.Cytologische und genetische Studien bei wichtigen Getreidearten mit besonderen Rücksicht auf das Verhalten der Chromosomen und die Sterilitat in den Bastarden.Memoirs Coll. Sc.Kyoto Imp.Univ.,Series B.I.

KIHARA,H.,and ONO,T.1923.Cytological studies on Rumex L.I.Chromosomes of Rumex acetosa L.Bot.Mag.Tokyo,XXXVII.

—1923.Cytological studies on Rumex L.II.On the relation of chromosome number and sexes in Rumex acetosa L.Ibid.XXXVII.

—1925.The sex-chromosomes of Rumex acetosa.Zeit. Abst.-Vererb.XXXIX.

KNEIP,H.1921.Über morphologische und physiologische Geschlechtsdifferenzierung.Verhandl.der Physikal-Med.Gesell.

Würzburg.XLVI.

——1922.Über Geschlechtsbestimmung und Reduktionsteilung. Ibid.XLVII.

——1923.Über erbliche Änderungen von Geschlechtsfaktoren bei Pilzen.Zeit.Abst.-Vererb.XXXI.

KOJIMA,H.1925.On the meiosis and the chromosome number in different races of Solanum Melongena L.Bot.Mag. Tokyo,XXXIX.

KORNHAUSER,S.I.1919.The sexual characteristics of the membracid,Thelia bimaculata(Fabr.).Jour.Morph.XXXII.

KRAFKA,JR.,J.1920.The effect of temperature upon facet number in the bar-eyed mutant of Drosophila.I.II.III.Jour.Gen. Physiol.II.

——1920.Environmental factors other than temperature affecting facet number in the bar-eyed mutant of Drosophila.Ibid.III.

KUSCHAKEWITSCH,S.1910.Die Entwicklungsgeschichte der Keimdrüsen von Rana esculenta.Festschr.f.R.Hertwig.II.

KUWADA,Y.1919.Die Chromosomenzahl von Zea Mays L.Jour.Coll.Sc.Tokyo Imp.Univ.XXXIX.

LANCEFIELD,D.E.1922.Linkage relations of the sex-linked characters in Drosophila obscura.Genetics.VII.

LANCEFIELD,R.C.,and METZ.C.W.1922.The sex-linked group of mutant characters in Drosophila willistoni.Am.Nat.LVI.

LANG,A.1904.Über Vorversuche zu Untersuchungen über die Varietatenbildung von Helix hortensis Müller und Helix nemoralis L.Abdruck aus der Festschrift z.siebzigsten Geburtstage v.E.Haeckel.Jena.

—1908. Über die Bastarde von Helix hortensis Müller und Helix nemoralis.Jena.

—1911.Fortgesetzte Vererbungsstudien.I.Albinismus bei Banderschnecken.Zeit.Abst.-Vererb.V.

—1912.Vererbungswissenschaftliche Miszellen.Ibid.VIII.

LILLIE,F.R.1916.The theory of the free-martin.Science,n. s.XLIII.

—1917.The free-martin ; a study of the action of sex-hormones in the foetal life of cattle.Jour.Exp.Zoöl.XXIII.

LIPSCHÜTZ,A.1919.Die Pubertatsdrüse und ihre Wirkungen. Bern.

LITARDIÈRE,R.DE.1925.Sur l'existence de figures didiplo des dans le méristeme radiculaire du Cannabis sativa L.La Cellule. XXXV.

LITTLE,C.C.1913.Experimental studies of the inheritance of color in mice.Carnegie Inst.Wash.No.179.

—1914.Dominant and recessive spotting in mice.Am.Nat. XLVIII.

LITTLE,C.C.,and BAGG,H.J.1923.A brief description of

abnormalities observed in the descendants of X-rayed mice.Anat. Rec.XXIV.

—1924.The occurrence of four inheritable morphological variations in mice and their possible relation to treatment with X-rays.Jour.Exp.Zool.XLI.

LJUNGDAHL,H.1922.Zur Zytologie der Gattung Papaver. Svensk Bot.Tidskr.XVI.

—1924.Über die Herkunft der in der meiosis konjugierenden Chromosomen bei Papaver-Hybriden.Svensk Bot.Tidsk.,XVIII.

LOCK,R.H.1906.Recent progress in the study of variation,heredity and evolution.London and New York.

LONGLEY,A.E.1923.Cytological studies in the genera Rubus and Crataegus.Am.Nat.LVII.

—1924.Chromosomes in maize and maize relatives.Jour.Agri. Research.XXVIII.

—1925.Segregation of carbohydrates in maize-pollen.Science. LXI.

LONGLEY,A.E.,and DARROW,G.M.1924.Cytological studies of diploid and polyploid forms in raspberries.Jour.Agri.Research. XXVII.

LOTSY,J.P.1913.Hybrides entre espèces d'Antirrhinum. Repts.4th Intern.Conf.Genet.Paris.

—1916.Evolution by means of hybridization.The Hague.

LUTZ,A.M.1907.A preliminary note on the chromosomes of Oenothera Lamarckiana and one of its mutants,O.gigas. Science,XXVI.pp.151-152.

——1912.Triploid mutants in Oenothera.Biol.Centralb.XXXII.

——1917.Fifteen-and sixteen-chromosome Oenothera mutants. Am.Jour.Bot.IV.

MAGNUSSON,H.1918.Geschlechtslose Zwillinge.Eine gewöhnlich Form von Hermaphroditismus beim Rinde.Arch. f.Anat.u.Physiol.Anat.Abt.

MALLOCH,W.S.and F.W.1924.Species crosses in Nicotiana,with particular reference to N.longiflora x N.Tabacum,N. longiflora x N.Sanderae,N.Tabacum x N.glauca.Genetics.IX.

MANN,M.C.1923.The occurrence and hereditary behavior of two new dominant mutations in an inbred strain of Drosophila melanogaster.Genetics.VIII.

——1923.A demonstration of the stability of the genes of an inbred stock of Drosophila melanogaster under experimental conditions.Jour.Exp.Zoöl.XXXVIII.

——1925.Chromosome number and individuality in the genus Crepis.I.A comparative study of the chromosome number and dimensions of nineteen species.Univ.Calif.Pub.Agri.Sc.,II.

MARCHAL,EM.1912.Recherches cytologiques sur le genre Amblystegium.Bull.de la Soc.roy.de Bot.de Belg.LI.

MARCHAL,ÉL.and ÉM.1906.Recherches Expérimentales sur la Sexualité des Spores chez les Mousses dioïques.Mém. couronnés,par la Classe des sciences,dans la séance du 15 décembre1905.

——1907,1911,and1919.Aposporie et sexualité chez les mousses.Bull.de l'Acad.roy.de Belg.(Classe de science).Nos.7,9-10,1.

MARÉCHAL,J.1907.Sur l'Ovogénèse des Sélaciens et de quelques autres Chordates.I.Morphologie de l'Element chromosomique dans l'Ovocyte I chez les Sélaciens,les Téléostéens,les Tuniciers et l'Amphioxus.La Cellule.XXIV.

MAVOR,J.W.1923.An effect of X-rays on crossing-over in Drosophila.Proc.Soc.Exp.Blol.and Med.XX.

——1923.An effect of X-rays on the linkage of Mendelian characters in the first chromosome of Drosophila.Genetics.VIII.

MAY,H.G.1917.The appearance or reverse mutations in the bar-eyed race of Drosophila under experimental control.Proc.Nat. Acad.Sc.III.

——1917.Selection for higher and lower facet numbers in the bar-eyed race of Drosophila and the appearance of reverse mutations.Biol.Bull.XXXIII.

MCCLUNG,C.E.1902.The accessory chromosome—sex determinant?Biol.Bull.III.

—1902.Notes on the accessory chromosome.Anat.Anz.XX.

—1905.The chromosome complex of orthopteran spermatocytes.Biol.Bull.IX.

—1914.A comparative study of the chromosomes in orthopteran spermatogenesis.Jour.Morph.XXV.

—1917.The multiple chromosomes of Hesperotettix and Mermiria.Ibid.XXIX.

MCPHEE,H.C.1924.The influence of environment on sex in hemp,Cannabis sativa L.Jour.Agri.Research.XXVIII.

—1924.Meiotic cytokinesis of Cannabis.Bot.Gaz.LXXVIII.

MEHLING,E.1915.Uber die gynandromorphen Bienen des Eugsterschen Stockes.Verh.Phys.-Med.Gesell.Würzburg.XLIII.

MENDEL,G.1865.Versuche über Pflanzen-hybriden.Verh. Naturf.Ver.Brünn.IV.

METZ,C.W.1914.Chromosome studies in the Diptera.I.Jour. Exp.Zol.XVII.

—1916.Mutations in three species of Drosophila.Genetics.I.

—1916.Chromosome studies on the Diptera.II.The paired association of chromosomes in the Diptera,and its significance. Jour.Exp.Zoöl.XXI.

—1916.Chromosome studies on the Diptera.III.Additional types of chromosome groups in the Drosophilidae.Am.Nat.L.

—1916.Linked Mendelian characters in a new species of

Drosophila.Science n.s.XLIV.

——1918.The linkage of eight sex-linked characters in Drosophila virilis.Genetics.III.

——1920.Correspondence between chromosome number and linkage groups in Drosophila virilis.Science n.s.LI.

——1920.The arrangement of genes in Drosophila virilis.Proc. Nat.Acad.Sc.VI.

——1925.Chromosomes and sex in Sciara.Science.LXI.

METZ,C.W.,and BRIDGES,C.B.1917.Incompatibility of mutant races in Drosophila.Proc.Nat.Acad.Sci.III.

METZ,C.W.,and MOSES,M.S.1923.Chromosomes of Drosophila.Jour.Heredity.XIV.

METZ,C.W. ; MOSES,M. ; and MASON,E.1923.Genetic studies on Drosophila virilis,with considerations on the genetics of other species of Drosophila.Carnegie Inst.Wash.No.328.

MEURMAN,O.1925.Uber Chromosomenzahlen und Heterochromosomen bei diozischen Phanerogamen.Soc.Sci.Fenn. Comm.Biol.II,2.

——1925.The chromosome behavior of some dioecious plants and their relatives with special reference to the sex chromosomes. Ibid.II,3.

MEVES,FR.1907.Die Spermatocytenteilungen bei der Honigbiene Apis mellifica(L.)nebst Bemerkungen über

Chromatinreduktion.Arch.f.mikro.Anat.u.Entw.-mech.LXX.

MEYER,P.1923.Crossing-over und Chromosomen.Ein Beitrag zur Frage des Faktorenaustauschmechanimus.Zeit.Abst.-Vererb. XXXII.

MINOURA,T.1921.A study of testis and ovary grafts on the hen's egg and their effects on the embryo.Jour.Exp.Zoöl.XXXIII.

MOHR,O.L.1919.Character changes caused by mutation of an entire region of a chromosome in Drosophila.Genetics.IV.

—1921.Den Morgan'ske skole og dens betydning for den moderne arvelighedsforskning.Nord.Jordbrugsforsk.Foren.Kongr. Kbenhavn.

—1922.Cases of mimic mutations and secondary mutations in the X-chromosome of Drosophila melanogaster.Zeit.Abst.-Vererb. XXVIII.

—1922.Ö.Winge's paper on"The interaction between two closely linked lethals in Drosophila as the cause of the apparent constancy of the mutant'spread.'"Genetica.IV.

—1923.A somatic mutation in the singed locus of the X-chromosome in Drosophila melanogaster.Hereditas.IV.

—1923.Das Deficiency-Phänomen bei Drosophila melanogaster.Zeit.Abst.-Vererb.XXX.

—1923.A genetic and cytological analysis of a section deficiency involving four units of the X-chromosome in Drosophila melanogaster.Ibid.XXXII.

MOORE,C.R.1919.On the physiological properties of the gonads as controllers of somatic and psychical characteristics.I.The rat.Jour.Exp.Zoöl.XXVIII.

—1925.Sex determination and sex differentiation in birds and mammals.Am.Nat.LIX.

DE MOL,W.E.1921.De l'existence de variétés hétéroploïdes de l'Hyacinthus orientalis L.dans les cultures hollandaises.Inst.Bot. Universität Zürich Serie.II.

—1923.Duplication of generative nuclei by means of physiological stimuli and its significance.Genetica.V.

—1923.The disappearance of the diploid and triploid magnicoronate narcissi from the larger cultures and the appearance in their place of tetraploid forms.Proc.Koninklijke Akad.van Wetenschappen te Amsterdam.XXV.

MORGAN,L.V.1922.Non-criss-cross inheritance in Drosophila melanogaster.Biol.Bull.XLII.

—1925.Polyploidy in Drosophila melanogaster with two attached X chromosomes.Genetics.X.

MORGAN,T.H.1910.Sex-limited inheritance in Drosophila. Science n.s.XXXII.

—1910.The method of inheritance of two sex-limited characters in the same animal.Proc.Soc.Exp.Biol.and Med.VIII.

—1911.An attempt to analyze the constitution of the chromosomes on the basis of sex-limited inheritance in Drosophila. Jour.Exp.Zoöl.XI.

—1912.Further experiments with mutations in eye-color of Drosophila:the loss of the orange factor.Jour.Acad.Nat.Sci.Phila. XV.

—1912.Eight factors that show sex-linked inheritance in Drosophila.Science,n.s.XXXV.

—1912.Heredity of body color in Drosophila.Jour.Exp.Zoöl.XIII.

—1912.A modification of the sex-ratio,and of other ratios,in Drosophila through linkage.Zeits.Abst.-Vererb.VII.

—1912.The explanation of a new sex-ratio in Drosophila. Science n.s.XXXVI.

—1912.Complete linkage in the second chromosome of the male.Ibid.XXXVI.

—1912.The elimination of the sex-chromosomes from the male-producing eggs of Phylloxerans.Jour.Exp.Zoöl.XII.

—1914.The failure of ether to produce mutations in Drosophila.Amer.Nat.XLVIII.

—1914.No crossing over in the male of Drosophila of genes in the second and third pairs of chromosomes.Biol.Bull.XXVI.

—1914.Two sex-linked lethal factors in Drosophila and their influence on the sex-ratio.Jour.Exp.Zoöl.XVII.

—1914.Heredity and sex.New York.

—1915.The predetermination of sex in Phylloxerans and Aphids.Jour.Exp.Zoöl.XIX.

—1915.The infertility of rudimentary winged females of Drosophila ampelophila.Amer.Nat.XLIX.

—1915.The constitution of the hereditary material.Proc.Amer. Phil.Soc.LIV.

—1915.The rôle of the environment in the realization of a sex-linked Mendelian character in Drosophila.Amer.Nat.XLIX.

—1915.The constitution of the hereditary material.Proc.Amer. Phil.Soc.LIV.

—1915.The rôle of the environment in the realization of a sex-linked Mendelian character in Drosophila.Amer.Nat.XLIX.

—1915.Localization of the hereditary material in the germ cells.Proc.Nat.Acad.Sc.I.

—1916.A critique of the theory of evolution.Princeton Press.

—1917.An examination of the so-called process of contamination of the genes.Anat.Rec.XI.

—1917.The theory of the gene.Amer.Nat.LI.

—1918.Concerning the mutation theory.Sc.Mo.V.

—1918.Changes in factors through selection.Ibid.V.

—1918.Evolution by mutation.Ibid.VI.

—1919.A demonstration of genes modifying the

character"notch."Carnegie Inst.Wash.No.218.

—1919.The physical basis of heredity.Philadelphia.

—1922.The mechanism of heredity.Nature CIX,Feb.23,Mar.2,Mar.9.

—1922.On the mechanism of heredity.Croonian Lecture.Proc. Roy.Soc.,B.XCIV.

—1923.The modern theory of genetics and the problem of embryonic development.Physiol.Rev.III.

—1924.Are acquired characters inherited？ Yale Review.XIII.

—1924.Human inheritance.Am.Nat.LVIII.

—1926.Recent results relating to chromosomes and genetics. Quart.Rev.Biol.I.

MORGAN,T.H.,and BRIDGES,C.B.1913.Dilution effects and bicolorism in certain eye colors of Drosophila.Jour.Exp.Zoöl.XV.

—1916.Sex-linked inheritance in Drosophila.Carnegie Inst. Wash.No.237.

—1919.The construction of chromosome maps.Proc.Soc.Exp. Biol.and Med.XVI.

—1919.The origin of gynandromorphs.Carnegie Inst.Wash. No.278.

—1919.The inheritance of a fluctuating character.Jour.Gen. Physiol.I.

MORGAN,T.H.,BRIDGES,C.B.,and STURTEVANT,A. H.1925.The genetics of Drosophila.Bibliogr.Genetica,II.

MORGAN,T.H.,and CATTELL,E.1912.Data for the study of sex-linked inheritance in Drosophila.Jour.Exp.Zoöl.XIII.

—1913.Additional data for the study of sex-linked inheritance in Drosophila.Ibid.XIV.

MORGAN,T.H.,and LYNCH,C.J.1912.The linkage of two factors in Drosophila that are not sex-linked.Biol.Bull.XXIII.

MORGAN,T.H.,and PLOUGH,H.H.1915.The appearance of known mutations in other mutant stocks.Amer.Nat.XLIX.

MORGAN,T.H. ; STURTEVANT,A.H. ; and BRIDGES,C. B.1920.The evidence for the linear order of the genes.Proc.Nat. Acad.Sc.VI.

MORGAN,T.H. ; STURTEVANT,A.H. ; MULLER,H.J. ; and BRIDGES,C.B.1915.2d ed.1923.The mechanism of Mendelian heredity.New York.

MORRILL,A.W.1903.Notes on some Aleurodes from Massachusetts,with descriptions of new species.Mass.Agr.Exp. Sta.,Tech.Bull.I.

MORRILL,A.W.,and BACK,E.A.1911.White flies injurious to citrus in Florida.U.S.Dept.Agr.,Bureau Ent.,Bull.92.

MOUNCE,I.1921.Homothallism and the production of fruit-bodies by monosporous mycelia in the genus Coprinus.Trans.Brit. Mycolog.Soc.,VII.

MULLER,H.J.1914.A gene for the fourth chromosome of

Drosophila.Jour.Exp.Zoöl.XVII.

—1916.The mechanism of crossing over.Amer.Nat.L.

—1917.An Oenothera-like case in Drosophila.Proc.Nat.Acad. Sc.III.

—1918.Genetic variability,twin hybrids and constant hybrids,in a case of balanced lethal factors.Genetics.III.

—1920.Are the factors of heredity arranged in a line？ Amer. Nat.LIV.

NACHTSHEIM,H.1912.Parthenogenese,Eireifung und Geschlechtsbestimmung bei der Honigbiene.Sitzungs d.Gesell. f.Morph.u.Phys.in München.

—1913.Cytologische Studien über die Geschlechtsbestimmung bei der Honigbiene(Apis mellifica L.).Arch.Zellf.XI.

—1914.Das Problem der Geschlechtsbestimmung bei Dinophilus.Berich.d.Naturf.Gesell.z.Freiburg i.Br.XXI.

—1920.Crossing-over-The orieoder Reduplikationshypothess？ Zeit.Abst.-Vererb.XXII.

—1921.Sind haploide Organismen (Metazoen) lebensfahig？ Biol.Zentralb.XLI.

NAWASCHIN,M.1925.Morphologische Kernstudien der Crepis-Arten in bezug auf die Artbildung.Zeit.f.Zellf.u.mikr.Anat.II.

NAWASCHIN,S.1912.On the dimorphism of the nuclei in the somatic cells of Galtonia Candicana.Bull.Acad.Imper.

Sc.Pétersbourg,XXII.(Russian.)

—1915.Hetero-and idiochromosomes of the plant's nucleus as the cause of the nuclear dimorphism of certain plant species,and the significance of nuclear dimorphism in the process of the origin of species.Ibid.

NĚMEC,B.1910.Das Problem der Befruchtungsvorgänge und andere zytologische Fragen.Berlin.

NEWELL,W.1915.Inheritance in the honey-bee,Science,XLI.

ORTMANN,A.E.1905.Mem.Carnegie Mus.II.

OSAWA,I.1913.Studies on the cytology of some species of Taraxacum.Arch.Zellf.X.

—1913.On the development of the pollen grain and embryo-sac of Daphne,with special reference to the sterility of Daphne odora.Jour.Coll.Agri.Tokyo.IV.

—1916.Triploid mutants in garden races of morus.Japanese. Bull.Imp.Sericult.Exp.Sta.Japan.I.

—1920.Cytological and experimental studies in morus,with special reference to triploid mutants.Ibid.I.

OSTENFELD,C.H.1925.Some remarks on species and chromosomes.Am.Nat.LIX.

OVEREEM,C.VAN.1921.Uber Formen mit abweichender Chromosomenzahl beiOenothera.Bot.Zentralb.XXXVIII.

—1922. Über Formen mit abweichender Chromosomenzahl

bei Oenothera.Ibid.XXXIX.

PAINTER,T.S.1922,1923.Studies in mammalian spermatogenesis.I and II.Jour.Exp.Zool.XXXV and XXXVII.

PEACOCK,A.D.1925.Animal parthenogenesis in relation to chromosomes and species.Am.Nat.LIX.

PEARL,R.1917.The selection problem.Am.Nat.LI.

PEARL,R.,and CURTIS,M.1909.A case of incomplete hermaphroditism.Biol.Bull.XVII.

PEARL,R.,and SURFACE,F.M.1909.Is there a cumulative effect of selection？ Data from the study of fecundity in the domestic fowl.Zeit.Abst.-Vererb.II.

PELLEW,C.,and DURHAM,F.M.1916.The genetic behavior of the hybrid Primula kewensis,and of its allies.Jour.Genet.V.

—1920.Weitere Untersuchungen über die Chromosomenverhaltnisse in Crepis.Svensk Bot.Tidskr.XIV.

PERCIVAL,J.1921.The wheat plant.London.

PFLÜGER,E.1882.Uber die geschlechtsbestimmenden Ursachen und die Geschlechtsverhältnisse der Frösche.Arch. f.Physiologie,XXIX.

—1883. Über den Einfluss der Schwerkraft auf die Theilung der Zellen.Ibid.XXXI.II.XXXII.

PHILIPPI,E.1908.Fortpflanzungsgeschichte der viviparen Teleosteer Glaridichthys januarius,etc.Zool.Jahrb.XXVII.

PICK,L.1914.Uber den wahren Hermaphroditismus des Menschen und der Saugetiere.Arch.f.mikr.Anat.LXXXIV.

PICTET,A.,et FERRERO,A.1924.Ségrégation dans un croisement entre espèces de Cobayes(Cavia aperea par Cavia cobaya).Soc.d.phys.et d'his.nat.d.Genève.XLI.

PLOUGH,H.H.1917.The effect of temperature on linkage in the second chromosome of Drosophila.Proc.Nat.Acad.Sc.III.

—1917.The effect of temperature on crossingover in Drosophila.Jour Exp.Zoöl.XXIV.

—1919.Linear arrangement of genes and double crossing over. Proc.Nat.Acad.Sc.V.

—1921.Further studies on the effect of temperature on crossing over.Jour.Exp.Zool.XXXII.

—1924.Radium radiations and crossing over.Amer.Nat.LVIII.

PONSE,K.1924.L'organe de Bidder et le déterminisme des caractères sexuels secondaires du Crapaud(Bufo vulgaris L.).Rev. Suisse d.Zool.XXXI.

—1925.Ponte et dévelopment d'oeufs provenant de l'organe de Bidder d'un Crapaud mâle féminisé.C.R.Soc.Biol.XCII.

PONSE.K.,et GUYÉNOT,E.1923.Inversion expérimentale du type sexuel dans la gonade du Crapaud.C.R.Soc.Biol.LXXXIX.

PRITCHARD,F.S.1916.Change of sex in hemp.Jour.Heredity.VII.

PUNNETT,R.C.1913.Reduplication in Sweet Peas.Jour.Genet.III.

—1917.Reduplication in Sweet Peas.II.Ibid.VI.

—1923.Linkage in the Sweet Pea(Lathyrus odoratus).Ibid. XIII.

—1924.Lathyrus odoratus.Bibliogr.Genetica,I.

—1927.Linkage groups and chromosome numbers in Lathyrus. Proc.Roy.Soc.London(B),C II.

RENNER,O.1917.Versucheüber die gametische Konstitution der Oenotheren.Zeit.Abst.-Vererb.XVIII.

—1918.Oenothera Lanarckiana und die Mutationstheorie.Die Naturwissenschaften.VI.

RIDDLE,O.1916.Sex control and known correlations in pigeons.Am.Nat.L.

—1917.The control of the sex ratio.Jour.Wash.Acad.Sc.VII.

—1917.The theory of sex as stated in terms of results of studies on pigeons.Science,n.s.XLVI.

—1924.A.case of complete sex-reversal in the adult pigeon. Am.Nat.LVIII.

—1925.Birde without gonads:Their origin,behaviour,and bearing on the theory of the internal secretion of the testis.Brit. Jour.Exp.Biol.II.

ROSENBERG,O.1909. Über die Chromosomenzahlen bei Taraxacum und Rosa.Svensk.Bot.Tidskr.III.

—1917.Die Reduktionsteilung und ihre Degeneration in

Hieracium.Ibid.XI.

　——1925.Chromosomes and species.Am.Nat.LIX.

　——1927.Die semiheterotypische Teilung und ihre Bedeutung für die Entstehung verdoppelter Chromosomenzahlen.Hereditas,VIII.

　SAFIR,S.R.1920.Genetic and cytological examination of the phenomena of primary non-disjunction in Drosophila melanogaster. Ibid.V.

　SAKAMURA,T.1916. Über die Beeinflussung der Zell-und Kernteilung durch die Chloralisierung mit besonderer Rücksicht auf das Verhalten der Chromosomen.Bot.Mag.Tokyo.XXX.

　——1918.Kurze Mitteilung über die Chromosomenzahlen und die Verwandtschaftsverhaltnisse der Triticum Arten.Ibid.XXXII.

　——1920.Experimentelle Studien über die Zell-und Kernteilung mit besonderer Rücksicht auf Form,grösse und Zahl der Chromosomen.Jour.Coll.Sci.Imp.Univ.Tokyo.XXXIX.

　SANTOS,J.K.1923.Differentiation among chromosomes in Elodea.Bot.Gaz.LXXV.

　——1924.Determination of sex in Elodea,Ibid.LXXVII.

　SAX,K.1921.Sterility in wheat hybrids.I.Sterility relationships and endosperm development.Genetics.VI.

　——1922.Sterility in wheat hybrids.II.Chromosome behavior in partially sterile hybrids.Ibid.VII.

　SCHACKE,M.A.1919.A chromosome difference between the

sexes of Sphaerocarpus texanus.Science,n.s.XLIX.

SCHAFFNER,J.H.1919.Complete reversal of sex in hemp. Science.L.

—1921.Influence of environment on sexual expression in hemp.Bot.Gaz.LXXI.

—1923.The influence of relative length of daylight on the reversal of sex in hemp.Ecology.IV.

—1925.Sex determination and sex differentiation in the higher plauts.Am.Nat.LIX.

SCHLEIP,W.1911.Das Verhalten des Chromatins bei Angiostomum(Rhabdonema)nigrovenosum.Arch.Zellf.VII.

SCHMIDT,JOHS.1920.The genetic behaviour of a secondary sexual character.IV.Compt.-rend.des Travaux d.Laboratoire Carlsberg,XIV.

SCHRADER,F.1920.Sex determination in the white-fly(Trialeurodes vaporariorum).Jour.Morph.XXXIV.

—1923.Haploidie bei einer Spinnmilbe.Arch.mikr.Anat. XCVII.

—1926.Notes on the English and American races of the green-house white-fly(Trialeurodes vaporariorum).Ann.Appl.Biol.XIII.

—1928.Die Geschlechtschromosomen.Berlin.

SCHRADER,F.,and HUGHES-SCHRADER,S.1926.Haploidy in Icerya purchasi.Zeit.wiss.Zool.CXXVIII.

SCHREINER,A.,and K.E.1905. Über die Entwickelung der männlichen Geschlechtszellen von Myxine glutinosa(L.).Arch. de Biol.XXI.

SCHWEIZER,JAKOB.1923.Polyploidie und Geschlechterverteilung bei Splachnum sphaericum(Linn.Fil.)Swartz.Flora.CXVI.

SEILER,J.1913.Das Verhalten der Geschlechtschromosomen bei Lepidopteren.Zool.Anz.XLI.

—1917.Geschlechtschromosomen-Untersuchungen an Psychiden.Zeit.Abst.-Vererb.XVIII.

—1917.Zytologische Vererbungsstudien an Schmetterlingen. Sitzungs.Ges.naturf.Fr.Berlin.II.

—1919.Researches on the sex-chromosomes of Psychidae(Lepidoptera).Biol.Bull.XXXVI.

—1920.Geschlechtschromosomen-Untersuchungen an Psychiden.I.Experimentelle Beeinflussung der geschlechtsbestimmenden Reifeteilung bei Talaeporia tubulosa Retz.Arch.Zellf.XV.

—1921.Geschlechtschromosomen-Untersuchungen an Psychiden.II.Die Chromosomenzahlen von Fumea casta und Taiaeporia tubulosa.Ibid.XVI.

—1922.Geschlechtschromosomen-Untersuchungen an Psychiden.III.Chromosomenkoppelungen bei Solenobia pineti Z.Ibid.XVI.

—1923.Geschlechtschromosomen-Untersuchungen an Psychiden.IV.Die Parthenogenese der Psychiden.Zeit.Abst.-Vererb. XXXI.

SEILER,J.,und HANIEL,C.B.1922.Das verschiedene Verhalten der Chromosomen in Eireifung und Samenreifung von Lymantria monacha L.Zeit.Abst.-Vererb.XXVII.

SEREBROVSKY,A.S.1922.Crossing-over involving three sex-linked genes in chickens.Am.Nat.LVI.

SEXTON,E.W.,and HUXLEY,J.S.1921.Intersexes in Gammarus cheureuxi and related forms.Jour.Marine Biol.Assn. United Kingdom.XII.

SHARP,L.W.1921.An introduction to cytology.New York.

SHIMOTOMAI,N.1925.A karyological study of Brassica I.Bot.Mag.Tokyo,XXXIX.

SHIWAGO,P.J.1924.The chromosome complexes in the somatic cells of male and female of the domestic chicken.Science. LX.

SHULL,A.F.1910.Studies in the life cycle of Hydatina senta. Jour.Exp.Zoöl.VIII.

—1915.Inheritance in Hydatina senta.II.Characters of the females and their parthenogenetic eggs.Jour.Exp.Zoöl.XVIII.

—1915.Periodicity in the production of males in Hydatina senta.Biol.Bull.XXVIII.

—1917.Sex determination in Anthothrips verbasci.Genetics.II.

—1921.Chromosomes and the life cycle of Hydatina senta. Biol.Bull.XLI.

—1925.Sex and the parthenogenetic-bisexual cycle.Am.Nat. LIX.

SHULL,A.F.,and LADOFF,SONIA.1916.Factors affecting male-production in Hydatina.Jour.Exp.Zool.XXI.

SHULL,G.H.1909.The"presence and absence"hypothesis. Am.Nat.XLIII.

—1910.Inheritance of sex in Lychnis.Bot.Gaz.XLIX.

—1911.Reversible sex-mutants in Lychnis dioica.Ibid.LII.

—1912.Hermaphrodite females in Lychnis dioica.Science. XXXVI.

—1914.Duplicate genes for capsule-form in Bursa bursa-pastoris.Zeit.Abst.-Vererb.XII.

—1923.Further evidence of linkage with crossing over in Oenothera.Genetics.VIII.

—1923.Linkage with lethal factors in the solution of the Oenothera problem.Eugenics,Genetics and the Family.I.

SINNOTT,E.W.,and BLAKESLEE,A.F.1922.Structural changes associated with factor mutations and with chromosome mutations in Datura.Proc.Nat.Acad.Sc.VIII.

SINOTO,Y.1924.On the chromosome behaviour and sex

determination in Rumex acetosa L.Bot.Mag.Tokyo,XXXVIII.

SMITH,GEOFFREY.1906.Fauna und Flora des Golfes von Neapel.Rhizocephala.Zool.Sta.Neapel.Monographie.XXIX.

—1909.Crustacea.Cam.Nat.Hist.

—1910-1912.Studies in the experimental analysis of sex. Parts1-9.Quar.Jour.Micro.Sc.LIV,LV,LVI,LVII,LVIII.

—1913.Studies in the experimental analysis of sex.10.The effect of Sacculina on the storage of fat and glycogen and on the formation of pigment by its host.Ibid.LIX.

SOROKINE,HELEN.1924.The satellites in the somatic mitoses in Ranunculus acris L.Publ.de la fac.des sciences de l'univ. Prague Nr.13.

SPEMANN,H.1914. Über verzogerte Kernversorgung von Keimteilen.Verh.d.Dtsch.Zool.Ges.a.d.24.Jahrevers.,Freiburg i.Br.

SPENCER,H.1864.The principles of biology.

STEINACH,E.1913.Feminierung von Männchen und Maskulierung von Weibchen.Centralb.f.Phys.XXVII.

—1916.Pubertätsdrüsen und Zwitterbildung.Arch.f.d.Entw. d.Organ.XLII.STEINER,G.1923.Intersexes in Nematodes.Jour. Heredity.XIV.

STEINER,G.1923.Intersexes in Nematodes.Jour.Heredity.XIV.

STEVENS,N.M.1905.Studies in spermatogenesis with especial reference to the accessory chromosome.Carnegie Inst.Wash.No.36.

—1909.An unpaired chromosome in the aphids.Jour.Exp.Zool. VI.

—1911.Heterochromosomes in the guinea-pig.Biol.Bull.XXI.

STOCKARD,C.R.1913.The effect on the offspring of intoxicating the male parent and the transmission of the defects to subsequent generations.Am.Nat.XLVII.

—1916.The hereditary transmission of degeneracy and deformities by the descendants of alcoholized mammals.Interstate Med.Jour.XXIII.

—1923.Experimental modification of the germplasm and its bearing on the inheritance of acquired characters.Am.Phil.Soc. LXII.

STOCKARD,C.R.,and PAPANICOLAOU,G.1916.A further analysis of the hereditary transmission of degeneracy and deformities by the descendants of alcoholized mammals.II.Am.Nat.L.

—1918.Further studies on the modification of the germ-cells in mammals:The effect of alcohol on treated guinea-pigs and their descendants.Jour.Exp.Zoöl.XXVI.

STOLL,N.R.,and SHULL,A.F.1919.Sex determination in the white fly.Genetics,IV.

STOMPS,T.J.1912.Die Entstehung von Oenothera gigas.Ber. Deutsch.Bot.Ges.XXX.

—1916.Uber den Zusammenhang zwischen Statur und

Chromosomenzahl bei den Oenotheren.Biol.Centralbl.XXXVI.

STOUT,A.B.1919.Intersexes in Plantago lanceolata.Bot.Gaz. LXVIII.

STRASBURGER,E.1910. Über geschlechtbestimmende Ursachen.Jahr.f.wiss Bot.XLVIII.

STRONG,R.M.1912.Results of hybridizing ring-doves,including sex-linked inheritance.Biol.Bull.XXIII.

STURTEVANT,A.H.1913.A third group of linked genes in Drosophila ampelophila.Science,n.s.XXXVII.

—1913.The linear arrangement of six sex-linked factors in Drosophila,as shown by their mode of association.Jour.Exp.Zoöl.XIV.

—1914.The reduplication hypothesis as applied to Drosophila. Amer.Nat.XLVIII.

—1915.The behavior of the chromosomes as studied through linkage.Zeit.Abst.-Vererb.XIII.

—1915.Experiments on sex recognition and the problem of sexual selection in Drosophila.Jour.An Behav.V.

—1915.A sex-linked character in Drosophila repleta.Amer. Nat.XLIX.

—1916.Notes on North American Drosophilidae with descriptions of twenty-three new species.Ann.Ent.Soc.Amer.IX.

—1917.Crossing over without chiasmatype？ Genetics.II.

—1917.An analysis of the effect of selection on bristle number in a mutant race of Drosophila.Anat.Rec.XI.

—1917.Genetic factors affecting the strength of linkage in Drosophila.Proc.Nat.Acad.Sc.III.

—1918.An analysis of the effects of selection.Carnegie Inst. Wash.No.264.

—1918.A synopsis of the Neartic species of the genus Drosophila(Sensu lato).Bull.Amer.Mus.Nat.Hist.XXXVIII.

—1918.A parallel mutation in Drosophila funebris. Science,XLVIII.

—1919.Inherited linkage variations in the second chromosome. Carnegie Inst.Wash.No.278.

—1920.Intersexes in Drosophila simulans.Science,n.s.LI.

—1920.The vermilion gene and gynandromorphism.Proc.Soc. Exp.Biol.and Med.XVII.

—1920.Genetic studies on Drosophila simulans.I.Introduction. Hybrids with D.melanogaster.Genetics.V.

—1921.Genetic studies on Drosophila simulans.II.Sex-linked group of genes.Ibid.VI.III.Autosomal genes.General discussion. Ibid.VI.

—1921.The North American species of Drosophila.Carnegie Inst.Wash.No.301.

—1921.Linkage variation and chromosome maps.Proc.Nat. Acad.Sc.VII.

—1921.A case of rearrangement of genes in Drosophila.Ibid.VII.

—1925.The effect of unequal crossing-over at the bar locus in Drosophila.Genetics.X.

STURTEVANT,A.H. ; BRIDGES,C.B. ; and MORGAN,T. H.1919.The spatial relations of genes.Proc.Nat.Acad.Sc.V.

STURTEVANT,A.H.,and MORGAN,T.H.1923.Reverse mutation of the bar gene correlated with crossing over.Science,n. s.LVII.

STURTEVANT,A.H.,and SCHRADER,F.1923.A note on the theory of sex determination.Amer.Nat.LXII.

SWINGLE,W.1920.Neoteny and the sexual problem.Am.Nat. LIV.

—1922.Is there a transformation of sex in frogs？ Ibid.LVI.

—1925.Sex differentiation in the bullfrog(Rana catesbeiana). Ibid.LIX.

TÄCKHOLM,G.1920.On the cytology of the genus Rosa. Svensk.Bot.Tidskr.XIV.

—1922.Zytologische Studienüber die Gattung Rosa.Acta Horti Bergiani.VII.

TAHARA,M.1921.Cytologische Studien an einigen Kompositen.Jour.Coll.Sc.Tokyo Imp.Univ.XLIII.

TANAKA,Y.1913.A study of Mendelian factors in the silkworm Bombyx mori.Jour.Coll.Agr.Tohoku Imp.Univ.

(Sapporo,Japan).V.

—1 9 1 3.Gametic coupling and repulsion in silkworms.Ibid.V.

—1914.Sexual dimorphism of gametic series in the reduplication.Trans.Sapporo Nat.Hist.Soc.V.

—1914.Further data on the reduplication in silkworms.Jour. Coll.Agr.Tohoku Imp.Univ.(Sapporo.Japan).VI.

—1915.Occurrence of different systems of gametic reduplication in male and female hybrids.Zeit.Abst.-Vererb.XIV.

—1916.Genetic studies on the silkworm.Jour.Coll.Agr.Tohoku Imp.Univ.VII.

—1922.Sex-linkage in the silkworm.Jour.Genet.XII.

—1924.Maternal inheritance in Bombyx mori.Genetics.IX.

TANDLER,J.,und GROSZ,S.1913.Die biologischen Grundlagen der sekundaren Geschlechtscharaktere.Berlin.

TANDLER,J.,and KELLER,K.1910. Über den Einfluss der Kastration auf den Organismus.IV.Die Körperform der weiblichen Frühkastraten des Rindes.Arch.Entw.-Mech.XXXI.

—1911.Über das Verhalten des Chorions bei verschiedengeschlechtlicher Zwillingsgravidität des Rindes und über die Morphologie den Genitalien der weiblichen Tiere,welche einer solchen Gravidität entstammen.Deutsche tierä-rztliche Wochenschrift.No.10.

TAUSON,A.1924.Die Reifungsprozesse der parthenogenetischen Eier von Asplanchna intermedia Huds.Zeit.Zellf.mikr.Anat.I.

—1927.Die Spermatogenese bei Asplanchna intermedia Huds. Ibid.IV.

TAYLOR,W.R.1920.A morphological and cytological study of reproduction in the genus Acer.Bot.Contrib.Univ.Pa.V.

TENNENT,D.H.1911.A heterochromosome of male origin in Echinoids.Biol.Bull.XXI.

—1912.Studies in cytology.I and II.Jour.Exp.Zoöl.XII.

THOMSEN,M.1925.Sex determination in Trialeurodes vaporariorum.Nature,CXVI,p.428.

TISCHLER,G.1916.Chromosomenzahl,-Form und- Individualitat im Pflanzenreiche.Progressus rei bot.V.

TOURNOIS,J.1911.Anomalies florales du houblon Japonais et du chanvre déterminées par des semis Hâtip.Compt.rend.l'Acad. Sc.Paris.CLIII.

TOYAMA,K.1906.On the hybridology of the silkworms.Rep. Sericultural Assn.Japan.

—1906.Studies on the hybridology of insects.I.On some silkworm crosses,with special reference to Mendel's law of heredity.Bull.Coll.Agr.Tokyo Imp.Univ VII.

—1912.On certain characteristics of the silk-worm which are apparently non-Mendehan.Biol.Centralb.XXXII.

TROW,A.H.1913.Forms of reduplication—primary and secondary.Jour.Genet.II.

—1916.A criticism of the hypothesis of linkage and crossing over.Ibid.V.

TSCHERMAK,E.,und BLEIER,H.1926. Über fruchtbare Aegllops-Weizen-bastarde.Ber.Deutsch.Bot.Ges.XLIV.

TURNER,C.L.1924.Studies on the secondary sexual characters of crayfishes.I.Male secondary sexual characters in females of Cambarus propinquus.Biol.Bull.XLVI.

VANDENDRIES,R.1923.Recherches sur le déterminisme sexuel des Basidiomycètes.Bruxelles.

—1923.Nouvelles recherches sur la sexualité des Basidiomycètes.Bull.Soc.Royale d.Bot.d.Belgique,XVI.

DE LA VAULX.1919.L'intersexualitéchez un crustacé cladocère Daphns atkinsoni.Baird.Compt.rend.Acad.d.Sc.CLXIX.

DE VRIES,H.1901-1903.Die Mutationstheorie.Leipzig.

—1905.Species and varieties ; their origin by mutation. Chicago.

—1907.Plant-breeding ; comments on the experiments of Nilsson and Burbank.Chicago.

—1907.On twin hybrids.Bot.Gaz.XLIV.

—1908.Bastarde von Oenothera gigas.Ber.Deutsch.Bot.Gesell. XXVIa.

—1908. Über die Zwillingsbastarde von Oenothera nanella. Ibid.XXVI.

—1909.On triple hybrids.Bot.Gaz.XLVII.

—1910.Intracellular Pangenesis.Trans.

—1911. Über doppeltreziproke Bastarde von Oenothera biennis und O.muricata.Biol.Centralb.XXXI.

—1913.Gruppenweise Artbildung.Berlin.

—1914.The probable origin of Oenothera Lamarckiana Ser. Bot.Gaz.LVII.

—1915.Oenothera gigas nanella,a Mendelian mutant.Ibid.LX.

—1916.New dimorphic mutants of the Oenotheras.Ibid.LXII.

—1924.On physiological chromomeres.La Cellule.XXXV.

DE VRIES,H.,and BOEDIJN,K.1923.On the distribution of mutant characters among the chromosomes of Oenothera Lamarckiana.Genetics.VIII.

—1924.Double chromosomes of Oenothera Lamarckiana semigigas.Bot.Gaz.LXXVIII.

WALTON,A.C.1924.Studies on nematode gametogenesis.Zeit. f.Zell.u.Geweb.I.

WEINSTEIN,A.1918.Coincidence of crossing over in Drosophila melanogaster(ampelophila).Genetics.III.

—1920.Homologous genes and linear linkage in Drosophila virilis.Proc.Nat.Acad.Sc.VI.

—1922.Crossing over,non-disjunction,and mutation in Drosophila virilis.Sigma Xi Quar.X.

WEISMANN,A.1883.Uber Vererbung.Jena.

—1902.The germ plasm.Trans.

WENRICH,D.H.1916.The spermatogenesis of Phrynotettix magnus with special reference to synapsis and the individuality of the chromosomes.Bull.Mus.Comp.Zoöl.Harv.Coll.LX.

WETTSTEIN,F.v.1923.Kreuzungsversuche mit multiploiden Moosrassen.I.Biol.Zentralb.XLIII.1924.II.Ibid.XLIV.

—1924.Gattungskreuzungen bei Moosen.Zeit.Abst.-Vererb. XXXIII.

—1924.Morphologie und Physiologie des Formwechsels der Moose aut genetischer Grundlage.I.Ibid.XXXIII.

WHITE,O.E.1916.Inheritance studies in Pisum.I.Inheritance of cotyledon color.Am.Nat.L.

—1917.Studies of inberitance in Pisum.II.The present state of knowledge of heredity and variation in peas.Proc.Am.Phil.Soc.LVI.

—1918.Inheritance studies in Pisum.III.The inheritance of height in peas.Mem.Torrey Bot.Club.XVII.

—1917.Inheritance studies in Pisum.IV.Interrelation of the genetic factors of Pisum.Jour.Agri.Research.XI.

WHITING,ANNA R.1925.The inheritance of sterility and of other defects induced by abnormal fertilization in the parasitic wasp,Hadrobracon juglandis(Ashmead).Genetics.X.

WHITING,P.W.1918.Sex-determination and biology of a

parasitic wasp,Hadrobracon brevicornis(Wesmael).Biol.Bull. XXXIV.

—1919.Genetic studies on the Mediterranean flourmoth,Ephestia Kühniella Zeller.Jour.Exp.Zoöl.XXVIII.

—1921.Studies on the parasitic wasp,Hadrobracon brevicornis(Wesmael).I.Genetics of an orange-eyed mutation and the production of mosaic males from fertilized eggs.Biol.Bull.XLI. II.A lethal factor linked with orange.Ibid.XLI.

—1921.Rearing meal moths and parasitic wasps for experimental purposes.Jour.Heredity.XII.

—1921.Heredity in wasps.The study of heredity in a parthenogeneticinsect,the parasitic wasp,Hadrobracon.Ibid.XII.

—1924.A study of hereditary and environmental factors determining a variable character.Defective and freak venation in the parasitic wasp,Hadrobracon juglandis(Ash.).Studies in child welfare.Univ.Iowa.First Series.No.73.III.

WHITNEY,D.D.1909.Observations on the maturation stages of parthenogenetic and sexual eggs of Hydatina senta.Jour.Exp.Zoöl.VI.

—1914.The influence of food in controlling sex in Hydatina senta.Ibid.XVII.

—1916.The control of sex by food in five species of rotifers. Ibid.XX.

—1917.The relative influence of food and oxygen in

controlling sex in rotifers.Ibid.XXIV.

—1917.The production of functional and rudimentary spermatozoa in rotifers.Biol.Bull.XXXIII.

—1918.Further studies on the production of functional and rudimentary spermatozoa in rotifers.Ibid.XXXIV.

—1924.The chromosome cycle in the rotifer Asplanchna intermedia.Anat.Rec.XXIX.

WIEMAN,H.L.1917.The chromosomes of human spermatocytes.Am.Jour.Anat.XXI.

WILLIAMS,C.B.1917.Some problems of sex ratios and parthenogenesis.Jour.Genet.VI.

WILLIER,B.H.1921.Structures and homologies of free-martin gonads.Jour.Exp.Zoöl.XXXIII.

WILSON,E.B.1899(revised1928).The cell in development and inheritance.New York.

—1905-1910.Studies on chromosomes.I to VI.Jour.Exp. Zoöl.II,III,VI,IX.w

—1910.The chromosomes in relation to the determination of sex.Sc.Progress.No.16.

—1911.Studies on chromosomes.VII.Jour.Morph.XXII.

—1911.The sex chromosomes.Arch.f.Mikr.Anat.LXXVII.

—1912.Studies on chromosomes.VIII.Jour.Exp.Zoöl.XIII.

—1914.Croonian Lecture:The bearing of cytological research

on heredity.Proc.Roy.Soc.,B.LXXXVIII.

WILSON,E.B.,and MORGAN,T.H.1920.Chiasmatype and crossing over.Am.Nat.LIV.

WINGE,Ö.1914.The pollination and fertilization processes in Humulus lupulus L.and H.Japonicus.Seib.et Zucc.C.R.Trav.Labor. Carlsberg.XI.

—1917.The chromosomes.Their numbers and general importance.Ibid.XIII.

—1920.Verbreitung und Ursache der Parthenogenesis im Pflanzen-und Tierreiche.Jena.

—1921.On a partial sex-linked inheritance of eye-colour in man.C.R.Trav.Labor.Carlsberg.XIV.

—1922.A peculiar mode of inheritance and its cytological explanation.Jour.Genetics.XII.One-sided masculine and sex-linked inheritance in Lebistes reticulatus.Ibid.XII.

—1923.Crossing-over between the X-and the Y-chromosome in Lebistes.Jour.Genet.XIII.

—1923.On sex chromosomes,sex determination,and preponderance of females in some dioecious plants.Compt.rend. d.trav.d.Lab.d.Carisberg.XV.

—1924.Zytologische untersuchungen über Speltoide und andere mutantenähnliche aberranten beim Weizen.Hereditas.V.

—1927.The location of eighteen genes in Lebistes reticulatus.

Jour.Genet.XVIII.

WINIWARTER,H.DE.1921.La formule chromosomiale dans l'espèce humaine.Compt.rend.séances d.la Sociétéd.Biol.LXXXV.

—1921.Chiasmatypie et reduction.Ibid.LXXXV.

WINKLER,H.1907. Über Pfropfbastarde und pflanzliche Chimären.Ber.Deutsch.Bot.Ges.XXV.

—1908.Solanum tubingense,eim echter Pfropfbastard zwischen Tomate und Nachtschatten.Ibid.XXVIa.

—1910. Über die Nachkommenschaft der Solanum Pfropfbastarde und die Chromosomenzahlen ihrer Keimzellen.Zeit. f.Bot.II.Rev.in Zeit.Abst.-Vererb.III.

—1913-1914.Die Chimarenforschung als Methode der experimentellen Biologie.Verh.Phys.-Med.Gesell.Würzburg.XLII.

—1916. Über die experimentelle Erzeugung von Pflanzen mit abweichenden Chromosomenzahlen.Zeit.f.Bot.VIII.

WITSCHI,E.1921.Der Hermaphroditismus der Frosche und seine Bedeutung für das Geschlechtsproblem und die Lehre von der inneren Sekretion der Keimdrüsen.Arch.Entw.-Mech.XLIX.

—1921.Development of gonads and transformation of sex in the frog.Am.Nat.LV.

—1922.Experimente mit Froschzwittern.Verhandl.Deutsch. Gesell.f.Vererb.Wien.

—1922.Vererbung und Zytologie des Geschlechts nach

Untersuchungen an Fröschen.Zeit.Abst.-Vererb.XXIX.

—1923. Über die genetische Konstitution der Froschzwitter. Biol.Zentralb.XLIII.

—1923. Über bestimmt gerichtete Variation von Erbfaktoren. Studia Mendeliana.Brünn.

—1923.Ergebnisse der neuren Arbeitenüber die Geschlechtsprobleme bei Amphibien.Zeit.Abst.-Vererb.XXXI.

—1923. Über geographische Variation und Artbildung.Rev. Suisse d.Zool.XXX.

—1924.Die Entwicklung der Keimzellen der Rana temporaria L.I.Urkeimzellen und Spermatogenese.Zeit.f.Zelle.und Geweb.I.

—1924.Die Beweise für die Umwandlung weiblicher Jungfrosche in männliche nach uteriner Überreife der Eier.Arch. f.Mikro.Anat.u.Entw.-mech.CII.

—1928.Effect of high temperature on the gonads of frog larvae.Proc.Soc.Exp.Biol.and Medicine.XXV.

WODSEDALEK,J.E.1913,1914,1920.(a)Spermatogenesis in the pig,etc.(b)Spermatogenesis of the horse,etc.(c)Studies on the cells of cattle with special reference to the accessory chromosome and chromotoid body.Biol.Bull.XXV,XXVI,XXXVIII.

WOLTERECK,R.1911. Über Veränderung der Sexualität bei Daphniden.Leipzig.

YAMPOLSKY,C.1919.Inheritance of sex in Mercurialis annua.

Am.Jour.Bot.VI.

YATSU,N.1921.On the changes in the reproductive organs in heterosexual parabiosis of albino rats.Anat.Rec.XXI.

ZAWADOWSKY,M.1923.Die Entwicklungsmechanik des Geschlechts.(Russian,with German summary.)Moscow.

ZELENY,C.1917.Full-eye and emarginate-eye from bar-eye in Drosophila without change in the bar gene.Abst.15th Ann. Meet.,Am.Soc.Zoöl.

—1917.Selection for high-facet and for low-facet number in the bar-eyed race of Drosophila.Ibid.

—1920.A change in the bar gene of Drosophila melanogaster involving further decrease in facet number and increase in dominance.Jour.Exp.Zoöl.XXX.

ZELENY,C.,and MATTOON,E.W.1915.The effect of selection upon the"bar-eye"mutant of Drosophila.Ibid.XIX.

DE ZULUETA,A.1925.La herencia ligada al sexo en el coleóptero Phytodecta variabilis(Ol.)"Eos"I.

诺贝尔奖官网对《基因论》作者摩尔根生平介绍

（2023 年 2 月 3 日查询）

1866 年 9 月 25 日，在美国肯塔基州列克星敦，托马斯·亨特·摩尔根 (Thomas Hunt Morgan, 1866—1945) 出生了，他是查尔顿·亨特·摩尔根 (Charlton Hunt Morgan) 的长子。

摩尔根在肯塔基州立大学接受教育，并在 1886 年获得了学士学位，之后在约翰·霍普金斯大学攻读研究生。在霍普金斯大学，他师从威廉·基斯·布鲁克斯（W. K. Brooks）学习形态学，同时跟随亨利·纽威尔·马丁（H. Newell Martin）学习生理学。

在孩童时期，摩尔根就展现出对自然历史的极大兴趣，十岁住在乡下期间，他就已经收集各种鸟类、鸟蛋和化石标本了。大学毕

业之后，即 1887 年，他在马萨诸塞州安妮斯奎姆（Annisquam）
的阿尔斐思海特（Alphaeus Hyatt）海滨实验室工作了一段时间。
1888 年暑假，他来到伍兹霍尔，沉浸在为美国鱼类委员会开展的
研究工作中。1890 年，他在伍兹霍尔的海洋生物实验室（MBL）度
过了整个夏天，从此开始了作为暑假研究员与受托人与该实验室的
长期合作。1890 年，他在约翰·霍普金斯大学获得了博士学位。也
就在这一年，摩尔根获得了亚当·布鲁斯奖学金，并开始了一趟欧洲
之旅，尤为可忆的是在那不勒斯的海洋动物学研究所的工作经历。
后来在 1895 年和 1900 年，他分别重新访问了该所。在那不勒斯，
他遇到了汉斯·德里施（Hans Driesch）和柯特·赫布斯特（Curt
Herbst）。后来与他合作的德里施的影响使他注意力转向了实验胚
胎学。

　　1891 年，他成为布林茅尔女子学院的生物学副教授，他在布林
茅尔一直待到 1904 年，那年他成为纽约哥伦比亚大学的实验动物学
教授。此后，摩尔根一直留在纽约，直到 1928 年，他被聘为帕萨迪
纳加州理工学院的生物学教授和克尔克霍夫（G. Kerckhoff）实验
室主任。他从此留在这里直到 1945 年（他去世）。在生命的最后几年，
摩尔根在加利福尼亚州的科罗纳德尔马（Corona Del Mar）建立了自
己的私人实验室。

　　摩尔根在哥伦比亚大学的 24 年期间，他专注于细胞学应用于生
物学解释的更广泛方面的方向上。他与 E. B. 威尔逊的密切关系为他
提供了难得的机会，让他可以更直接地接触当时动物学部门正在积
极开展的工作。

　　摩尔根是一个多才多艺的人，作为一名学生，他独立而有批判性。

在他早期发表的作品中，可以看到他对孟德尔的遗传概念持批评态度，在 1905 年，他挑战了当时流行的生殖细胞是纯的且未杂交的假设，并且像贝特森一样，对物种须通过自然选择产生的观点持怀疑态度。他说："自然会直接创造新物种。"1909 年，他开始研究果蝇（Drosophila melanogaster），即他的名字日后将一直与之联系在一起的黑腹果蝇。

似乎最早大量繁殖果蝇的是 1900—1901 年在哈佛大学工作的伍德沃斯（C. W. Woodworth），伍德沃斯告诉卡塞尔（W. E. Castle）果蝇也许可以用在遗传学研究。卡塞尔和他的同事们将之用于研究近亲繁殖的影响。通过卡塞尔，卢茨（F. E. Lutz）对果蝇产生了兴趣，并将它介绍给了摩尔根，摩尔根当时正在寻找可以在他掌控的非常有限的空间内繁殖的更便宜的材料。1909 年，在他开始使用这种新材料不久，一系列引人注目的突变体出现了。摩尔根对这种现象的后续研究最终使他能够精准观察基因的行为表现，并且能够对基因进行精确定位。

摩尔根早期研究果蝇的重要性在于它证明了英国学者们在 1909 年和 1910 年使用甜豌豆发现的被称为耦合和排斥的关联，实际上是同一现象的正反面，后来被称为连锁。摩尔根的第一篇论文论证了果蝇中白眼基因的性别连锁，以及雄性苍蝇是异配性。他的工作还表明果蝇可以培育出非常大量的后代。事实上，果蝇被繁殖了数百万只，因此他得以对所有材料进行仔细分析。他的工作还证明了一个重要事实，即自发突变经常出现在果蝇培养物中。在对由此获得的大量事实进行分析的基础上，摩尔根提出了染色体中基因线性排列的理论，并在他的著作《孟德尔遗传机制》（1915 年）中扩展了这一理论。

然而，除了这项遗传学工作外，摩尔根还对实验胚胎学和再生做出了重要贡献。就胚胎学而言，他通过一个简单的实验驳斥了罗克斯（Roux）和魏斯曼（Weismann）的理论，即当青蛙的胚胎处于双细胞阶段时，卵裂球从母体胚盘中获得的贡献是不相等的，因此是一个"拼贴"的结果。在他的其他胚胎学发现中，证明了重力在卵子的早期发育中并不像罗克斯的工作所暗示的那样重要。

尽管他的大部分时间和精力都花在了遗传学工作上，但摩尔根从未失去对实验胚胎学的兴趣，并且在他生命的最后几年里，他投入了越来越多的关注。

对于再生的研究，他做出了几项重要贡献，其中一个突出的贡献是他证明了有机体不受伤害的部分，例如寄居蟹的腹部附属物，仍然会再生，因此再生不是一种以应对失去身体部位的风险的适应性进化。在这部分工作中，他写了《重生》一书。

除了前面提到的书籍外，摩尔根还写了《遗传与性》（1913）、《遗传的物理基础》（1919）、《胚胎学与遗传学》（1924）、《进化与遗传学》（1925）、《基因论》（1926）、《实验胚胎学》(1927)、《进化的科学基础》(第二版 ,1935)，它们都是遗传学文献中的经典之作。

摩尔根于 1919 年成为伦敦皇家学会的外籍会员，并于 1922 年在该学会发表了克罗尼安讲座。1924 年，他被授予达尔文奖章，并于 1939 年获得该学会的科普利奖章。

由于发现了染色体在遗传中所起的作用，他于 1933 年被授予诺贝尔奖。

他在哥伦比亚大学的合作者中，可能要提到穆勒（H. J. Muller），他因通过 X 射线引发突变而于 1946 年被授予诺贝尔奖。

摩尔根于 1904 年与莉莲·沃恩·桑普森 (Lilian Vaughan Sampson) 结婚，后者曾是布林茅尔学院的学生，并经常协助他进行研究。他们有一个儿子和三个女儿。

摩尔根教授逝于 1945 年。

摘自 1922—1941 年诺贝尔生理学或医学讲座，爱思唯尔出版公司，阿姆斯特丹，1965 年。

诺贝尔奖委员会授予摩尔根的诺奖颁奖词

瑞典皇家卡洛林学院

亨斯切恩教授

1933 年 12 月 10 日

陛下，殿下，尊敬的听众：

自人类诞生以来，人们就注意到孩子与父母的相似性、兄弟姐妹之间的相似性，以及某些家族和人种具有自己的特征。人们一直试图解释这些现象，因此早期的遗传学理论主要是基于猜测的。直到现代，猜测仍然是遗传理论的一个特征。如果没有对遗传问题进行科学分析，受精机制仍然是一个无法解开的谜。

古希腊的医学和科学对遗传问题非常感兴趣。从医学之父希波克拉底那里，我们可以发现一种遗传学说，从这种学说也许可以追溯到古代的思想。他认为，遗传性状应该是以某种方式从父母身体的不同器官传递给下一代个体。其他古希腊科学家也有类似的思想，即性状从双亲向子代传递。而在古代最伟大的生物学家亚里士多德那里，我们可以找到一种经过修正的理论。

后来，这种所谓的传递学说占据了主导地位。唯一向它挑战的遗传理论是所谓的先成论，这种学说可以追溯到基督教之父奥古斯汀（Augustine）。先成论认为，在创造第一个女人时，后来的所有人已经在我们人类的第一个母亲体内形成了。先成论的修正形式在18世纪主导了生物学。但是，传递学说仍然流传下来，它的最后一个伟大支持者是达尔文。他似乎也把遗传理解为一种传递，即父母个体的特征从其身体的各种器官经过某种浓缩之后传递给下一代。

然而，这个根深蒂固于过去生物学中，未来可能被广泛接受的概念本质上是错误的，这已经被现代遗传学的研究证明。现代遗传学研究是近70年来的新兴学科。这一研究的奠基者是奥地利的僧侣、布隆修道院的牧师孟德尔。他于1866年发表了他所做的植物杂交实验的结果，这些实验成为整个遗传学研究的基础。同年，在肯塔基州，有一个人出生了，他后来成为孟德尔的继承人，一个被称为高级孟德尔主义（Higher Mendelism）的遗传学派的奠基者，他就是今年诺贝尔生理学或医学奖的获得者托马斯·亨特·摩尔根。

孟德尔的实验结果具有革命性的重要意义。这些结果事实上推翻了所有的旧遗传理论，尽管当时未被广泛接受。孟德尔的发现通常被表述为两条法则，更确切地说是两条遗传定律。第一条定律是分离定律，即某一特定性状（如大小）的两个遗传成分或基因，如果在这一代中结合在一起，将在下一代中互相分离。例如，如果一个纯合高品种与一个纯合矮品种杂交，下一代的个体将是中等高度的（或者如果高因子是显性因子，将会是高的）。但在后代中，会重新出现高度不同的个体，其中一个是高的，两个是中等的，一个是矮的。

孟德尔第二定律是自由组合定律，即在产生新一代的时候，不同的遗传因子可以相互独立地自由组成新的组合。例如，一种高的、开红花的植物和一种矮的、开白花的植物杂交，红花因子和白花因子可以独立地遗传，与高和矮的因子无关。因此，第二代中除了有高的、开红花的和矮的、开白花的植物外，还有高的、开白花的和矮的、开红花的植物。

孟德尔的伟大成就在于他精确地记录了特定的性状，并连续追踪观察它们在一代又一代中的表现。通过这种研究方法，他发现了相对简单且不断出现的数量比例，这些比例提供了理解遗传过程的关键。实验遗传学已经证明，孟德尔定律广泛适用于所有多细胞生物，包括苔藓和显花植物，昆虫、软体动物、甲壳动物，以及两栖类、爬行类、鸟类和哺乳类。

与所有领先时代的伟大发现一样，孟德尔定律也遭遇了不幸的命运。它被忽视了，人们未能理解它的重要意义，在其提出者孟德尔于1884年去世后再也没有人提起。达尔文显然对孟德尔这位同时代的伟大人物一无所知，否则他可能已经将孟德尔的成果应用到自己的研究工作中了。直到1900年左右，孟德尔定律才重新被发现。

到1900年，对孟德尔定律的正确性及其适用范围的认识已经与首次发表时大不相同。基本的生物学态度已经改变，尤其是对细胞和细胞核的认识有了长足的进步。1875年，赫特维希发现了受精机制，魏斯曼在1880年代断言性细胞的细胞核是遗传性状的载体。1873年，施奈德发现了间接分裂（即有丝分裂）和染色体——一种在间接分裂时出现的丝状、容易染色的、令人感到非常奇妙的结构。但是，仅仅过了几十年，染色体在细胞分裂的不同阶段和受精过程中发生的分裂、移动和融合等显著变化的意义就被搞清楚了。

当孟德尔的发现被重新发现时，人们很快认识到其重要性。孟德尔定律背后必定存在一种简单的细胞机制，能够准确地分配遗传因子至新个体。这种机制是根据受精前后细胞中染色体数量的比例得出的。1903年，萨顿首次提出染色体是真正的遗传物质载体，1904年博维里也表达了同样的观点，并得到了细胞学研究者的支持。正是通过染色体传递性状，生命体才具备人们认为应该具备的统一性和连续性。与达尔文假说认为各器官共同负责遗传相比，染色体遗传更为真实可靠，更能证明。

在20世纪初，染色体理论在进一步发展，这里不再详述。摩尔根在1910年开始他的遗传学研究时，这方面的基础已经打好了。摩尔根的研究工作使他很快得出了重大发现，阐明了染色体作为遗传性状携带者的功能，这一重大发现使他获得了1933年的诺贝尔奖。

从以下事实可以特别看出摩尔根的伟大之处和他能取得惊人成功的原因：一开始他就知道，应当把遗传学研究中的两种重要方法——孟德尔采用的统计遗传学方法和显微观察方法——有机结合起来，而他一直致力于回答这样一个问题：显微镜下看到的染色体发生的过程怎样导致了杂交时出现的那些现象。

摩尔根取得成功的另一个原因无疑是他非常明智地选择了实验

对象，从一开始摩尔根就选择了一种称为果蝇的昆虫，它是目前为止最优秀的遗传学实验对象。这种动物在实验室中很容易饲养，而且能很好地支持需要进行的实验。它们整年不停地繁殖，每 12 天就能产生出新的一代，一年至少可以繁殖 30 代。雌蝇每次能够产下大约 1000 个卵，而雌性和雄性果蝇之间有明显的差别。此外，果蝇只有四对染色体，这种幸运的选择使得摩尔根有可能超过那些更早开始研究但选择植物或不太适合研究的动物的杰出科学家。

最后，摩尔根拥有一种罕见的强大凝聚力，他周围聚集了一群出色的学生和合作者，他们积极按照他的思想行事。摩尔根的理论之所以能够如此迅速地发展，很大程度上得益于此。他的助手斯特蒂文特、穆勒、布里奇斯，以及其他许多人荣幸地站在他的旁边，他们的成功是摩尔根成功的重要组成部分。虽然我们可以公正地谈论摩尔根学派，但很难区分哪些工作属于摩尔根本人，哪些工作属于他的助手们。然而，没有人会怀疑摩尔根是一个出色的领袖。

像孟德尔定律可以概括为两个定律一样，摩尔根学说至少在某种程度上也可以用几个规律或定律来表达。摩尔根学派经常谈论四个定律：连锁定律、连锁群数目有限定律、交换定律和基因在染色体上线性排列定律。这些定律从一个非常重要的方面进一步完善了孟德尔学说，它们密切联系在一起，构成了生物学的一个整体。

摩尔根的连锁定律指出，遗传性状之间存在不同程度的相互联系。然而，孟德尔第二定律认为基因可以自由重组，形成新的遗传物质。因此，连锁定律在一定程度上限制了孟德尔第二定律。这种限制是由连锁群数目造成的，而连锁群的数目与染色体数目相对应。此外，交换定律或基因重组现象也限制了连锁定律。摩尔根将交换想象为染色体间的部分互换。虽然这个交换定律曾受到反对，但最近的显微镜观察证实了它的存在。同样，起初被认为是异想天开的染色体上遗传性状线性排列这一定律，在摩尔根分析果蝇各种性状的交换情况后被证实。摩尔根发表的染色体遗传学图也受到了怀疑。这个图上各种遗传因子的排列看起来像是把珠子用线串起来一样。但实际上，这是摩尔根从分析果蝇各种性状的交换情况得到的结论，而非直接检测染色体得出的结果。对染色体进行直接检测，目前来说是做不到的。但是，摩尔根的这个观点在以后的研究中也被证明是正确的。到了今天，其他遗传学家也承认，遗传因子在染色体上线性排列的理论并不是想象，而是客观实际。

摩尔根学派的研究成果是惊人的，甚至有些难以置信。这些发现对生物学的其他领域产生了深远的影响。十几年前，谁能想到科学可以如此深入地研究遗传问题，揭示动植物杂交结果背后的机制呢？谁能想象我们可以在纳米级别上定位数百个基因，这些基因必须想象为与微粒元素相对应？而所有这些定位，摩尔根都是通过统计方法得出的！一位德国科学家很恰当地把摩尔根的这种研究方法与天文学上测算天体的方法相比拟：天文学家可以计算尚未发现的天体，然后再用望远镜发现它。但是这位科学家还说，摩尔根的预测超越了对未知天体的计算，因为它包含了以前从未发现的某种新原理。

摩尔根以果蝇家族为研究对象的研究工作，使他获得诺贝尔生理学或医学奖可能令人感到奇怪。因为该奖规定要授予那些"为人类做出最重大的贡献"和"在生理学或医学领域有重要贡献"的人。然而，授予摩尔根该奖的主要原因是，后来的许多以高等或低等植物和动物为研究对象的遗传学实验已经提供了证据，证明摩尔根的那些定律，在理论上可以适用于所有多细胞生物。

此外，比较生物学研究早已证明，人和其他生物之间有着广泛的功能上的一致性。因此我们可以认为，遗传性状传递的方式作为细胞的一种基本功能，当然也是相似的。也就是说，对于人类和其他生物，大自然是以同一种机制使它们的种族得以延续的，孟德尔和摩尔根提出的法则因此也适用于人类。

摩尔根的研究成果在人类遗传学上已经得到了很多应用。如果没有摩尔根的研究成果，现代的人类遗传学和优生学都是不可能的——也许基本上优生学仍然是未来努力的目标。孟德尔和摩尔根的发现绝对是研究和了解人类遗传性疾病的基础和关键。考虑到当前医学研究的趋势和保健研究的主导地位，研究内在的、可遗传的因素对于健康和疾病的作用显得更加重要。因此，遗传学研究不仅可以对疾病的总体认识发挥作用，还可以对预防医学和疾病治疗方面有所帮助。

尊敬的斯台恩哈德先生：摩尔根教授今天无法出席颁奖典礼，我们感到非常遗憾。我们请求您以美国代表的身份接受颁发给摩尔根教授的诺贝尔奖奖金。同时，在您转交奖金给摩尔根教授时，我们也想请您向他转达我们卡洛林里学院对他的真挚祝贺。

附录三
FULUSAN
JI YIN LUN

摩尔根获诺贝尔奖演讲：遗传学与生理学和医学之间的关系

托马斯·亨特·摩尔根
1934 年 6 月 4 日

20 世纪以来，遗传学经历了一次非凡的发展，无论在理论还是实践方面均取得了显著成果。在一次简短的演讲中，想要概括其所有杰出成就实属不易。因此，我将挑选一些突出主题进行讨论。

鉴于我所在的团队在过去二十年里主要研究遗传的染色体机制，我首先将简要阐述遗传事实与基因理论之间的关联；接着，我将探讨基因理论中隐含的某些生理学问题；最后，我希望谈谈遗传学在医学领域的应用。

现代遗传学理论起源于二十世纪初，当时孟德尔被遗忘已久的论文重见天日，这篇论文曾被忽视了 35 年。德国的柯伦斯和奥地利的丘歇马克的实验数据都表明，孟德尔定律不仅适用于豌豆，还适用于其他植物。在随后的一两年里，英国的贝特森和庞尼特，以及法国的丘恩特的研究进一步证实，这些法则也适用于动物。

1902 年，威尔逊实验室的年轻学生威廉·萨顿清晰而完整地阐明了这一观点：基于生殖细胞成熟分裂阶段染色体的行为，我们可以解释孟德尔理论中假设的遗传因子的分离机制。

这一机制的发现，足以很好地解释孟德尔的第一定律和第二定律，对遗传学的发展尤其是其他遗传学法则的发现具有深远影响。首先，由于发现了一种可以观察和跟踪的机制，那么，任何关于孟德尔理论的拓展都必须符合这种被认可的机制。其次，人们长期以来知道存在许多明显不符合孟德尔定律的例外，在不了解孟德尔定律机制的情况下，可能导致对孟德尔定律进行子虚乌有的修改，甚至使孟德尔定律看似无普适性。然而如今，我们已经知道，部分"例外"是由于染色体机制的新发现和可证实的特性所导致，而另一些则是因为染色体机制本身的异常情况所引起。

孟德尔假设遗传因子在生殖细胞中发生分离，使得每一个成熟的生殖细胞仅含有每一对遗传因子中的一个，但由于他对花粉和卵细胞的成熟过程了解有限，因此无法为他的基本假设提供确凿依据。他通过一次判定性实验验证了这个假设的正确性。他通过设计一套科学实验程序来证实了他的推断，他的分析堪称一次非常成功的逻辑推理。

实际上，在孟德尔时代，要对生殖细胞中遗传因子分离的基本机制进行客观证明是不可能的。自 1865 年孟德尔发表他的论文至

1900 年，历经 35 年时间，才具备了进行这种证明的条件。一些欧洲细胞学家发现了染色体在生殖细胞成熟过程中的作用，并因此成为著名的发现者。正因为他们的工作，1902 年才将众所周知的细胞学证据与孟德尔的定律联系在一起。

对孟德尔定律最重要的补充或许是连锁和交换。1906 年，贝特森和庞尼特报告了豌豆花中一个两因子案例，该案例未能给出同时进入杂交的两对性状预期的比例。

1911 年，在果蝇中发现了两个基因，它们表现出性连锁遗传。此前已经证明这些基因位于 X 染色体中。当这两对性状同时存在时，第二代的比例不符合孟德尔的第二定律，因此有人提出，这种情况下的比例可以基于雌性的两个 X 染色体之间的交换来解释。我们指出，这些特征基因在染色体中距离越远，交换的机会就越大。这将给出各个基因的大致位置。通过进一步拓展和阐述这个想法，随着越来越多的证据积累，就能够证明基因在染色体上是线性排列的。

两年前，即 1909 年，比利时研究者詹森斯描述了一种蝾螈交配染色体中的现象，他将其解释为同源染色体之间发生了交换。他称之为交叉型。这个现象一直引起细胞学家们的关注。不久之后，詹森斯的观察结果提供了客观证据，证实了雌性果蝇性染色体上基因之间确实发生了基因交换。

如今，我们将基因排列在图表（或者说染色体地图）中，图示的数字表示每个基因到起始点的距离。这些数字使我们能够预测任何新出现的性状相对于所有其他性状的遗传方式，一旦它的交换值相对于任何其他两个性状确定了，我们就可以预言它是如何遗传的。

即使没有有关基因位置的其他事实，这种预测能力本身也足以证明构建这样的地图的必要性。然而，如今我们已经有直接的证据支持这个观点：基因在染色体上确实是线性排列的。

基因是什么？

那么，孟德尔提出的作为纯粹理论单位的遗传因子究竟是什么？基因是什么？如今我们将基因定位于染色体上，是否应该将它们视为物质单位，即比分子更高层次的化学实体？坦白地说，现代遗传学家并不太关心这些问题，除非在讨论假设的遗传因子的性质时偶尔触及。基因究竟是真实存在还是纯属虚构？遗传学家们对此并无共识。在当前的遗传学实验水平上，基因到底是假设的单位还是物质实体，这个问题并无太大意义。因为在任何情况下，基因都与特定染色体相关，并可通过纯粹遗传学分析来定位。因此，如果基因是物质单位，那么它是染色体的一部分；如果基因是虚构单位，那么它必须指向染色体中的一个确定位置，与另一种假设相同。所以，在遗传学家的实际工作中，采取哪种观点并无太大差别。

在遗传学家所探究的性状与其理论假设的基因之间，便是整个胚胎发育过程，在这一过程中，基因固有的性质在细胞质中逐渐显现。在此，我们似乎接触到了一个生理问题，然而这一问题对于传统生理学家而言颇为陌生。

根据遗传证据和显微观察，我们将某些普遍性质归因于基因。接下来，我们可以进一步讨论这些性质。

　　由于染色体以一种方式分裂，使得基因排列被切断（每个子染色体恰好获得原始排列的一半），我们自然推断基因分裂成完全相等的部分。然而，这种分裂究竟如何发生尚不清楚。细胞分裂的类比使我们推测基因以相同的方式分裂，但我们不应忘记，细胞分裂过程相对粗糙，可能无法完全解释基因如何分裂成相等的两半。由于我们在有机分子中不了解任何可比的分裂现象，我们在将简单的分子结构归因于基因时也必须谨慎。另一方面，有机材料中建立的复杂分子链可能有一天会为我们提供更好的机会来描绘基因的分子或聚合结构，并提供关于其分裂方式的线索。

　　由于经过无数次的分裂后，基因在大小或性质上并未减小或改变，它们在某种程度上必须在连续的分裂过程中经历补偿性增长。我们可以将这种性质称为自催化，然而，由于我们不知道基因如何增长，假设它在分裂后的增长过程与化学家所称的自催化过程相同，那就颇具风险。目前这种比较尚显模糊，不足以作为可靠依据。

　　基因相对稳定性是根据遗传证据推断出的。在经历数千甚至数百万次的分裂后，基因依然保持不变。然而，在极少数情况下，基因可能发生变化。我们称这种变化为突变，借用德弗里斯的术语。值得强调的是，在大多数研究中，突变基因仍保持生长和分裂的能力，更重要的是保持稳定性。然而，对于原始基因或突变基因，我们没有必要假定它们都具有相同的稳定性。实际上，有许多证据支持这样的观点，即某些基因比其他基因更容易发生突变，而在少数情况下，这种现象在生殖细胞和体细胞组织中并不罕见。在此，最为关键的事实是这些重复性的变化具有明确且特定的方向。

　　通过遗传证据和细胞学观察，我们可以推断出基因在染色体中的相对位置与其他基因在线性顺序中的位置是稳定的。然而，这种相对位置是历史偶然性，还是归因于每个基因与其邻居之间的某种关系，目前尚无定论。但是，来自染色体片段错位和重新连接到另一个染色体的证据显示，突变而非相互作用决定了它们当前的位置：因为当染色体的一部分连接到另一个染色体的基因链末端，或者染色体的一部分发生倒位时，新位置上的基因紧密结合在一起，就如同在正常的染色体上一般。

有一点特别重要。基于突变基因的作用，我们可以得出结论，所产生的影响通常与基因在染色体中的位置无关。一个基因或许主要影响眼睛的颜色，而其附近的另一个基因可能对翅膀结构产生影响，同一区域的第三个基因可能会对雄性或雌性的生育力产生作用。此外，不同染色体中的基因可能对同一器官产生几乎相同的影响。因此，我们可以说基因在遗传物质中的位置对它们产生的效果并不重要。这引出了一个对发育生理学更直接重要的考量。

在遗传学的早期阶段，人们习惯于讨论遗传中的单位性状，因为某些鲜明的性状为孟德尔比率提供了数据支持。一些遗传学家推测，负责选择性状的孟德尔单位是仅产生单一影响的基因。这种逻辑是有疏漏的。摆脱这个错误观念需要付出巨大努力。随着事实的积累，显而易见的是，每个基因并非产生单一影响，而是在某些情况下对个体的性状产生多种作用。诚然，在大多数遗传研究中，仅有一个性状效应被选为研究对象——那些最清晰明确且可以与对立性状区分开的——但在大多数情况下，还可以识别出与主要效应同样由同一基因产生的细微差别。实际上，为了对比性状对的分类而选择的主要差异可能对个体的福祉并不重要，而一些伴随效应可能对个体至关重要，影响其生命力、寿命或生育力。我不需要详细阐述这些关系，因为现今所有遗传学家都认识到它们。然而，认识到这些关系非常重要，因为整个发育生理学问题都涉及。染色体在成熟分裂期的结合，以及它们随后朝着减数分裂图形的相反极点移动，确保每个子细胞获得一组染色体并实现孟德尔的第二定律。这些运动看起来像是物理事件。细胞学家将这两个现象称为单个染色体成员的吸引和排斥，但我们对涉及的物理过程一无所知。吸引和排斥这两个术语纯粹是描述性的，目前仅意味着相似的染色体聚集在一起，后来又分开。

在早期阶段，当染色体的结构尚未被了解时，人们认为染色体是随机成对结合的。这意味着任意两条染色体都可能配对。这与原生动物的雄性和雌性结合，或者卵细胞和精子结合具有明显的相似性。由于在所有二倍体细胞中，每对染色体的一个成员来自父亲，另一个来自母亲，人们可能认为染色体的结合也与雄性和雌性有关。然而，如今我们有充分的证据证明这种想法完全错误，因为有些情况下，两条结合的染色体都来自母体，甚至两条染色体可能是同一条染色体的姐妹链。

最近的遗传学分析不仅表明结合的染色体是相似的染色体，即相同基因的链，而且还表明这是一个非常精确的过程。基因逐点结合，除非存在某种物理障碍。过去几年的研究提供了一些漂亮的例证，表明当染色体结合时，彼此靠近的是基因而非整个染色体。例如：偶尔染色体可能会断裂一小片（如图1），这片断裂的染色体片段会附着在另一条染色体上，从而建立一个新的连锁组。当结合发生时，这片断裂的染色体片段在姐妹染色体中没有对应的片段。已经证明（如下图1），它会与来自父母染色体的那部分结合。

　　当染色体丢失一个末端时，它只与其配对染色体的一部分结合（如图 2a），即在存在相似基因的地方。当染色体沿长度方向丢失一小段区域，导致它比原来的染色体短时，较大的染色体会在短染色体缺失区域的对面形成一个环，如图 2b 所示。因此，相似的基因或对应的位点可以通过染色体的其他部分结合在一起。更值得注意的是，当染色体中间区域发生倒置时（如图 2c 所示），当这样的染色体与其正常同源体结合时，相似区域会通过倒置片段自我翻转以便于相似基因结合。

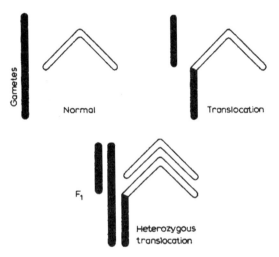

图 1 上半部表示一条染色体（黑色的）的一个片段转移到了另一条染色体（白色的）上，下半部表示这些染色体的配对方式

　　关于月见草属物种中染色体的结合，当不同染色体的一半发生互换时，相似基因序列如何找到彼此，这也是一个非常好的例子。

　　最近，赫兹、佩恩特和布里奇斯的工作为我们展示了一些关于果蝇唾液腺染色体结构的惊人证据。

　　成熟和幼小的果蝇唾液腺细胞核非常庞大，其中的染色体可能比处于分裂过程中的普通染色体大 70 到 150 倍。赫兹已经证明，在神经节细胞的染色体的某些区域（尤其是 X 和 Y 染色体），有的区域染色较深，有的区域染色较浅，这些区域分别对应于遗传图中不包含基因和包含基因的区域。

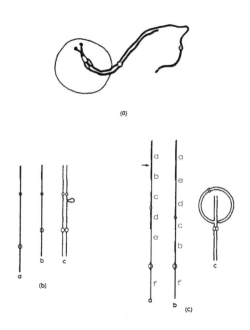

图 2 a. 印第安小麦的两条配对的染色体，其中一条染色体末端缺失。b. 印第安小麦的两条染色体，其中一条在其近中点处缺失一段。当这两条染色体配对时，较长染色体在对应于较短染色体缺失部位的区域形成一个环。c. 印第安小麦的两条染色体，其中一条含有一段长长的倒位区域。当这两条配对时，它们以该图右边所示的方式结合，同类的基因结合在一起（仿 Mc Clintock）

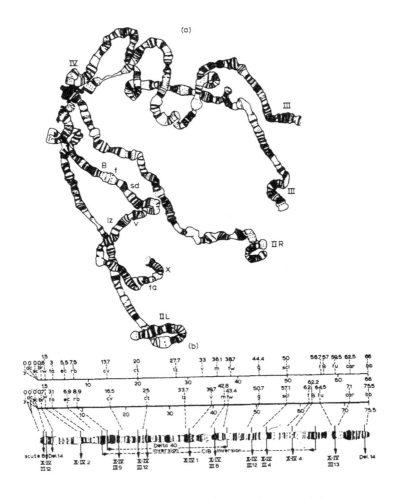

图 3 a. 雌性果蝇幼虫唾液腺的染色体（仿 Painter）。两条 X 染色体已经
合为一体。这个染色体已经以它的"附着端"附着于普通的核外染色质上。
第二和第三染色体的附着点在其接近中点处，而且已经在附着点与普通核
外染色质接合起来，每一条染色体留下了两个自由末端。每一个自由末端
的同类分支已经接合起来，总共有四个自由末端。b. 下面是果蝇唾液腺 X
染色体的横纹结构，上面是基因图（仿 Painter）。斜的虚线把基因图的位
点与唾液腺染色体上相应的位点联系起来。

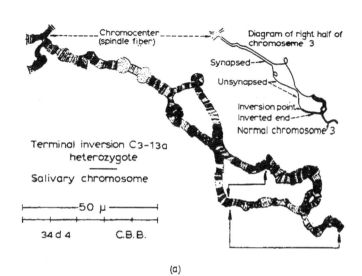

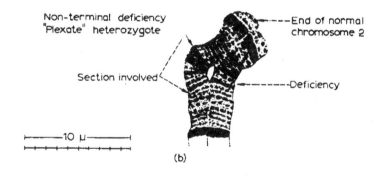

图 4　a. 从唾液腺制备的第三染色体的右半部。它的两个组分有一部
　　　分已经合为一体（右上）。其中一个组分末端部分有一倒转区段，这
　　　一部分通过自身颠倒过来而与相应的正常染色体结合，如上图右边的
　　　小示意图所示。b. 唾液腺制品，显示第二染色体的一部分；它的一
　　　个组分是有缺失的，对应于其缺失部位，另一组分向外弯曲凸起，使
　　　得这个部位上下两边的相应的横纹可以会合（仿 Bridges）

佩恩特进一步发现，唾液染色体的一系列带状结构可以与遗传学已知的基因序列进行同源比对（如图 3 所示），而 X 和 Y 染色体的空白区域没有带状结构。他还证实，当基因连锁图的一部分发生倒置时，带状结构的顺序也会发生倒置；当片段发生易位时，它们可以通过特征带进行识别；当连接基因的片段丢失时，相应的带也会丢失。

布里奇斯通过对特定染色体区域的深入研究，进一步分析了横纹带和基因位置之间的关系。通过改进的方法，他确定了两倍的横纹带，从而对带和基因位置的关系进行了更为完整的分析。

因此，无论带是否是实际的基因，证据都清楚地表明，基因位置与相应带位置之间存在显著的一致性。带状结构的分析证实了遗传学证据，即当基因顺序发生某些变化时，带的顺序也会发生相应的变化，这种变化适用于横纹带的最精细部分。

唾液核中的染色体数量是完整数量的一半（如赫兹所报道），佩恩特将这解释为同源染色体的结合（如图 4a 所示）。此外，每个组分一半中的带的顺序是相同的，当这两半没有紧密靠近时，这一点非常明显。布里奇斯和科尔佐夫曾提出，同源染色体不仅结合在一起，而且它们每个都分裂了两次或三次，在某些情况下可产生多达 16 或 32 条链（如图 4a、b 所示）。因此，我们可以认为每个带是由 16 或 32 个基因组成的；或者，如果对带作为基因的认定在基因方面受到质疑，带是染色体所组成的某种单位的倍数。以下是一些例子，用以说明带状染色体如何证实遗传学关于基因序列顺序发生变化的结论。在图 4a 中，右半部分表示来自唾液腺的第三染色体。部分融合，部分分离。在图的下半部分，一个组分存在一个倒置的片段（末端倒置）。类似的带与类似的带结合，如上图中的较小图所示，在图 4a 中，这是通过一个组分的末端回转实现的。在图 4b 中，画出了第二染色体的一个短区域。一个组分缺乏某些基因；相对应的正常染色体在缺陷区域形成一个凸起，使得相似的带在缺陷部位的上方和下方相互接近。

基因的生理学性质

假若遗传学工作普遍暗示（尽管并不总是明确陈述）所有基因始终处于活跃状态，且个体的特征是由基因决定的，那么为何身体内的所有细胞并非完全一致呢？

当我们探究卵子发育为胚胎时，相似的悖论同样出现。卵子表现为一个未分化的细胞，注定要经历一系列既定的、已知的变化过程，最终导致器官和组织的分化。在卵子的每次分裂过程中，染色体纵向分裂成两个完全相同的部分。每个细胞内都含有相同种类的基因。那么，为何有些细胞会变为肌肉细胞，有些会变为神经细胞，而其他细胞仍然保持为生殖细胞呢？

在上个世纪末，这些问题的答案看似相对简单。卵子的原生质在不同层次上表现出明显的差异。据说，每个区域的细胞命运是由卵子中不同原生质区域的差异决定的。这种观点与所有基因都在起作用的观念相一致。发育的初始阶段是基因产出与卵子不同区域之间反应的结果。尽管这并未提供一种科学的解释来说明正在发生的反应类型，但这似乎给出了一个令人满意的发育过程图景。

然而，仍有一个不容忽视的替代观点。可以想象，在胚胎经历发育阶段时，不同的基因组会依次启动。这种顺序可能被视为基因链的自动属性。这样的假设在缺乏证据的情况下回避了整个胚胎发育问题，不能被认为是一个令人满意的解决方案。然而，卵子不同区域的原生质与细胞核中特定基因之间可能存在相互作用；某些基因在卵子的一个区域受到更多影响，而其他基因在其他区域受到影响。这种观点也可能提供一个纯粹的形式假设，用以解释胚胎细胞的分化。初始步骤将从卵子的区域构成中展开。

接下来，可以认为基因的第一反应输出会影响它们所在细胞的原生质。

改变后的原生质现在会对基因产生相互作用，激活额外或其他的基因组。如果这是真实的，那么这将为发育过程提供一个令人愉悦的画面。另一个变种观点是假设一组基因的产物逐渐随着时间被其他基因较慢的发展所取代、抵消或改变，例如戈德施密特已经为性别基因提出了这样的假设。这个学说被用于说明杂种胚胎发育过程，人们设想杂种的性基因的活性有不同等级。

我们还可以容纳第三种观点。我们可以设想，所有基因并非始终以相同的方式发挥作用，也不是某些类别的基因依次发挥作用，而是所有基因的活动模式会根据它们所处的原生质的性质发生变化。这种解释可能看起来比其他观点更自然，更符合器官系统的综合功能活动。

我们必须耐心等待实验能够帮助我们在这几种可能性之间做出抉择。实际上，遗传学家们遍布全球，如今都在努力寻找能够揭示基因与胚胎及成体特征关系的方法。这个问题（或这些问题）正从研究器官形成的最后阶段附近发生的化学变化（特别是在色素发育过程中），以及从研究胚胎细胞群的早期分化两个方面得到解决。

　　我们已经认识到，发育问题并不像迄今所假设的那般简单，因为它不仅依赖于个体细胞的独立分化，还依赖于细胞之间的相互作用，无论是在发育的早期阶段还是在成体器官系统上的激素作用。在上个世纪末，当实验胚胎学大展宏图时，一些最具洞察力的胚胎学研究者强调了各部分相互作用的重要性，与鲁克斯和魏斯曼的理论形成对比，后者试图将发育解释为自我分化过程的结果或我们今天所说的基因在卵裂过程中的分选。当时几乎没有关于细胞之间假设相互作用的实验证据。这个观点更像是一个概括，而不是一个实验性的确定结论，不幸的是，它走向了形而上学的方向。

　　如今这种状况已经发生了变化，主要归功于德国施佩曼学派的广泛实验，以及斯德哥尔摩的霍斯塔狄斯的杰出成果，我们已经得到了关于发育中的卵不同区域细胞之间相互作用重要性的确凿证据。这意味着原始差异已经存在，无论是在未分裂的卵中，还是在不同区域的早期形成的细胞中。从所讨论的观点来看，这类结果之所以有趣，是因为它们以略有不同的形式再次提出了这样一个问题：组织者是首先对与其接触的邻近区域的原生质起作用，然后通过细胞的原生质对基因起作用，还是对基因的影响更直接。无论如何，讨论中的问题仍然和以前一样。关于基因与分化之间更基本关系的证据尚未帮助解决组织者的问题，尽管它确实标志着我们对胚胎发育理解的重要进步。

　　基因对原生质的生理学作用，以及原生质对基因的作用，是一个非常深刻的功能生理学问题。因为这是一个涉及不仅包括胚胎发育的不可逆转变化，而且还包括成体器官系统中的循环变化的问题。

基因与医学

毋庸置疑，人类与其他生物一样，通过遗传来传递特征。医学领域已记录了大量家族谱系，其中某些特征（通常是畸形）的出现频率远高于普通人群。这些特征中，大部分是结构性缺陷；少数是生理特征（如血友病）；还有一些是精神病态。已有充足证据表明，这些特征遵循遗传原则。

人类的繁殖能力较差，许多家族谱系数据因此不够丰富，难以为遗传分析提供良好素材。在试图将来自不同来源的谱系组合以确保足够数据时，正确诊断的问题可能会带来严重困难，尤其是在早期资料中。但随着近年来医学诊断的极大进步，这一困难在未来势必减轻。

在我看来，遗传学对医学最重要的贡献在于理论层面。这并不意味着实际应用不重要，稍后我将指出一些更明显的联系，但过去（甚至在目前不了解的领域）关于人类遗传的整个主题都非常模糊，受到神话和迷信的影响，对这个主题的科学理解是首要任务。得益于遗传知识的积累，医学如今摆脱了母体印象遗传的迷信，摆脱了后天特征传播的神话，医学界将逐渐理解内部环境在基因特征表达过程中的遗传意义。

回顾过去，当我们意识到人类的生殖细胞质或基因组成是一个非常复杂的混合体时，这种关系的重要性便显现出来。这种混合体比大多数其他生物更为复杂，因为在最近的一段时间里，由于人类的大规模迁徙，许多不同种族发生了巨大的融合，同时人类的社会制度有助于维持各种不同类型的有缺陷的生物。这些生物在野生物种中会因竞争而被淘汰。事实上，医学在很大程度上参与了为弱势个体的生存提供发展的手段，而在不久的将来，医生可能会经常被咨询如何减轻日益增加的有缺陷个体的负担。或许，医生那时可能希望请教遗传学家朋友进行会诊！我想要强调的一点是，人类基因组成的复杂性使得仅仅应用孟德尔遗传规律显得较为冒险，因为许多遗传特征的发育既依赖于修饰因子的存在，又依赖于外部环境的影响来表达。

我早已提出，一个基因往往对个体产生多个可见效应，而同一基因还可能产生许多不可见效应。在某些具有易感性疾病的情况下，仔细审查可能会发现由相同基因产生的一些次要可见效应。尽管目前我们在这方面的知识尚不充分，但这仍是一个充满前景的医学研究领域。甚至连联锁现象有朝一日也可能对诊断有所帮助。实际上，尚未在人类中发现确定的联锁案例，但毫无疑问，随着时间的推移，将发现数百个联锁现象，我们可以预期其中一些将把可见和不可见的遗传特征联系在一起。当然，我知道古代试图识别某些粗略的人类体质类型的努力——胆汁质、淋巴质、神经质和多血质倾向，以及较为现代的努力将人类分类为大脑、呼吸、消化和肌肉类型，或者简洁地说，将人类分为虚弱型和肥胖型。其中一些类型被认为比其他类型更易患某些疾病，而其他类型则具有自己的体质特征。然而，这些出于善意的努力远远超出了我们的遗传学知识，因此遗传学家可以理直气壮地拒绝认真讨论它们。

在医学实践中，医生常常被要求就某些婚姻的适宜性提供建议，因为在家族中存在遗传瑕疵。医生还经常被要求就在第一个孩子中出现的某些异常的传播风险做出决定。我认为，在这里，遗传学将越来越有助于了解所冒的风险，并在环境和遗传特征之间进行区分。

此外，了解遗传特征传播规律有时可能提供有助于诊断某些疾病初期阶段的信息。例如，如果出现某些诊断不确定的病征，检查个体的家族谱系可能有助于判断诊断概率。

我实际上并不需要指出关于非婚生子女的父权问题的那些法律问题。在这种情况下，关于血型遗传的知识，我们现在已经有非常精确的遗传信息，往往可以提供所需的信息。

遗传学家现在可以通过适当的繁殖方法，培育出不受某些遗传缺陷影响的动植物种群；他们还可以通过繁殖培育出对某些疾病具有抵抗力或免疫力的植物种群。对于人类而言，在实践中并不可取，除非在某种程度上阻止具有遗传缺陷的个体繁殖。同样的目标可以通过发现和消除疾病的外部原因（如黄热病和疟疾的情况）来实现，而不是试图培育一个免疫的种族。此外，通过接种和各种血清治疗产生免疫力，也可以实现相同的目的。我认为，少数狂热分子声称人类可以通过适当的繁殖完全净化或改造人种的说法被大大夸大了。相反，我们应该期待医学研究发现补救措施，以确保人类更好的健康和更多的幸福。

正如我所说的，尽管可以通过阻止或防止传播公认的遗传缺陷（如长期以来对精神病患者的限制措施）来稍微改善某些情况，但我认为，通过公共卫生和各种保护措施，我们可以更成功地应对人类肉体所承受的一些苦痛。在这里，医学科学将处于领导地位，但我希望遗传学有时也能提供帮助之手。